游戏设计概论

第6版

胡昭民 吴灿铭 著

清華大學出版社
北京

内容简介

《游戏设计概论》由《巴冷公主》游戏开发团队为读者全方位了解游戏行业而编写。第 6 版在原畅销书的基础上适时更新了手机游戏应用开发、电子竞技等内容。

全书共分 16 章，从游戏玩家与电子竞技选手的入门课开始，介绍电子竞技游戏的基本知识、游戏设计的核心、游戏设计流程与控制、游戏引擎的秘密花园、游戏开发工具简介、人工智能算法在游戏中的应用、游戏数学、游戏物理与数据结构、2D 贴图制作技巧、2D 游戏动画、3D 游戏设计与算法、游戏编辑工具、游戏开发团队的建立、初探电子竞技赢家之路、游戏营销导论、高级玩家的电子竞技硬件采购攻略等内容。

本书的最大特色是理论与实践并重，包括对整个游戏产业的认识、设计理念、团队分工、开发工具等皆有专题，不仅融入了作者团队数十年来的游戏开发经验及许多制作方案，也不乏对游戏开发未来的思考。

本书是游戏设计新手快速迈向进阶的佳作，也适合作为大中专院校游戏与多媒体设计相关专业的教材。

图书在版编目（CIP）数据

游戏设计概论/胡昭民，吴灿铭著. —6 版. —北京：清华大学出版社，2021.10

ISBN 978-7-302-59290-7

Ⅰ. ①游… Ⅱ. ①胡… ②吴… Ⅲ. ①游戏程序—程序设计 Ⅳ. ①TP317.6

中国版本图书馆 CIP 数据核字（2021）第 200840 号

责任编辑：夏毓彦
封面设计：王　翔
责任校对：闫秀华
责任印制：曹婉颖

出版发行：清华大学出版社
网　　址：http://www.tup.com.cn，http://www.wqbook.com
地　　址：北京清华大学学研大厦 A 座　　**邮　　编：**100084
社 总 机：010-62770175　　**邮　　购：**010-62786544
投稿与读者服务：010-62776969，c-service@tup.tsinghua.edu.cn
质量反馈：010-62772015，zhiliang@tup.tsinghua.edu.cn
印 装 者：三河市天利华印刷装订有限公司
经　　销：全国新华书店
开　　本：190mm×260mm　　**印　　张：**20　　**字　　数：**539 千字
版　　次：2008 年 3 月第 1 版　　2021 年 11 月第 6 版　　**印　　次：**2021 年 11 月第 1 次印刷
定　　价：79.00 元

产品编号：091720-01

前　言

就如同学习计算机必须先从计算机原理着手，学习游戏设计之前，也应对整个游戏设计有个通盘的了解。本书就是从这个观念出发，希望定位在概论性介绍，帮助读者对整个游戏设计领域有个通盘的认识。虽然定位为游戏设计的入门教材，书中也不缺乏一些游戏开发的实战经验。

在计算机普及之后才兴起的电子竞技（Electronic Sports，简称电竞）是近年来计算机游戏产业中重要的一环，读者如果打算进入电子竞技的世界，那么毫无疑问首先就必须了解游戏。打电竞游戏不再被爸妈说是不学无术，专业电子竞技选手的身价更是水涨船高，当下顶尖选手的年薪超过百万。

现在，有越来越多的大专院校成立多媒体或游戏设计相关专业，对不曾接触游戏设计领域的初学者而言，可能无法想象投入游戏设计领域所要付出的努力及承受的挫折。尤其是刚踏入这个领域的学生，学习的方向千头万绪，能了解游戏领域相关知识及技术正是他们迫不及待的需求。

市面上游戏设计的相关书籍有的偏重算法及程序设计，适合有游戏设计经验的老手；有的是引进的翻译书，内容虽然十分专业，却让入门者眼花缭乱、一知半解。基于以上种种考虑，我们整理了游戏制作的实战经验，编写出这一本浅显易懂的入门书。

随着游戏产业的发展与变化，本书历经了多次改版。承蒙读者抬爱，这次改版的重点，除了重新审视内容的难易度与适用性，还更新了电子竞技产业的相关信息，加入了电子竞技与游戏营销导论及工具的介绍，并探讨了大数据（Big Data）与游戏营销的关联性。另外，在游戏引擎部分新增了 Unity 3D 技术的介绍，同时也适当增修了一些游戏新名词。

本书理论与实践并重，产业的认识、游戏类型、相关技术及工具都有所介绍。在实践方面，讨论了 2D/3D、数学/物理现象仿真、音效等主题，读者可以参照书中的算法应用于相关的游戏制作中。期许本书深入浅出的介绍可以帮助读者了解游戏开发工作的全貌。

本书说明：

作者来自中国台湾地区，其本身就是游戏开发设计人员，由于海峡两岸地区的游戏界面和称谓都有所差异，书中所引用的游戏名称、截图大多都是由其所率团队开发设计出来的，为保留原创的真实性，故图中所用文字会有部分繁体字出现，本书并未对此做修正，特此声明。

前　言

[illegible]

[illegible]

[illegible]

[illegible]

[illegible]

[illegible]

[illegible]

目　录

第 1 章
游戏玩家与电子竞技选手的入门课

谈到游戏，想必将勾起许多人年少轻狂时的快乐回忆，还记得当年“超级玛丽”（或“超级马里奥”，其实这款游戏的正式译名叫《超级马里奥》或《超级马里奥兄弟》，如图 1-1 所示，曾经带领过多少青少年度过漫长的年轻岁月，从读者们咿呀学语开始，“玩游戏”似乎就开始了。娱乐毕竟是人类生活中的一种精神需求，即使在电子游戏的蛮荒岁月，也诞生出不少如《大金刚》《超级马里奥兄弟》等充满古旧原味，但又脍炙人口的经典名作。

图 1-1　《超级马里奥》是一款历久弥新的好玩游戏

如今游戏已经成为人们日常生活中不可或缺的一部分，慢慢地在取代传统电影与电视的地位，成为家庭休闲娱乐的一种最新选择。从大型游戏机、电视游戏机、计算机游戏，到现在的智能手机等移动设备，都为众多玩家带来满满的生活乐趣。从产业面、经济面的发展趋势来分析，游戏产业近年来的亮眼表现也广受瞩目，市场规模甚至可与影视娱乐产业并驾齐驱，目前，中国、美国、日本、韩国仍为数字游戏前四大市场，占据全球六成以上的市场，引领游戏风潮与前瞻创新发展，并带动全球最闪亮的电子竞技产业的蓬勃发展。图 1-2 为《英雄联盟》LMS 春季总决赛盛况。

图 1-2 《英雄联盟》LMS 春季总决赛盛况

Tips

《英雄联盟》（League of Legends，LOL）是由 Riot Games 公司开发的，并在全世界风行的多人在线战术竞技游戏（Multiplayer Online Battle Arena，MOBA），以游戏免费及虚拟物品收费模式进行运营的游戏，玩法是由玩家扮演天赋异禀的"召唤师"，并从数百位具有独特能力的"英雄"中选择一位角色，进而操控英雄在战场上奋战，两个团队各自有五名玩家，游戏是以第三人称视角进行，目标主要是最终摧毁敌人的"主堡"来赢得胜利。

电子竞技游戏近年来风靡全球，正带来全新的娱乐类型，不但向上带动游戏设计开发商与计算机硬件及接口设备商的持续发展，而且往下延伸带动直播、转播、营销与网络通信平台的繁荣，与此同时也改变了数以亿计人们的娱乐与工作方式。根据全球市场研究与咨询公司 Newzoo 所公布了《2019 年全球电子竞技市场报告》，预测电子竞技市场规模将首次超越 10 亿美元大关。

1.1 游戏的组成元素

游戏，最简单的定义就是一种可以娱乐我们休闲生活的元素。从更专业的角度形容，游戏是具有特定行为模式、规则条件，能够娱乐身心或判定输赢胜负的一种行为表现（Behavior Expression），如图 1-3 所示。随着科学技术的发展，游戏在参与的对象、方式、接口与平台等方面，更是不断改变、日新月异。

图 1-3　游戏本身就是一种行为表现（Behavior Expression）

以往单纯设计给小朋友娱乐的电脑游戏软件，已朝规模更大、分工更专业的游戏工业方向迈进。题材的种类更是五花八门，从运动、科幻、武侠、战争，到与文化相关的内容都跃上电脑屏幕。具体而言，游戏的核心精神就是一种行为表现，而这种行为表现包含了 4 种组成元素：行为模式、条件规则、娱乐身心、输赢胜负，如图 1-4 所示。

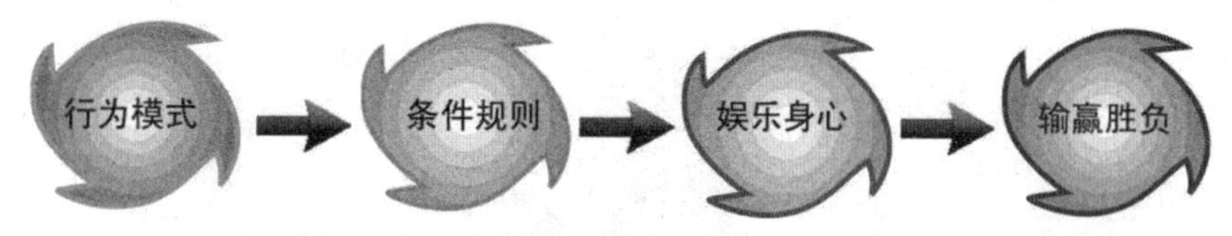

图 1-4　游戏行为表现包含的 4 种组成元素

从古至今，任何类型的游戏都包含以上 4 种必备元素。从活动的性质来看，游戏又分为动态和静态两种类型，动态的游戏必须配合肢体动作，如猜拳游戏、棒球游戏；而静态游戏则是较偏向思考的行为，如纸上游戏、益智游戏。不管是动态还是静态的行为，只要它们包含上述 4 种游戏的基本元素，都可以将其视为游戏的一种。

无论读者是立志成为游戏设计的高手，还是成为电子竞技赛场上的常胜将军，首先都要了解任何一款游戏都必须具备的 4 大组成元素，不管是动态或是静态类型的游戏，都像是一位活灵活现、喜怒哀乐的表演人物，其血液里必须具有这 4 大生命元素（组成元素）。

1.1.1　行为模式

任何一款游戏都有其特定的行为模式，这种模式贯穿于整个游戏，而游戏的参与者也必须依照这个模式来执行（见图 1-5）。倘若一款游戏没有了特定的行为模式，那么这款游戏的参与者也就玩不下去了。

图 1-5　游戏中要有主要的行为模式作为主轴

例如，猜拳游戏没有了剪刀、石头、布等行为模式，那么就不能叫猜拳游戏，或者棒球没有打击、接球等动作，那么就不会有全垒打的精彩表现。所以不管游戏的流程有多复杂或者多简单，一定具备特定的行为模式。

1.1.2 条件规则

当游戏有了一定的行为模式后，接着还必须制定出一整套的条件规则。简单来说，就是大家必须要遵守的游戏行为守则。如果不遵守这种游戏行为守则，就叫作“犯规”，这样就会失去游戏本身的公平性。

如同一场篮球比赛，绝不仅仅是把球丢到篮框中就可以了，还必须制定出走步、两次运球、撞人、时间等规则，如图 1-6 所示，如果没有这些规则，大家为了得分就会想尽办法去抢，那原本好好的游戏竞赛，就要变成打架互殴事件了。所以不管是什么游戏，都必须具备一组规则条件，而且必须制定得清楚、可执行，让参与者有公平竞争的机会。

图 1-6　篮球场上有各种的条件规则

1.1.3 娱乐身心

游戏最重要的特点就是它具有娱乐性（见图 1-7），能为玩家带来快乐与感观刺激，这也是玩游戏的目的所在。就像笔者大学时十分喜欢玩桥牌，有时兴致一来，整晚不睡都没关系。究其原因，在于桥牌所提供的高度娱乐性深深吸引了笔者。不管是很多人一起玩的网络游戏，还是单人玩的单机游戏，只要好玩，能够让玩家乐此不疲，就是一款好游戏。

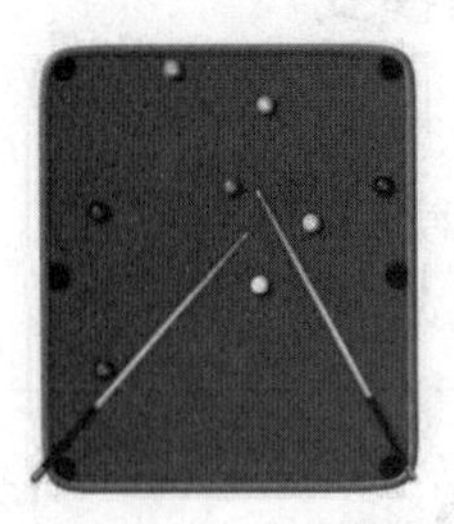

图 1-7　不同的游戏有不同的娱乐效果

例如，目前电脑上的各款麻将游戏，如图 1-8 所示，虽然未必有实际的真人陪你打麻将，但游戏中设计出的多位角色，对碰牌、吃牌、取舍牌以及和牌的思考，都具有截然不同的风格，配合多重人工智能的架构，让玩家可以体验到与不同对手打牌时不一样的牌风，感受到在牌桌上大杀四方的乐趣。

图 1-8　麻将“明星 3 缺 1”

1.1.4　输赢胜负

争强好胜之心每个人都有。其实对于每款游戏而言，输赢胜负都是所有游戏玩家期待的最后结局（见图 1-9），一个没有输赢胜负的游戏，也就少了它存在的真实意义，如同我们常常会接触到的猜拳游戏，最终目的也只是要分出胜负而已。

图 1-9　就像马拉松与足球比赛，任何一场游戏都必须具有赢家与输家

1.2　游戏平台与发展史

所谓游戏平台（Game Platform），简单地说，不仅可以执行游戏流程，而且也是一种与游戏玩家沟通的渠道与媒介。游戏平台又可分为许多不同类型，例如一张纸，就是大富翁游戏与玩家的一种沟通媒介。电视游戏主机、街机（见图 1-10）与计算机当然也称得上是一种游戏平台，又可称为“电子游戏平台”。

随着硬件技术不断地更新换代，游戏从专属游戏功能的特定平台逐渐向不同类型的平台扩展，游戏画面也从只能支持 16 色的游戏发展到现在的增强现实游戏（Augmented Reality，AR），目的都是使人们的游戏体验更为精致与逼真，比较火的电子竞技游戏的发展源于运算能力强大的 PC 游戏，现在拓展到电视游戏主机、智能手机和街机上。

图 1-10 电视游戏主机与街机各属于一种游戏平台

Tips

增强现实（Augmented Reality，AR）是一种实时地计算摄影机影像的位置及角度并加上相应图像的技术，将真实世界的信息和虚拟世界的信息无缝集成的一种技术，这种技术的目标是在屏幕上把虚拟世界叠加在现实世界中并进行互动。例如《宝可梦》（Pokemon Go）游戏是由任天堂公司所发行的结合智能手机、GPS 功能及增强现实的寻宝游戏，如图 1-11 所示，其本身仍然是一款手机游戏。

图 1-11 全球各地的人们都对《宝可梦》游戏中的抓宝而疯狂

飞速发展的游戏业已经进入了一个“适者生存”的竞争模式，无论读者想成为一位电子竞技战队的选手或游戏设计的高手，首先必须了解游戏史上最强的五种游戏平台：电视游戏主机（TV Game）、大型游戏机、单机游戏（PC Game）、网络游戏、手机游戏（Mobile Game），接下来还要从各种游戏平台的发展史来深入地了解游戏产业以及游戏平台兴衰对游戏产品特色的影响。

1.2.1　电视游戏机

电视游戏机是一种玩者可借助输入设备来控制游戏内容的主机，输入设备包括游戏手柄、按钮、鼠标，并且电视游戏的主机可以和显示设备分离，从而增加了可移植性，如图 1-12 所示。

图 1-12　功能不断创新的电视游戏机宠儿：PS、Xbox 与 Wii

读者应该常听到许多老玩家口中念念不忘的红白机吧！虽然现在的电视游戏机一直不断推陈出新，不过它们还是不能取代红白机在玩家心中的地位，最早的掌上型游戏机诞生在 1980 年，是日本任天堂公司发行的 Game & Watch，在 1983 年，任天堂公司推出了 8 位的红白机后（见图 1-13），成为全球总销售量 6000 万台的超级巨星，由此确定了日本厂商在游戏机产业的龙头地位，不同平台的电视游戏机，如 PS、Xbox 等，随后便如雨后春笋般地相继推出，目前仍是全球市场的主流。

图 1-13　红白机外观

Tips

所谓红白机，就是任天堂（Nintendo）公司所出品的 8 位电视游戏机，正式名称为家庭计算机（Family Computer，FC）。至于为什么称为“红白机”呢？那是因为当初 FC 在刚生产发行的时候，采用的是红白相间的主机外壳，所以才被称为“红白机”。

任天堂公司后来也推出了 64 位的电视游戏机，名为“任天堂 64”，它的最大特色就是第一台以四个操作接口为主的游戏主机，并且以卡带作为游戏的存储媒体（见图 1-14），这大大地提升了游戏的读取速度。

GameCube 是任天堂公司所出品的 128 位电视游戏机，如图 1-15 所示，也是属于纯粹家用的游戏主机，并没有集成太多影音多媒体功能。另外，为了避免和 SONY 的 PS2、微软的 Xbox 正面冲突，任天堂把精力全部集中在 GameCube 游戏内容质量的提升方面，它的《超级马里奥兄弟》这款游戏更是历久弥新，到现在仍然有许多玩家对这款游戏情有独钟。所以 GameCube 的硬件成本自然就可以压得很低，售价也成为最吸引玩家们的地方。

图 1-14 “任天堂 64”电视游戏机

图 1-15 任天堂的 128 位电视游戏机 GameCube

掌上型游戏机可以说是家用游戏机的一种变种，它强调的是高便携性，因此会牺牲部分多媒体效果。由于其轻盈短小的设计，加上种类丰富的游戏内容，因此吸引了不少游戏玩家。在机场或车站等候时，经常可以看到人手一机，利用它来打发无聊的时间。

例如，Game Boy 是任天堂所发行的 8 位掌上型游戏机，中文是“游戏小子”的意思（见图 1-16 左图）。一直到现在，市面上还是很流行，之后还推出了各式各样的新型 Game Boy 主机。NDS（Nintendo Dual Screen） 是任天堂 2005 年发布的掌上型游戏机，具有双屏幕与 Wi-Fi 联网的功能，翻盖式设计与上下屏幕是其主要特点，下屏幕为触摸屏，玩家可以用触控笔来进行游戏操作（见图 1-16 右图），而 NDSL（NDS-Life）是 2006 年 3 月所推出的改进版，如图 1-17 所示。

图 1-16 Game Boy 与 Nintendo DS 的轻巧外观

图 1-17　任天堂最新机型 Nintendo Switch Lite

Wii 在 2007 年强势推出后立刻受到国内外的热烈欢迎。与 GameCube 最大的不同在于，Wii 开发出了革命性的指针与动态感应无线遥控手柄，并配备有 512MB 的内存，对游戏方式来说是一种革命，实现了所谓“体感互动操作”，将虚拟现实技术向前推进了一大步。

这款遥控器不但可以套在手腕上来模拟游戏中各种角色的动作，而且可以直接指挥屏幕上的角色，还能通过 Wii Remote（即 Wii 遥控器）的灵活操作，让平台上所有游戏都能使用指向定位及动作感应，从而让玩家仿佛身历其中，如图 1-18 所示。

比如玩家在游戏进行时做出任何实际的动作（打网球、打棒球、钓鱼、打高尔夫球、进行格斗等），无线手柄都会模拟震动并发出真实般的声响。如此一来，玩家不但有身临其境的感受体验，还可以手舞足蹈地将自己融入游戏情景中。Wii 是任天堂第一款引入体感互动操作的游戏机，将体感互动操作概念和家庭娱乐完全融合。Wii 流行了一段时间之后，随着近年来的 Switch 上市，任天堂的 Wii 才走到了产品生命周期的尽头，因而任天堂在 2019 年关闭了全部的 Wii 游戏商店。

任天堂电视游戏机在全世界玩具市场上整整畅销了近十年，不过从 1994 年起，任天堂就逐步失去了它在游戏机界的强势领导地位。谈到电视游戏机（TV Game），绝对不可能忽略任天堂的另一个强劲对手——索尼（Sony）公司。日本业界本来就在电视游戏机独领风骚很长时间，索尼公司又在此领域上的“江湖地位”。索尼产品的发展史就是一个不断创新的历史，自从 1994 年索尼公司凭借着优秀的硬件技术推出 PS（Play Station，意思为“玩家游戏站”）之后，两年之内就热卖了 1000 万台。它是索尼公司所生产的 32 位电视游戏机，如图 1-19 所示。

图 1-18　Wii 可以通过套在手腕上的遥控手柄来玩游戏

图 1-19　PS 游戏机

PS 游戏机的历史可以说是电子游戏史上的一个奇迹。它最大的特点就在于其 3D 指令的处理速度，许多游戏都在 PS 游戏主机上，极大限度地发挥了 3D 性能，其中最吸引玩家的地方也就是可以支持许多画面非常华丽的游戏。索尼公司目前的最新机型是于 2020 年所开发的新一代 PlayStation 游戏机（简称为 PS5），如图 1-20 所示，它不但支持 8K 画质，存储设备从之前 PS4 采用的机械硬盘（HDD）改为固态硬盘（SSD），而且可支持虚拟现实建模语言（Virtual Reality Modeling Language，VRML）。

图 1-20　索尼公司推出的新一代 PS5 游戏机

Tips

虚拟现实建模语言是一种程序设计语言，利用该语言通过计算机可以仿真产生一个 3D（三维）的虚拟世界，为用户提供关于视觉、听觉、触觉等感官的仿真，可以在网页上建造出这样的一个 3D 立体模型与空间。VRML 最大特色在于其互动性及其实时反应，可让设计者或参观者随心所欲地操控计算机变换到任何视角，360° 全方位地观看设计成品。例如房屋中介公司所设计的网站中，可以让购房者利用虚拟现实技术以几乎全视角的方式来观察房屋内的所有设施以及各种装潢细节，使得购房者如同身处在真实世界一般，并且可以与场景互动。图 1-21 为支持虚拟现实技术的头戴式设备。

Sony Might Be Announcing Its Virtual Reality Headset For PlayStation 4 In CES 2014 In A Keynote Speech From Company's CEO

By now, most gamers already know that Sony would apparently be jumping into future of virtual gaming soon, the company is said to be working on a virtual reality headset that would work with PlayStation 4. The headset would function similar to the Oculus Rift, a head mounted piece of hardware that would literally take the

图 1-21　支持虚拟现实技术的头戴式设备

Xbox 是微软（Microsoft）公司出品发行的 128 位电视游戏机，也是微软的下一代视频游戏系统，它可以带给玩家们有史以来最具震撼力的游戏体验。Xbox 也是目前游戏机中拥有最强大绘图运算处理器的主机，能给游戏设计者带来从未有过的创意想象技术与发挥空间，并且创造出梦幻与现实界线变得模糊的超炫游戏。目前新型 Xbox Series X，如图 1-22 所示，集成了 AMD Zen 2 处理器与高速的固态硬盘（SSD），可以支持 8K 画质和 120 FPS 的屏幕刷新率，比 Xbox One X 的处理速度快上 4 倍，用于对决索尼公司的 PlayStation 5。

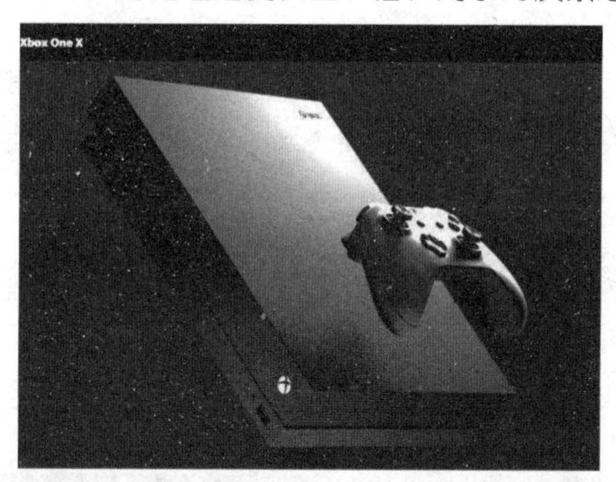

图 1-22　Xbox Series X 号称史上强大的游戏机

1.2.2　令人怀旧的街机

在三十年前，市面上还看不到电视游戏机的影子，那个时候说起电玩，大家首先想到的就是摆放在游乐场或百货公司里的经营性专用游戏机（Arcade Game），通常习惯称为街机。当时街机刚从普通的游戏中诞生，是流行于街头的商用游戏机，它们一般都摆放在商场、游乐场或者餐厅等处，方便驻足的人们玩耍。街机往往给人较负面的印象，但不可否认，它对某些特定的玩家们，仍然有着非凡的吸引力，而且到现在都历久弥新。

街机就是一台附有完整外围设备（显示、音响与输入控制等）的娱乐机器（见图 1-23）。通常它会将游戏的相关内容，刻录在芯片中加以存储，玩家可通过机器所附带的输入设备（游戏手柄、按钮或方向盘等特殊设备）来进行游戏的操作。街机在早期电子游戏史的第 1 个十年中，相对于电视游戏机而言拥有技术上的优势。

图 1-23　街机的外观

街机的制作厂商相当多，而世嘉（SEGA）公司的产品几乎垄断了国际上的街机市场，并且成功地把许多电视游戏机上的知名作品移到街机上。走入街头巷尾的游乐场，看到的街机及其游戏多数都是 SEGA 的产品。除了许多自 20 世纪 80 年代就红极一时的运动型游戏外，也曾推出像《甲虫王者》（Mushi King）这样颇受好评的益智游戏，可以让小朋友在街机游戏当中，见识到大自然的百态，这款游戏在日本受到家长与小朋友的喜爱。不过，近年来随着台式计算机与电视游戏机软硬件技术的大幅度进步，带来了更为华丽逼真的声光效果，因而街机对现在的大多数年轻玩家来说几乎就成了过时的玩意儿。

1.2.3 单机游戏的鎏金岁月

随着电子游戏渐渐在个人计算机（PC）上的发展，个人计算机俨然成为电子游戏最重要的一种游戏平台。自从 Apple II 成功地将个人计算机带入千家万户后，个人计算机上就有了一些知名的计算机游戏，如《创世纪系列》《超级运动员》《樱花大战》《反恐精英》等游戏，如图 1-24 所示。

图 1-24　《樱花大战》与《反恐精英》游戏

单机游戏是指仅使用一台游戏机或者计算机就可以独立运行的电子游戏。由于计算机的强大运算功能以及多样化的外接媒体设备，使得计算机不仅仅是实验室或办公场所的最佳利器，更是每个家庭不可或缺的娱乐重心。早期的电子游戏多半都是单机游戏，如《大富翁》《魔兽争霸》《帝国时代》《轩辕剑》《巴冷公主》等，如图 1-25 所示。

图 1-25　《大富翁》系列与《魔兽争霸》是当年红极一时的单机游戏

与电视机游戏不同，单机游戏是在计算机上进行，它并非一台单纯的游戏设备，计算机强大的运算功能以及其丰富的外围设备，使得它可以用来进行各种运算工作。不过，单机版的游戏玩家对游戏中声光效果的需求提升后发现了计算机游戏（PC Game）怎么也比不上电视游戏（TV Game，电视视频游戏），所以为了追求更好的声光效果，大家宁可买 PS 或 Xbox 来玩单机版的游戏，也不愿意将就计算机上的次级声光效果来玩单机版的游戏。

近年来，随着网络游戏与手游的兴起，单机版游戏日渐式微，大部分网络游戏的耐玩程度及互动程度都比单机版游戏高。而如今游戏市场中主力的玩家应该是 12~25 岁左右的青少年，这个年龄段的玩家最重视的就是与伙伴之间的关系与互动，传统的单机版游戏不管做得多好，都无法让玩家感受到与人互动聊天的乐趣。单机版游戏日益不景气的原因可以归纳为以下几点：

（1）单机版游戏的盗版风气太盛，只要有一定的销售量或名气，上市后不出三天就能发现“满山遍野”的各种盗版，这也是在市场上在线游戏普遍流行的主要原因之一。

（2）由于计算机由各种不同的硬件设备组成，而每款单机版游戏对硬件的要求标准不一，因此常常造成兼容上的问题，加上安装与运行游戏过程繁杂，玩家必须对计算机有基本的操作常识，才能够顺利进行游戏。

（3）在市场不景气、许多人的钱包都缩水的时候，一些非必要性的支出会被删减，单机版游戏一次所付出的成本较重而大部分玩家都不是经济独立的个体，所以在经济不景气的情况下市场难免会受到影响。

1.3　网络游戏

网络游戏（即在线游戏）就是一种通过网络连接到远程服务器进行游戏的方式。网络游戏的发展可追溯至 20 世纪 70 年代的大型计算机，由于网络游戏需要较大量的运算以及网络传输容量，因此早期的网络游戏通常以纯文本信息为主，20 世纪 80 年代由英国所开发的最早的大型多人在线游戏——泥巴（Multi-User Dungeon，MUD）算是网络游戏的始祖。

Tips

MUD 是一种存在于网络、多人参与、玩家可扩张并在其中互动的虚拟网络空间。其用户界面是以文字为主，最初目的只是为玩家提供一个经由计算机网络聊天的渠道，因而让人感觉不够生动活泼。我国开发的第一款大型多人网络游戏则是“万王之王”，但形成流行趋势的则是网络即时战略游戏——暴雪娱乐（Blizzard Entertainment）公司的《星际争霸》和微软公司的《帝国时代》，如图 1-26 所示。

图 1-26　《星际争霸》和《帝国时代》是广受欢迎的网络即时战略游戏

随着因特网的逐渐普及，Web（World Wide Web，WWW）的应用方式开始成为主流，2000 年以后，Web 应用也被广泛应用于游戏，大型多人在线角色扮演游戏（Massive Multiplayer Online Role Playing Game，MMORPG）开始流行。此后网络游戏的潜在市场被挖掘出来并成倍数增长，网络的互动性改变了游戏的方式与形态，因而再一次导致了整个游戏产业生态的重组。通过网络游戏（即在线游戏），玩家可以互相聊天、对抗、练功、升级等。网络让游戏再次突破了它原有的边界，塑造了一个全新的虚拟空间，结合声光、动作、影像及剧情的网络游戏应运而生，并迅速风行至今（见图 1-27）。

图 1-27　网络游戏受到年轻一族的喜爱

前面提到的即时战略游戏《星际争霸》和《帝国时代》，它们早期是在局域网上进行游戏的，后来拓展到网络服务器上。即时战略游戏就是联机对战游戏，此款联机游戏的机制是由玩家先在服务器上建立一个游戏空间，其他玩家再加入该服务器参与游戏，有千变万化的游戏画面，具有团队合作参与竞争的乐趣。目前此类游戏产品以欧美游戏软件居多，例如在网络上曾经红极一时的“CS”（《反恐精英》），就是以团队合作为基础的网络游戏模式，让玩家在游戏中体验到前所未有的真实感与感官刺激。

目前网络游戏以大型多人在线角色扮演游戏（MMORPG）为主，玩家必须花费相当多的时间来经营游戏中的虚拟角色。例如，由盛大公司推出并运营的大型多人在线角色扮演游戏《传奇世界》，如图 1-28 所示，更是造成一股潮流，这款游戏也成就了盛大公司当时速度崛起的传奇，《传奇世界》目前在“盛趣游戏”这个全新品牌下运营。大型多人在线角色扮演游戏为了吸引更多的玩家进入市场，在内容和风格上也逐渐扩展出更多的类型，例如以生活和社交、人物或是宠物培养为重心的另类休闲角色扮演游戏。

图 1-28　历久弥新的大型多人在线角色扮演游戏《传奇世界》

1.3.1　网络游戏的发展和未来

网络游戏是目前比较热门的休闲活动，网络游戏的兴起也彻底改变了游戏开发厂商的商业模式。以往的单机版游戏必须依靠实体渠道商去铺货，而网络游戏则转向虚拟的网络渠道。从网络游戏推出以来，我国游戏产业的发展趋势一直受美、日、韩游戏发展趋势的影响，其中韩国的网络游戏可以说是风格最为多元化的，也是影响我国国产网络游戏最多的国家。我国网络游戏厂商在考虑技术、推出时效以及营销成本等的策略下，开始多半以代理和参与运营方式为主，后续则以收购或自主开发不断跟进，使得我国运营的网络游戏品类极为丰富，各种风格的网络游戏应有尽有。

网络游戏由于在剧情架构上具有延伸性，而且玩家需要经过一段时间才能累积经验值与黏合度，故在放弃旧游戏而去玩新游戏的成本相对较高的情况下，玩家的忠诚度通常都非常高，加上玩家除了享受到一般单机版游戏的乐趣外，还可以通过各种社群聊天功能认识志同道合的新朋友，在整个游戏市场人口的扩张方面扮演着很重要的角色。因此，网络游戏的商业模式也随着时代背景的变迁以及玩家群体需求的变化，而不断地进行调整和创新，从急速兴起的初期到泡沫化后的成熟期，营收模式也从单机购买到在线收费，再到免费（以广告或者游戏道具获利）。

对于网络游戏来说，游戏软件的销售仅占其营收的一小部分，而主要营收来自于玩家购买的游戏点卡、月卡或年卡。例如网络游戏的付费方式可分成免费游戏和付费游戏两种。付费游戏多数是高服务质量的网络游戏，以点卡、月卡、季卡和年卡方式收费，至于角色身上的道具栏、仓库储物空间、创建新的角色、新资料片等则都不需要再额外付费。因为有缴费的门槛，所以以这种方式运营的游戏，不容易让玩家人数短时间冲高，需要一定的时间及足够的营销费用，当然游戏的可玩度和品质也至关重要。

对于游戏要求较低的非忠实玩家市场就可以施行免费制度。免费网络游戏在近几年犹如雨后春笋般出现，在现在的游戏市场中，网络游戏都偏向于采用免费方式，人气通常都会飙升。不过，这类免费游戏在购买游戏中的虚拟道具或装备时，则需另外付费。有些“免费”的网络游戏的收费模式不同于以往玩家付费的概念，也就是玩家如果不想花钱购买游戏内的道具、宝物和商城中的商品，也不想为创建新角色和游戏新版本之类的收费项目而付费的话，依然可以继续玩游戏，而且游戏账号不会因此被停止，也就是“按需付费”。

近年出现的“宅经济”，让喜欢宅的人有了适合在家娱乐的方式，也给网络游戏带来了巨大的商机，吸引了更多从业者进入这个市场。

网络游戏的业绩起伏向来随季节变化，而和经济景气度没有明显的关联，只受消费者消费意愿的影响。由于目前免费游戏盛行，加上大型多人在线游戏（MMORPG）收费机制逐渐稳固，与早期屈指可数的几款网络游戏可选的时代相比，现在有数百款不同的网络游戏让消费者任意选择，因而这块大饼已经由早期的卖方市场转换成今天的买方市场，由于每个玩家的喜好不同，因此不同题材的游戏能够吸引不同类型的玩家，多数玩家不会同时玩太多款不同的游戏，大多会集中于玩一两款游戏，且花费最多的时间来玩。所以，一款游戏能否持续受到欢迎，则需要游戏开发商持续不断地研发、创意、推陈出新。不过，网络游戏的运营模式可免除掉因被盗版所带来的困扰，同时还可以通过凝聚游戏社群力量的持续发展。虽然我国的游戏市场竞争日趋激烈，但是近年还是保持了一定的增长速度，相信在我国这个巨大的游戏市场会为国内外网络游戏厂商持续带来无限的商机。

1.3.2 虚拟宝物和外挂的问题

网络游戏的一个吸引人之处在于玩家只要持续“上网练功”就能获得宝物，例如网络游戏的发展产生了可兑换宝物的虚拟货币。一个网络游戏最主要的好玩之处就是平衡，而平衡带来的就是将虚拟货币价值化。虚拟货币不仅在游戏中具有使用价值，而且由于市场的需求，间接保证了虚拟货币的价值稳定。正因为网络游戏的蓬勃发展，与游戏中的虚拟货币或者虚拟资产相关的法律问题也随之产生。虚拟宝物就是游戏内的虚拟道具或装备。随着网络游戏的发展，一些虚拟宝物因其取得难度高，并开始在现实世界中进行买卖，甚至逐渐发展成虚拟世界的货币，如《天堂》游戏中的天堂币，如图 1-29 所示，能和真实世界中的货币进行交换。

图 1-29　天堂游戏中的天堂币是玩家打败怪兽所获得的虚拟货币

随着网络游戏的魅力不减，且虚拟货币及商品价值日渐庞大，玩家需要投入大量的时间才可以获得这类价值不菲的虚拟宝物。也因此产生了不少针对网络游戏设计的插件，可用来修改角色、装备、金钱、进行自动游戏的机器人等，最主要的目的就是提升角色的等级或通过打怪获得游戏宝物，进而缩短投入在游戏中的时间。游戏中虚拟的物品不仅在游戏中有价值，其价值感更延伸到现实生活中。这些虚拟宝物和虚拟货币，往往可以转卖给其他玩家以赚取现实世界的金钱（以一定的比率兑换），这种交易行为在过去的非网络游戏中从未发生过。

更有一些网络游戏玩家运用自己的计算机知识并通过特殊软件（如特洛伊木马程序）侵入他人的电脑或某些网站从而获取其他玩家的账号及密码，或用外挂程序洗劫其他玩家的虚拟宝物，把那些玩家的装备转到自己的账号上来。由于目前网络游戏里的宝物一般已认为具有财产价值，因此这些行为实际已构成犯罪。

此外，网络游戏令人着迷之处最主要还是在于设计了人的好胜心，有了人性就产生了比较与竞争，因此外挂会造成网络游戏的极度不公平，这就好像是考试作弊一样。外挂的大量入侵，也造成未使用外挂玩家的反感。另外，因为玩家长期处于“挂机”状态，服务器需要使用更多资源来处理这些并非人为控制的角色，使得服务器端的工作量激增。对于游戏公司的形象与成本来说，都有相当负面的影响。

说到外挂问题，一般玩家对此的痛恨程度大概仅次于账号被盗。所谓插件（Plug-in），是一种并非由该程序的原设计公司所设计的计算机程序，分为游戏插件与软件插件，在这里说的是游戏的插件，其中违反游戏公平的插件就是游戏外挂，游戏外挂又分为单机游戏外挂和网络游戏外挂。单机游戏外挂的定义是“游戏恶意修改程序”，例如修改游戏的存盘记录，让很多不是游戏高手的玩家，可以很轻易地完成游戏。简单来说，“外挂”是一些可以用来替游戏增加新功能的程序，这个名词在目前计算机游戏中，通常是说各种游戏外加的作弊程序。

1.3.3　网页游戏简介

网页网络游戏，简称网页游戏。早在 20 世纪 90 年代，欧美就出现了许多网页游戏。近几年，正值游戏产业极速成长的时刻，开发成本相对较低的网页游戏自然也成为业界开发的重点目标之一。与一般网络游戏相比，网页游戏中的场景规模没有那么大，也没有办法呈现较佳的画面效果，这类游戏多半可从游戏的即时战略、模拟经营策略等为着力点来强化游戏的可玩度，以弥补游戏画面效果上的不足，如图 1-30 所示。

图 1-30　在线经营策略的网页游戏

网页游戏具有快速可玩与基于计算机屏幕进行操作的优点，对于特定人群的玩家仍具吸引力，在亚洲市场还是拥有为数不少的玩家，例如在日本市场仍有数百万名活跃的网页游戏的玩家。由于一般的网络游戏都需要下载与安装客户端软件，对计算机的配置要求也越来越高，而且运行这类网络游戏需占用一定的系统资源和空间。相比较而言，网页游戏则具有轻盈短小的特性，玩家只要使用浏览器，就可以在不影响网页浏览、通信聊天的同时，还能玩网页游戏。事实上，社交网页游戏在过去网络游戏的世界中早已发展健全，因而可以在现有的庞大社交群中置入游戏功能，这种社交群中的网页游戏不但种类多样，而且黏合度高，只要上网即可开始玩，图 1-31 所示的是开心农场网页游戏。

图 1-31　开心农场网页游戏

1.4　手机游戏

在 4G 甚至 5G 移动宽带、网络和云计算服务产业的带动下，全球移动设备快速发展，这种结合了无线通信且无所不在的移动设备，正在快速把我们身边所有的人、事、物连接起来，并成为我们日常生活中不可或缺的一部分，并不断改变着我们的生活习惯，甚至颠覆了我们的生活方式，让人们在生活模式、休闲习惯以及人际关系上有了前所未有的全新体验。

图 1-32　Rovio 公司的网页

进入 21 世纪，随着手机性能的不断提高，特别是智能手机成为主流，推动了智能手机 App 的快速发展和壮大，智能手机上的游戏 App 为游戏厂商带来全新的红利蓝海，因此带动了如《愤怒的小鸟》（Angry Bird）这类 App 的游戏开发公司的爆红。App 就是 Application 的缩写，一般是指移动设备上的应用程序，当然各种 App 涵盖的功能涉及日常生活的方方面面，其中手机游戏为其中最大的一类 App，越来越多的公司加入了开发手机 App 游戏的行列。智能手机上看到的 Rovio 公司的网页如图 1-32 所示，该公司开发了红极一时的《愤怒的小鸟》手机游戏。

手机游戏需要通过移动网络下载到本地手机中运行，或者需要同网络中的其他用户互动才能进行游戏。大家可以试着仔细观察身边来来往往的人群，会发现无论是在车水马龙的大街上，或者是在麦当劳挤满人群的餐桌旁，上下班的地铁或者公交车上，都有人拿着手机把玩一番，其中就有不少在玩手机游戏来消磨时间。谈到最早的手机游戏鼻祖，应该是 1997 年出品的诺基亚 6110 上 2D 黑白版的“贪吃蛇”小游戏，当时竟然也吸引了超过 3 亿以上的用户，现在看来如此简单的游戏，就因为手机的移动性和便携性，却在当时引发了全世界玩家的尝鲜追捧。

手机游戏的爆红

手机游戏（简称手游）目前的爆红程度，这在手机游戏萌芽初期是很难让人想象到的。因为之前手机游戏一直是游戏厂商们不能遗忘的一块“看得到却吃不到的肥肉”，2007 年是手机游戏一个里程碑的时间点，乔布斯所设计的 iPhone 凭借着超高的销售量，并开放给第三方应用开发人员，让他们能够开发可以在 iOS 系统上运行的 App，这就给了手游 App 的未来发展带来了一个全新的机遇。苹果公司成功地在智能手机上开创了触控功能，让手机游戏摆脱了传统键盘的束缚。由于触屏这种创意十足的全新操控模式，就像点石成金般地让手机游戏市场开始百花齐放，众多独立的游戏开发者或是小的游戏制作团队，都得以加入市场一起竞争，除了 iPhone 的 iOS 操作系统，Android 操作系统也为其他智能手机“武装”了触控功能，手机游戏从此便彻底红火了起来。

Tips

iOS 是苹果（Apple）公司开发的智能手机嵌入式操作系统，可用于 iPhone、iPod Touch、iPad 与 Apple TV 等设备，是一种封闭式操作系统，其内核并不开放给其他业者使用。Android 是谷歌（Google）公司发布的智能手机操作系统（也是软件开发平台），它是源于 Linux 内核的操作系统，凭借着开放源码的优势，得到越来越多手机厂商和电信厂商的支持。

手机游戏的市场潜力大，用户逐年增长，拥有未开发的庞大用户群体，手机游戏还具有可移植性高以及可在移动中游戏等优点。之前的手机游戏大多属于休闲类的游戏，不过随着手机用户的快速增长，智能手机的性能也越来越高，手机游戏的类型也越来越多样，也愈加富有活力，而且手机游戏还具有想玩就玩的方便性、容易操控的易用性，可以在碎片时间娱乐一下、休闲一番。另外，以往传统 PC 上有的休闲/益智游戏、角色/冒险游戏、射击/动作游戏、棋艺/体育游戏等，现在的智能手机上也都具备了手游版了，如图 1-33 所示。

■ App Store

App Store 是苹果公司针对使用 iOS 操作系统的系列产品，如 iPod、iPhone、iPad 等，所开创的一个让网络与手机相融合的新型经营模式——移动应用程序商店平台，iPhone 用户可通过手机上网购买或免费试用里面 App（应用程序），并可对这些 App 进行评级。App Store 平台与 Android 的开放性平台最大的不同是，App Store 上面的各类 App 都必须事先经过苹果公司严格的审核，确定没有问题才允许放上 App Store 让用户下载。店家如果将 App 上架到 App Store 销售，就好像在百货公司租用摊位销售商品一样，每年必须付给苹果公司 99 美元的年费。App Store 商店的网页画面如图 1-34 所示。

图 1-33　智能手机已成为手机游戏的平台

图 1-34　App Store 商店的网页画面

■ Google Play

谷歌(Google)公司为 Android 系统的 App 推出了一个在线应用程序服务平台——Google Play（见图 1-35）。允许开发者下载并使用 Android SDK 开发 Android 平台的 App，而后通过 Google Play 进行发布。用户可以通过 Google Play 网页寻找、浏览、下载免费或购买需要付费的 App，包括游戏，例如手游《王者荣耀》，如图 1-36 所示，这些可运行于 Android 平台的 App 提供了包括音乐、杂志、书籍、电影和电视节目等数字内容。鉴于 Android 平台手机 App 设计的各种优点，在可见的未来，它将像今日的 PC 程序设计一样普及，采取开放策略的 Android 系统不需要经过审查流程即可上架，因此进入的门槛较低。不过，由于 Android 阵营的移动设备采用授权模式，故而手机与平板电脑的规格及版本非常多，因此 App 的开发者需要针对不同品牌与机型进行兼容性测试。

图 1-35　Google Play 商店的网页画面

网络游戏的免费模式也开始在手机游戏界占据一片天地，免费手机游戏最大的特点就是让玩家能先免费下载游戏，增加手机游戏的普及度，不再依据玩家上线的时间来收费，而是通过在游戏内购买的机制来销售游戏内特殊道具与宝物来收取费用。这种收费模式在手机游戏中获得巨大的成功。近年来，手机游戏的发展十分火热，还兴起了一阵电子竞技的浪潮，许多对战类手机游戏逐渐进入玩家的视野，让手机游戏成为电子竞技赛事未来要拓展的新疆域。

图 1-36　《王者荣耀》可以说是手机版的《英雄联盟》

1.5　懂这些术语就是老玩家了而不再是菜鸟

当与其他玩家在游戏中相互切磋时，玩家们总会说出一些特殊的游戏术语，即游戏界的行话。对于一个刚踏入游戏领域的初学者，听到这些术语，想必一定会云里雾里的。事实上，在游戏领域里，游戏术语实在是太多了，这些术语多到可能让读者应接不暇，我们只能多看、多听、多问，才能在游戏世界里畅行无阻。

本节收录了一些笔者认为在游戏界里比较常见的发烧名词，希望读者能与朋友多讨论，并不断补充。

- NPC：NPC 是 Non Player Character 的缩写，它指的是非玩家角色。在角色扮演类游戏中，最常出现是由计算机来控制的角色，这些角色会提示玩家重要的情报或线索，使玩家可以继续进行游戏。
- KUSO：KUSO 在日文中原本是可恶的意思，但对目前网络 e 时代的青年男女而言，KUSO 则代表恶搞、无厘头、好笑的意思，通常是指离谱的有趣事物。
- 骨灰：骨灰并不是一句损人的话，反而有种怀旧的味道。骨灰级游戏是形容这款游戏在过去相当知名，而且该游戏可能不会再推出新作，或已经停产。一款好的游戏，一定也拥有某些骨灰级的玩家。
- 街机：是一种用来放置在公共娱乐场所的商用大型专用游戏机。
- 游戏资料片：是游戏公司为了弥补游戏原来版本的缺陷，在原版程序、引擎、图像的基础上，新增的包括剧情、任务、武器等元素内容。
- 必杀技：通常在格斗游戏中出现，是指利用特殊的摇杆转法或按键组合，使用出来的特别技巧。
- 超必杀技：指的是比一般必杀技的损伤力还要强大的强力必杀技。通常用在格斗游戏中，但它的使用是有条件限制的。
- 小强：就是“蟑螂”，在游戏中代表“打不死”的意思。
- 连续技：以特定的攻击来连接其他的攻击，使对手受到连续损伤的技巧（超必杀技造成的连续损伤通常不算在内）。
- 贱招：是指使用重复的伎俩让对手毫无招架之力，进而将对手打败。

- 金手指：是一种外围设备，可用来改变游戏中的某些数值的设置值，进而达到在游戏中顺利过关的目的。例如利用金手指将自己的金钱、经验值、道具增加，而不是通过正常的游戏过程来提升。
- Bug：Bug是“程序漏洞”，俗称“臭虫”。它是指那些因游戏设计者与测试者疏漏而滞留在游戏中的程序错误，严重的话将会影响整个游戏作品的质量。
- 包房：在游戏场景中，在某个常出现怪物的地点等候，并且不允许其他玩家跟过来打这个地方的怪物。
- 秘技：通常指游戏设计人员遗留下来的Bug或故意设置在游戏中的一些小技巧，在游戏中输入某些指令或触发一些情节就会发生意想不到的事件，其目的是为了让玩家享受另外一种游戏的乐趣。
- Boss：是“大头目”的意思，一般指在游戏中出现的较为强大有力且难缠的敌方对手。这类敌人在整个游戏过程中一般只会出现一次，且常出现在某一关的最后，而不像小怪物可以在游戏中重复登场。
- E3：E3是Electronic Entertainment Expo的缩写，指的是美国电子娱乐展览会。目前，它是全球最为盛大的电脑游戏与视频游戏的商业展示会，通常会在每年的五月份举行。
- HP：HP是Hit Point的缩写，它是指角色可以承受的打击值，也是指角色的“生命力”。在游戏中代表人物或作战单位的生命值。一般而言，HP为0表示死亡或游戏结束（Game Over）。
- 潜水：指的是一些只会待在现场而不会发表任何意见的玩家。论坛中就有许多潜水会员。
- MP：MP是Mana Point或Magic Point的缩写，指的是角色人物的魔法值。如果某个角色的MP一旦用完，就不能再用魔法招式。
- Crack：指的是对游戏开发者设计的防复制行为进行破解，从而可以复制母盘。
- EP（Experience Point）：是“经验值”的意思。通常在角色扮演类游戏中代表人物成长的数值，经验值达到一定数值后人物便会升级。
- Alpha测试：指在游戏公司内部进行的测试，就是在游戏开发者控制环境下进行的测试工作。
- Beta测试：指交由选定的外部玩家单独来进行测试，不在游戏开发者控制环境下进行的测试工作。
- 王道：认定某个游戏最终结果是个完美结局。
- 小白：指这个玩家有很多不懂的地方。
- Storyline：Storyline是“剧情”的意思，换句话说，也就是游戏的故事大纲，通常可被分成“直线型”“多线型”以及“开放型”3种剧情主轴。
- Caster：指游戏中的施法者，如在《魔兽争霸》游戏中常用。
- DOT：Damage Over Time的首字母缩写，指在游戏进行中的一段时间内对目标造成的持续伤害。
- 活人：指游戏中未出局的玩家，相对应的是“死人”。

- PK：Player Killing（对决或角斗），指在游戏进行中一个玩家杀死另一个玩家，即对决。
- FPS：Frames Per Second（每秒帧数），也就是刷新率。NTSC 标准是国际电视标准委员会所制定的电视标准，其中基本规格是 525 条水平扫描线、FPS 为 30，许多计算机游戏的刷新率都超过了这个数字。
- GG：Good Game（精彩的一场比赛），常常在联机对战比赛结束时，赞美对手在本回合的表现棒极了！是竞技游戏中的一个礼貌用语，类似于比武结束后的行礼。
- Patch：补丁是指设计者为了修正原游戏中程序代码的错误而提供的小文件。
- Round：回合，通常是指格斗类游戏中一个双方较量的回合。
- Sub-boss：隐藏头目，在有些游戏中，会隐藏有更厉害的头目，通常是在通关后。
- MOD：Modification 的缩写。有些游戏的程序代码是对外公开的，如《雷神之槌 II》，玩家们可以参照原有程序进行修改，甚至可以编写出一套全新的程序文件。
- Pirate：指目前十分泛滥的盗版游戏。
- MUD：Multi-User Dungeon（多用户迷宫或多用户空间），一种类似 RPG 的多人网络联机游戏，为纯文本模式。
- Motion Capture：动态捕捉，是一种可以将物体在 3D 环境中的运动过程转为数字化的过程，通常用于 3D 游戏的制作。
- Level：关卡，也称为 Stage，指游戏中一个连续的完整场景，而 Hidden Level 则是隐藏关卡，在游戏中隐藏起来，可由玩家自行发现。
- 新开服务器：随着网络游戏会员人数的增加，大量玩家进入游戏造成服务器负荷过大，为了缓解这些新增玩家给服务器带来的压力，就必须新开服务器，以使所有玩家都有更好的游戏体验。
- 封测：即指封闭测试，目的是为了在游戏正式发布前，先找到游戏中的错误，确保游戏上市后有较佳的品质。封测人物的数据在封测结束后会被删除，封测主要是测试游戏内的 BUG。

【课后习题】

1. 游戏平台的意义与功能是什么？试简述。
2. 简述游戏的定义与四大组成元素。
3. 什么是红白机？
4. 请简述增强现实。
5. 什么是 MUD？
6. 请简述《英雄联盟》游戏。
7. 简述掌上型游戏机的功能与特色。

第 2 章

电子竞技游戏的基本知识

记得三十年前，在那个游戏启蒙发展的年代，由于计算机硬设备的限制，许多猜拳、打弹珠、捉迷藏、小精灵等简单的小游戏，都让人至今回味无穷。在网络高速发展的全民娱乐时代，追求更多的乐趣成为了生活中不可或缺的一种休闲消费方式，游戏也逐渐走进了人们的生活，并成为时尚生活中的一种重要元素。今天的游戏产业已经从“小孩不读书，只会玩游戏”的纯负面形象，引导到与棋艺等非电子游戏比赛类似的一种“竞技”层面的体育项目，即“电子竞技”比赛，是利用电子设备作为运动器械进行的、人与人之间的智力和体力结合的比拼。通过电子竞技，可以锻炼和提高参与者的思维能力、反应能力、四肢协调能力和意志力，培养团队精神。电子竞技成为了一种职业，2003 年 11 月，中国国家体育总局正式批准，将电子竞技列为第 99 个正式体育竞赛项目。2008 年，中国国家体育总局将电子竞技改批为第 78 号正式体育竞赛项目。在国际上，2018 年在印尼雅加达举办的第 18 届亚运会把电子竞技纳为表演项目，其中就包含《星际争霸》项目（见图 2-1）。

图 2-1　《星际争霸》的成功带动了电子竞技类游戏的起飞

在电子竞技与游戏的王国里，玩家们会遇到许多不同类型的游戏，可是却不太了解这些游戏制作与玩法有何不同。要成为一位电子竞技或游戏设计的高手，这绝对是初学者铁了心都必修的学分，游戏分类方式因书、因人而异，到目前为止，还没有一套放诸四海皆准的标准分类方式。

本章将尝试对游戏类型做一个分类，并介绍不同游戏的发展与特色。虽然游戏的种类五花八门，但是与电子竞技相关的游戏，不外乎是第一人称射击类游戏（FPS）、即时战略游戏（RTS）、多人在线战术竞技游戏（MOBA）、集换式卡牌游戏（TCG）、格斗类游戏（FG）、运动类游戏（Sports Game，SPG）等，在本章中会为读者对这些游戏详加介绍。

除了介绍游戏史上的知名游戏外，本章还提供了由我们团队所设计的相关类型的小游戏，首先就从益智类游戏开始介绍。

2.1 益智类游戏

益智类游戏（Puzzle Game，PUZ 或称 PZG）是最早发展的游戏类型之一，它并不需要绚丽的声光效果，而是比较注重玩家的思考与逻辑判断。通常玩益智类游戏的玩家都必须要有恒心与耐心，思索着游戏中的问题，再依据自己的判断来突破各个不同的关卡。

益智类游戏最初由纸上游戏（如黑白棋与五子棋等各种棋盘游戏，见图 2-2），与益智玩具（例如魔方、七巧板等）衍生而来。益智类游戏所有要走的步骤都必须加以思考，并在一定的时间内做出正确的判断，而不是让玩家猛按键盘。

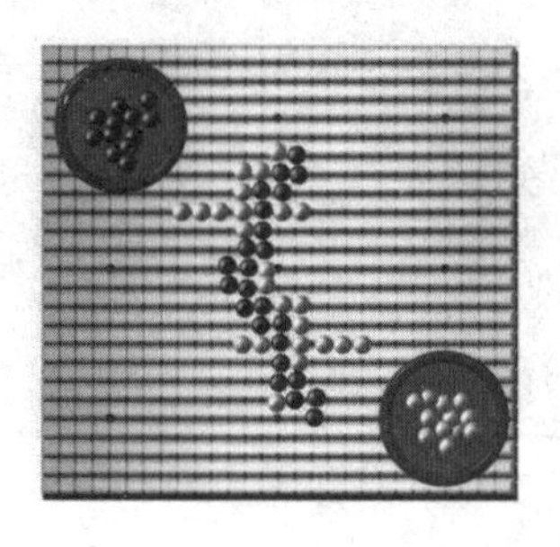

图 2-2　围棋、五子棋和跳棋

例如，以前版本的 Windows 操作系统自带的《扫雷》（WinMine），就是一款典型的益智类游戏。玩家必须在不触动地雷（Mine）的情况下，以最短的时间将地图内所有地雷加以标记（Mark）。图 2-3 是《扫雷》的游戏画面。

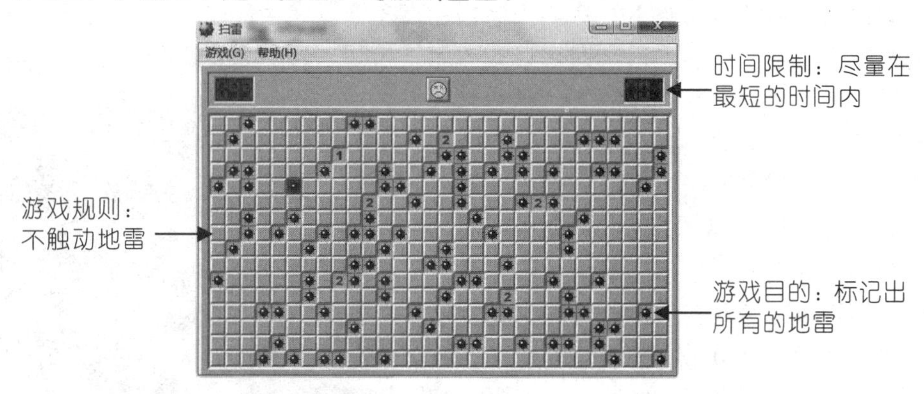

图 2-3　《扫雷》游戏

集换式卡牌游戏

集换式卡牌游戏（Trading Card Game，TCG），简称卡牌游戏，它属于益智类的一种游戏，和一般的扑克类纸牌游戏不同，这种类型的游戏是纯粹的比拼智力，玩家需要通过购买随机包中的补充包（专用可交换卡牌），收集卡牌，然后根据自己的战术和策略，灵活使用不同的卡牌去组合符合规则的套牌进行游戏。由于参与游戏的各个玩家的套牌都不同，每局抓到卡牌的次序也不同。根据规则将卡牌进行组合有无穷无尽的变化，因而在准备游戏以及进行游戏的过程中，都需要玩家不断开动脑筋进行思考形成策略与对方进行对战，不同的卡牌具有不同的价值，玩家之间可以交易交换自己的卡牌，这类游戏多为 1 对 1 的 2 人对战游戏，例如《炉石传说》卡牌游戏，如图 2-4 所示。

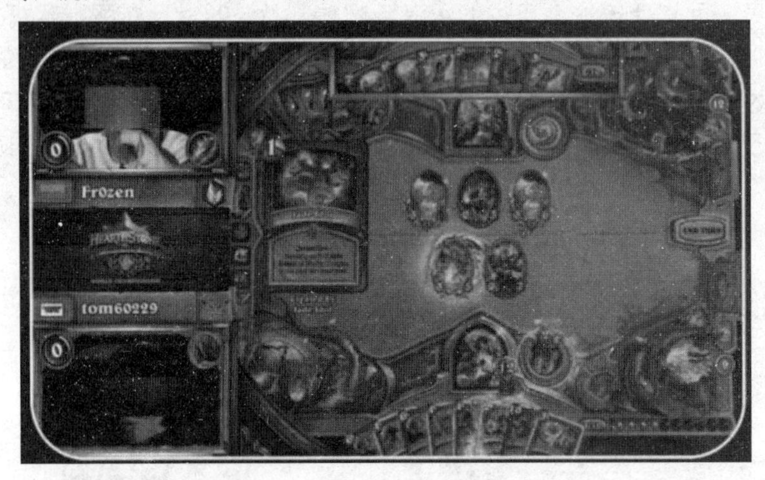

图 2-4　《炉石传说》是一款具有奇幻风格的卡牌游戏

传统的纸质卡牌在游戏方式和比赛形式上存在着相当的不便，随着网络的快速发展，便促成了卡牌游戏的电子化，最吸引人之处在于每位玩家能够根据自己的风格构建组合套牌，除了竞技对战外，相关卡牌也有不少人争相收藏。现在主流的电子竞技卡牌比赛，莫过于由暴雪娱乐公司所推出的《炉石传说》，这款免费的卡牌游戏以暴雪娱乐公司的《魔兽》系列游戏的宇宙观为蓝本，其中不但包含许多充满特色与奇幻风格的卡牌游戏模式，还有强大的互动性，能在娱乐中锻炼玩家的游戏技巧，特别是这款卡牌游戏凭借《魔兽》系列游戏过去积累的人气，被许多玩家所追捧。

卡牌游戏市场其实一直在推陈出新，持续多样的游戏创意深受玩家的喜爱，例如由游戏大厂 Valve 推出的 Dota 卡牌游戏《Artifact》，就是不想让《炉石传说》独占鳌头，玩家除了可以享受传统卡牌游戏的乐趣，同时也加入了多人在线战术竞技（MOBA）游戏的元素。在《Artifact》中，每场游戏玩家都必须选择 5 位英雄进行会战，震撼的视觉效果令人沉浸其中，因而号称是卡牌游戏史上玩法丰富且具有极致声光体验的一款卡牌游戏，如图 2-5 所示。

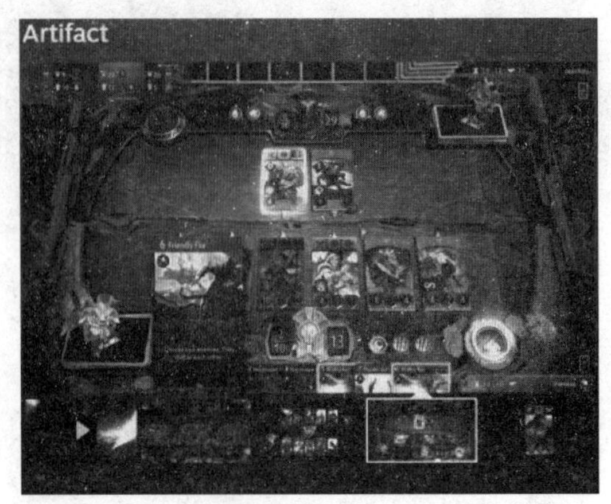

图 2-5　《Artifact》加入了多人在线战术竞技游戏的元素

2.2　策略类游戏

策略类游戏（Strategy Game，STA）也属于让玩家动脑思考的一种游戏类型，早期的策略类游戏以棋类游戏为主，如象棋、军棋、国际象棋等，主要是让玩家能够在特定场合，运用自己的智慧，通过布置属于自己的棋子来打败对方，是一种智能型攻防游戏。

策略类游戏的发展相当早，也是所有游戏类中细分类型最多的一种游戏。不过，策略类游戏基本可以分为两大类：分别是“单人剧情类”与“多人联机类”，说明如下：

■ **单人剧情类**

以单人单机为主，目的是让玩家可以操作自己的战棋来完成通关的故事剧情，玩家可以一边经历丰富的故事剧情，一边根据自己的策略来布置自己的战棋与计算机控制的战棋进行攻守对战，最终来完成通关的任务。

■ **多人联机类**

是以多人多机方式来进行游戏的，目的是让游戏中的玩家们可以呼朋唤友在游戏中来一场大厮杀，在没有联机的情况下，玩家们也可以与计算机对战，以自己的策略来打败对方。

策略类游戏除了战略模式外，还包括现在相当流行的“经营”与“养成”的游戏方式，例如较为经典的《美少女梦工厂》系列游戏。笔者所在公司制作的《宝贝奇想曲》就是一款养成游戏，如图 2-6 所示。玩家扮演热爱动物的宠物店老板，除了一般常见的宠物外，亦可移植各种动物的不同部位培育出各式各样新品种的宠物，以便在销售或各类比赛中获得佳绩。

图 2-6　《宝贝奇想曲》游戏画面

2.2.1　即时战略游戏

即时战略游戏（RTS）也是一种策略类游戏，游戏是实时进行而不是采用传统战略游戏的回合制。标准的即时战略游戏会有资源采集、基地建造、科技发展、敌情侦察、生产兵力等元素，让玩家有所谓“运筹帷幄，决胜千里”的游戏体验。

象棋游戏是一种非常经典和单纯战略型游戏，以自己所属的战棋，根据个人的思路和策略布置战棋来进行攻防战。不过，因为它只能以“一次走一步”的方式来进行游戏，就是所谓的回合制战略游戏，这类游戏不但少了游戏的紧凑性，更少了一些紧张对战的乐趣，后来经过不断地改进，在战略游戏中加入了“实时”的游戏机制。即时战略游戏成功地打造出战略型游戏的另一番天地，其中暴雪娱乐公司的《星际争霸》（StarCraft）是其中最为成功的即时战略游戏之一。在过去很长一段时间里，即时战略游戏都是在 PC 机上最火爆的一种游戏类型。

《星际争霸》游戏的故事背景是三个独特且强大的种族之间展开激烈的对战，这些种族间展开的游戏又细分出不同能力的角色，玩家可以操纵其中任何一个种族，在特定的地图上采集资源。由于即时战略游戏极大地丰富了游戏的内容，加上精巧的战略设计以及易于上手的特性，因此这类游戏给玩家们带来了无穷的乐趣，这类游戏还为玩家提供了多人对战模式。20 世纪 90 年代末期，《星际争霸》的成功直接催生了电子竞技这个领域及其职业，至今仍然是全球电子竞技中最引人注目的焦点之一，这款游戏不仅风靡，更是推动电子竞技发展的功臣，为电子竞技界的赛事制度与游戏社群树立了良好的典范。《星际争霸 II》的精彩对战画面如图 2-7 所示。

图 2-7　《星际争霸 II》的精彩对战画面

微软（Microsoft）公司推出的《帝国时代》（Age of Empires）即时战略游戏，不但具有深度内涵的内容，更是以历史文化演进为背景，让玩家融入游戏的同时领悟历史的演化进程，这款游戏中的任务玩法多变，场景细腻丰富，充分满足了不同玩家的需求。同时代理国内外游戏的厂商都以即时战略游戏这种机制出品了许多备受好评、延续至今的优秀游戏，如《命令与征服》《魔兽争霸》《横扫千军》等。

2.2.2　多人在线战术竞技游戏

多人在线战术竞技游戏（Multiplayer Online Battle Arena，MOBA），源自即时战略游戏（RTS），也有人称之为动作即时战略游戏（Action Real Time Strategy，ARTS）。由于游戏机制多元化且具有丰富战略思考的玩法内容，因此目前电子竞技赛事中 MOBA 这类游戏最为热门。这类游戏不但彻底革新了原来的即时战略游戏的游戏模式，甚至全然改变了电子竞技比赛的样貌。MOBA 最原始的概念来自暴雪娱乐公司《魔兽争霸 III》中的自定义地图“守护遗迹”（Defense of the Ancients，DOTA）。DOTA 可以说是如今 MOBA 类游戏最相似的原型，如图 2-8 所示，具有无需付费、多人公平竞技和实时对抗的特点，展示了高度的观赏性，特别是 PVP（玩家间对战）对战的部分，后来玩家们操控各自选择的单一英雄，并组队进行多人在线战术竞技的方式就统称为 DOTA 类游戏，这也是 MOBA 类游戏日后成为主流电子竞技赛事中不可或缺的竞赛游戏的关键因素之一。

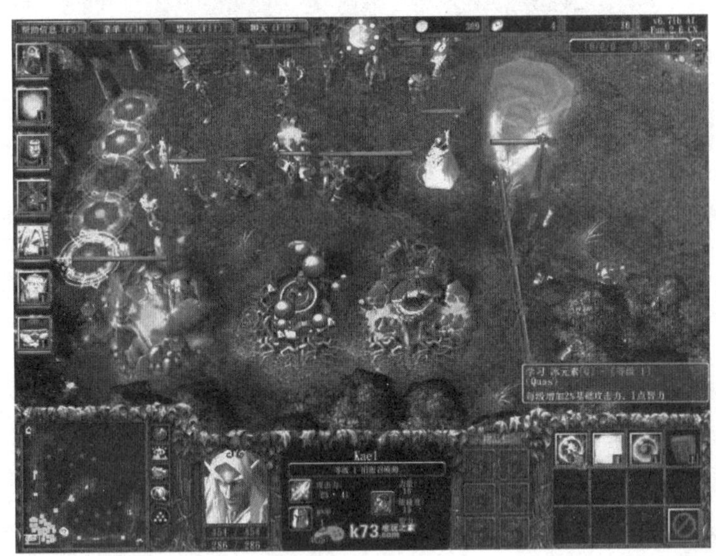

图 2-8　DOTA 类游戏是 MOBA 类游戏的鼻祖

MOBA 类游戏的重点是需要玩家对各个角色不同技能的熟悉程度，核心玩法建立在英雄对战的基础上，大多数都是 2 支队伍各选择 2 个以上的不同英雄在游戏地图中进行对战（通常是 5V5，即 5 人对 5 人的对战），每个玩家控制自己队中的一个角色，参与对战的两队以击败对手为目标，就是摧毁对方的基地（基地内的建筑物）才算获胜。很多人都玩过《英雄联盟》（LOL），这款游戏不但继承了 DOTA 的概念和游戏规则，同时还真正让 MOBA 类游戏风靡世界，例如《英雄联盟》每年的 S 系列赛事都是众多玩家关注的焦点。

Tips

《英雄联盟》的 S 系列比赛就是指《英雄联盟》全球总决赛的系列赛（League of Legends World Championship Series），是《英雄联盟》这款游戏一年一度最为盛大的比赛，简称 S 系列赛，是英雄联盟比赛项目的“奥运会”，也是《英雄联盟》游戏的最高荣誉、最高含金量、最高竞技水平、最高知名度的比赛。到 2020 年年底，S 系列赛已经举办了 10 届。

2.3　模拟类游戏

模拟类游戏（Simulation Game，SLG）就是模仿某一种行为模式的游戏系统，在这个系统中，让计算机模拟出在真实世界中所发生的各种状况，让玩家在特定状况中完成在真实世界中难以完成的任务。模拟类游戏最大的特色就是拟真度力求完美，游戏的操作指令也

较为复杂，着重于符合机电操控的物理原理并给玩家带来真实感，让玩家沉浸于游戏虚拟环境的“真实感”中。模拟类游戏通常模仿的对象有汽车、火车、轮船、飞机、宇宙飞船等，如微软公司的《模拟飞行》（Flight Simulator）系列，如图 2-9 所示。

图 2-9　《模拟飞行》游戏的画面

另外，也有人把经营类游戏归类为模拟类游戏，所谓“经营”模式就是让玩家去管理或运营一种系统，如管理城市、管理交通、运营商店等，玩家需要凭借着自己的智慧来经营该系统，如 EA（美国艺电）公司所发行的《模拟城市》系列与《模拟人生》系列。网上有许多模拟类的小游戏，如图 2-10 所示。

图 2-10　网上的模拟类小游戏

市面上还有一款相当特别的经营类游戏《电竞俱乐部》，在这款游戏中，玩家将以自家的车库和一台 PC 机为起点，一步步地建立起属于自己的电子竞技王国，招募有实力的选手，让俱乐部成为全球顶级的电子竞技俱乐部，让玩家通过经营这个虚拟的电子竞技俱乐部实现玩家自己的电子竞技梦想，如图 2-11 所示。

图 2-11　《电竞俱乐部》经营类游戏的精彩画面

2.4　大逃杀类游戏

大逃杀类游戏（Battle Royale Game）是一种电子游戏类型，也被玩家戏称为“吃鸡”。实际上大逃杀类的游戏是源自 1999 年由日本小说家高见广春所著的恐怖小说《大逃杀》，这类游戏融合了生存游戏的法则及淘汰至最后一人的玩法。随着 2017 年《绝地求生》游戏的流行（见图 2-12），其中的游戏规则都成为大逃杀类游戏的典型规则，玩家可以使用具有不同技能的角色进行游戏，最终目标就是在规定的时间内存活下来并获得优胜。随着多人在线的大逃杀类游戏《绝地求生》（Player Unknown's Battlegrounds，PUBG）爆红之后，更是将“吃鸡”一词发扬光大，大逃杀类游戏就在全世界流行起来，随后越来越多的游戏都加入了大逃杀模式。不过，有人把 PUBG 更严谨地称为战术竞技型射击类沙盒游戏。

图 2-12　在《绝地求生》游戏中玩家需要坚持到最后一刻

2.5　动作类游戏

动作类游戏（Action Game，ACT）长久以来就是在游戏市场中占有率最高的游戏，这类游戏的重点在于整体流畅性与刺激性。从早期的游戏产业里，游戏平台只能支持低分辨率的图像处理，因而游戏平台不能进行非常复杂的运算，动作类游戏就在那个时候应运而生。例如，那款很古老的“小蜜蜂”经典射击游戏，如图 2-13 所示，不需要花费玩家太多的思考即可让游戏顺利地进行下去。

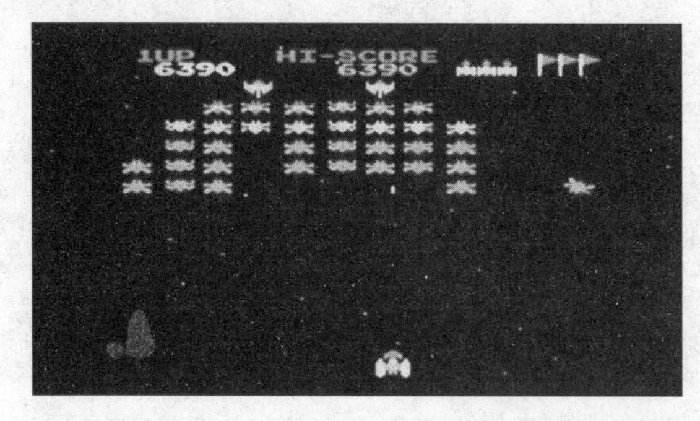

图 2-13　日本游戏公司 Namco 推出的小蜜蜂游戏

之后是任天堂公司红白机上的《超级马里奥兄弟》游戏，更将动作类游戏的狂热带到那时的巅峰，当时多少人为了通关《超级马里奥兄弟》游戏，不分昼夜沉醉在破关的狂热中。市场后续又推出了许多代表性的动作类游戏：如第一人称射击类游戏的始祖《毁灭战士》（Doom）、《雷神之锤》（Quake）系列、《半条命》（Half-Life）系列、《荣誉勋章》（Medal of Honor）系列等；如格斗类游戏《快打旋风》系列，就以流畅的动作设计，抢眼的人物造型而大受欢迎，其中《快打旋风 4》延续了这个经典对战格斗系列游戏的传统 2D 玩法，并采用了最新的 3D 绘图技术来呈现原先的 2D 绘图风格。

2.5.1　第一人称射击类游戏

提起射击类游戏，大家的第一反应就是刺激，让人热血沸腾，它属于动作类游戏中的一种。第一人称射击类游戏（First-Person Shooter，FPS）就是玩家通过主角的眼睛（所谓的第一人称的视角）看到游戏场景并进行游戏中的射击、运动、对话等活动，以及处理游戏中所有相关的画面。在游戏中，要以手中的远程武器或近战武器来攻击敌人进行战斗，并可以实现多人共同游戏的需求，这是男生最喜爱的游戏类型之一。因为用到了强大的 3D 立体成像技术，所以可以实现令人叹为观止的声光效果，游戏场景和过程非常逼真，这都是第一人称射击类游戏吸引玩家的主要原因。图 2-14 所示即为《雷神之锤》游戏中逼真的 3D 战斗场景。

图 2-14　《雷神之锤》游戏中逼真的 3D 战斗场景，同时也引发了独立 3D 显卡的技术革命

第一人称射击类游戏一直以来也都是游戏业最火爆的游戏类型。著名的游戏有很多，例如《反恐精英》（Counter-Strike Online）堪称是国内外较受欢迎的第一人称射击类游戏，如图 2-15 所示，内容是恐怖分子与反恐小组的对决，玩家可利用自动匹配选择适当的游戏模式与其他玩家对战并且累计积分，刺激痛快的对战体验及丰富多样的游戏模式，增强了游戏的主动性和真实感，并且拥有破五百万会员的超高人气。除了上一节提到的《毁灭战士》《雷神之锤》《半条命》《荣誉勋章》等系列，还有《使命召唤》《孤岛危机》《三角洲特种部队》等系列也是第一人称射击类游戏的经典之作。

图 2-15　《反恐精英》是国内外较受欢迎的第一人称射击类游戏之一

2.5.2　第三人称射击类游戏

第三人称射击类游戏（Third-Person Shooter，TPS）的玩家是以第三者的视角观察游戏场景与操控主角的动作，好像一个旁观者或者操控者，这样能够更加清楚地观察到整个游戏中的地形与所操控人物的周边情况，因而游戏中的主角在游戏屏幕上是可见的，这类游戏是第一人称射击类游戏的变种。例如《古墓丽影》（Tomb Raider）系列（见图 2-16）、《马克思 · 佩恩》（Max Payne）系列。

图 2-16　《古墓丽影》是第三人称射击类游戏

2.5.3 格斗类游戏

格斗类游戏（Fighting Game，FTG）是动作类游戏的分支，一直也是玩家喜爱的热门游戏类型之一。不过，格斗类游戏对玩家判断对手对应的动作（招数）比大多数其他动作类游戏要求高，因为格斗类游戏的特点是对打击回馈较高的要求，玩家需要操控自己的角色在屏幕上和对手进行近身格斗，所以玩家必须精熟诸如防御、反击、连续攻击、格挡、闪避等操作技巧。日本此类游戏的比赛较多，例如《快打旋风》这款伴随许多玩家成长的格斗类游戏的老祖宗，是由日本卡普空公司 1987 年推出的需要投钱玩的街机格斗游戏。这款游戏对参与格斗的两个角色在限定的时间内，使用各种攻击手段，设法令对手的生命值归零，并以三局两胜的方式进行一场龙争虎斗，想要提升实力就要对游戏的基本系统与术语有所了解，胜利后才能前往下一关卡。图 2-17 所示为《快打旋风 5》的游戏画面。

图 2-17 《快打旋风 5》的游戏画面

2.6 运动类游戏

运动类游戏（Sports Game，SPG），或称为体育类游戏，与模拟类游戏有异曲同工之处，运动类游戏也必须要符合大自然的物理原理，二者的区别是模拟类游戏较注重模拟的机器设备或系统类型，而运动类游戏比较注重人体活动的行为，玩家多以运动员的形式参与游戏，如图 2-18 所示。一般来说，只要是与任何运动有关的游戏都可以纳入这个分类，游戏的内容多以人们熟知的体育赛事（例如 NBA、世界杯足球赛、F1 赛车等）为蓝本，只要是越多人热衷的运动项目，此项目的运动类游戏占比就越高。其主要的特色就是在突显出此类运动的刺激性与临场感。特别是在街机中，运动类游戏经常有突出的表现，因为街机可以提供专用的操作模拟器，不像计算机只能提供键盘或鼠标来进行操作。

图 2-18　运动类游戏：网球和跳舞机

赛车游戏

例如《跑跑卡丁车》是一个老少皆宜的赛车电子竞技游戏（见图 2-19），由韩国 NEXON 公司出品。这款游戏由超可爱的卡丁车陪玩家一起飙车甩尾飘移，有多种车型与游戏主题赛道可供选择，玩家也可以选择不同的竞赛，甚至有人为了锻炼手的灵活性而专门去接触这款游戏。中国台湾的游戏橘子公司在 2019 年首度举办了《跑跑卡丁车》世界争霸赛（见图 2-20），赛制采用个人竞速赛模式，比赛必须进行 3 轮。

图 2-19　《跑跑卡丁车》是一款新型 Q 版的赛车游戏

图 2-20　2019 年《跑跑卡丁车》世界争霸赛

《极速领域》（Garena）是腾讯公司旗下一款简单上手、操作手感绝佳的手机赛车类电子竞技游戏，如图 2-21 所示，它包含了经典赛车竞速与道具赛等模式，三分钟就可以玩一局，玩家可以随时使用手机体验经典赛车竞速，尽情享受在赛道上疯狂奔驰的快感。

图 2-21　《极速领域》可以让玩家享受在赛道上疯狂奔驰的快感

2.7 角色扮演类游戏

不知读者是否有过在阅读一本书或看某一部电影时，心中暗想如果自己是某某角色，我会如何的情况？角色扮演类游戏（Role Playing Games，RPG）就是基于这种考虑，给玩家提供一种无限想象和发挥的空间。也就是说，玩家负责扮演一个或数个角色，而且角色会像真实人物那样不断成长，最著名的角色扮演类游戏包括《最终幻想》（Final Fantasy）、《创世纪》（Ultima）系列、《魔法门》（Might and Magic）系列等。

角色扮演类游戏是由桌上型角色扮演游戏（Table-top Role Playing Game，TRPG）演变而来的。它属于纸上棋盘战略类游戏，必须由一个游戏主持人（Game Master，GM）和多个玩家共同组成。在游戏中，游戏主持人就是游戏灵魂，是这个游戏的故事讲述者，同时也是规则解释人。所有玩家就等于是故事中一个特定角色，而这个故事的精彩与否，则取决于主持人的能力。利用投掷骰子的方式体验不可预知的结果和不可测的玩家行动，这就是角色扮演游戏的最原始雏形。

桌上型角色扮演游戏在欧美国家已经风行多年，其中最深得人心的一款作品为《D&D》系列游戏，就是我们通常所说的《龙与地下城》（Dragon and Dungeon）游戏，它是以中古时期的剑与魔法奇幻世界为主要背景的电脑角色扮演游戏。

可以说《龙与地下城》游戏是角色扮演类游戏的先驱，目前绝大部分这类游戏都遵循《龙与地下城》游戏系统所制定的规则（战斗系统、人物系统、怪物数据等），与游戏内容相关的设置工作也大同小异。随着硬件设备的日新月异，角色扮演类游戏除了保留原来的故事性之外，也慢慢地开始强调游戏画面的声光效果带给玩家的新奇感受。例如，目前最为盛行的网络游戏《天堂 2》（Lineage II）、《无尽的任务》（Ever Quest）和《魔兽世界》（World of Warcraft）等，都完全参考了《龙与地下城》各个时期所制作的规则系统。图 2-22 为《魔兽世界》的官网。

图 2-22　《魔兽世界》的官网

动作角色扮演类游戏

动作角色扮演类游戏（Action Role Playing Game，ARPG），所发展的时间较角色扮演类（RPG）游戏与动作类游戏还要晚，同时具备动作类游戏与角色扮演类游戏要素。因为ARPG 游戏是采取动作类游戏紧凑的玩法与 RPG 游戏剧情的流程为主轴，这让玩动作角色扮演类游戏的玩家可以玩到动作类游戏的刺激感与 RPG 游戏的角色扮演机制，所以让游戏产业再度掀起一股独特的风潮。就 ARPG 游戏而言，最早带起这股风潮应该算是由暴雪娱乐公司所推出的 PC 版的《暗黑破坏神》(Diablo) 与电视游戏机上的《塞尔达传说》(Legend of Zelda)，它们打败了当时的纯 RPG 故事剧情叙述类游戏与纯动作类游戏。《暗黑破坏神 4》的游戏画面如图 2-23 所示。

图 2-23　《暗黑破坏神 4》游戏的精彩画面

近几年来，ARPG 游戏几乎席卷了整个游戏市场，特别是加入了联网，这让玩家不仅可以在单机平台上玩，还可以呼朋唤友在游戏中大肆杀敌，著名游戏还有《圣剑传说》系列、《仙剑奇侠传》系列、《剑侠情缘》系列等。

2.8　冒险类游戏

冒险类游戏（Adventure Game，AVG）早期多在 PC 机上发展，也算是计算机游戏较早的类型之一。随着计算机性能的提高，冒险类游戏也有了全新的变化，大多发展成类似动作角色扮演类游戏（ARPG），只不过有一些特殊条件不太相同而已。

冒险类游戏的架构与动作角色扮演类游戏的架构非常相似，只是冒险类游戏加上了大量合理机关与剧情发展，让玩家感觉就好像在看一部电影、一本小说一样。游戏的设计者如果希望游戏的剧情复杂一点，还可以在游戏中加入旁支剧情，这样会进一步提升游戏的丰富内涵。其中较为经典的游戏有日本卡普空（Capcom）公司所发行的《生化危机》（Biohazard）系列游戏与英国 EIDOS 公司研发的《古墓丽影》（TOMB RAIDER）系列游戏，虽然故事内容不尽相同，却都有着一个共同点，就是以解谜为游戏的主轴。《生化危机》系列游戏的画面如图 2-24 所示。

图 2-24 《生化危机》系列游戏的画面

【课后习题】

1. 什么是益智类游戏？
2. 益智类游戏的特色有哪些？
3. 策略类游戏除了战略模式外，还包括哪些游戏方式？
4. 请简述什么是模拟类游戏？
5. 请简述第三人称射击类游戏的特色。
6. 请说明角色扮演类游戏的特色。
7. 请简述第一人称射击类游戏。

第 3 章
游戏设计的核心——耐玩度

早期的游戏，并没有现在成熟的多媒体技术与高性能计算机的支持，只是凭借着所谓“好玩”的原则，带给玩家经久不衰的怀念。在笔者看来，不管是以前还是现在，对于任何一款游戏，只要有好的游戏主题、创新的策略和设计架构，就一定能获得玩家的青睐，千万不可过分追求主机硬件性能与五光十色的 3D 视觉效果，而且千万要记得“耐玩度”才是王道，如图 3-1 所示。

图 3-1　任天堂出品的游戏大都以“耐玩度”而著称

3.1　游戏主题的一锤定音效应

曾经有智者说过：“人因梦想而伟大”。梦想就是开发一款游戏主题的源泉。游戏主题是决定游戏是否畅销的一大因素，游戏和一般商品一样，游戏开发团队必须先决定一个游戏主题（Game Topic），通常会经历三个阶段：从最初的概念（Concept）形成，再转化为游戏结构（Structure）雏形，最后才进入真正的游戏设计（Design）阶段，整体涵盖了软件与创意策划的开发流程。

如果游戏具有大众化主题就会较适用于不同文化背景的玩家族群，例如爱情主题、战争主题等，就容易引起牵引玩家们的共鸣。如果游戏题材比较老旧的话，不妨试着从一个全新的角度来诠释这个古老的故事，让玩家能在不同的领域里领略到新的意境。

例如荣钦科技公司研发的《巴冷公主》这款游戏，如图 3-2 所示，取材自鲁凯族最古老的爱情神话故事，描述蛇王阿达里欧为了迎娶巴冷公主，历经千辛万苦，通过恶劣环境的考验，到大海另一端去取回七彩琉璃珠，这样高潮迭起的剧情，配合最新的 3D 引擎系统在游戏世界中改编制作。

图 3-2　《巴冷公主》游戏中的主角

此外，游戏的主题必须明确，这样玩家对游戏才有认同感与归属感。例如我们在欣赏《无间行者》这部影片时，很清楚地知道主角莱昂纳多就是一个卧底，他的任务就是要收集黑道老大犯案的证据。就因为主题如此清晰，所以观众很容易就投入剧情中而难以自拔。

当我们将游戏主题转化文字说明时，为的就是确立游戏设计的雏形，同时还要想想看，要在游戏中加入哪些元素才能让游戏显得更为丰富多彩。游戏主题的建立与强化，可以从时代、背景、剧情（或故事）、角色（人物）、目的这 5 个方面着手。

3.1.1　时代

“时代”因素是用来描述整个游戏运行的时间与空间，它代表的是游戏中主角人物所能存在的时间与地点。所以“时代”具有时间和空间双重特性。单纯以时间特性来说，时间可以影响游戏中人物的服饰、建筑物的构造以及合理的周边对象，明确游戏发生的时间背景，才会让玩家觉得整个游戏剧情的发生发展合情合理，如图 3-3 所示。

图 3-3　游戏中的时空场景

“时代”的空间特性指的是游戏故事的存在地点，如地上、海边、山上或者是太空中，其目的是要让玩家可以很清楚地了解到游戏中存在的方位，所以时代因素主要是描述游戏中主角存在的时空意义。

3.1.2　背景

一旦定义了游戏所存在的时代，接下来就必须描述游戏中剧情发展所需要的各种背景元素。根据定义的时间与空间，还要设计出一连串的合理背景，玩家才有代入感。如果在游戏中常常出现一些不合理的背景，例如将时代定义在汉朝末年的中原地区，可是背景却出现了现代的高楼大厦或汽车，除非有合理的解释，要不然玩家会被游戏中的背景搞得晕头转向，不知所措。

其实，背景包括每个画面所出现的场景，例如，《巴冷公主》的故事场景都发生在鲁凯部落中，所以一景一物都必须符合那个时代的生活所需，如山川、树林、沼泽、洞穴、建筑物等都利用 3D 刻画，力求保留鲁凯部落的原始风貌，对于各部落的建筑物，制作团队还特地深入实地考察，力求精确，可以将他们的生活环境完整呈现，如图 3-4 所示。

图 3-4　原汁原味的鲁凯部落及其特有的百步蛇图腾的花纹

3.1.3　剧情

一个游戏的精彩与否取决于它的故事情节是否足够吸引人，具有丰富的故事情节能让玩家提高对游戏的满意度。例如《大富翁 7》这款游戏，它并没有一般游戏的刀光剑影、金戈铁马，而是以繁华都市的房地产投资、炒股赚钱为主线，还通过增加了相互陷害的故事情节来提高游戏的耐玩度。

当我们定义了游戏发生的时代与背景之后，就要编写游戏中的故事情节了，也就是游戏的剧情。剧情是为了增加游戏的丰富性，内容编排上最好能让人捉摸不定、高潮迭起（见图 3-5）。当然，合理性是最基本的要求，不能突发奇想就胡编乱造。例如，许多鲁凯部落的人们都认为自己是太阳之子，当然这是一种民俗传说，但旁人必须予以尊重。在《巴冷公主》中，故事情节就巧妙地对此加以合理神化，以下是部分内容：

> “太阳之泪”的传说来自阿巴柳斯家族第一代族长，他曾与来自大日神宫的太阳之女萌生了一段可歌可泣的恋情。当太阳之女奉大日如来之命，决定返回日宫时，伤心地留下了泪水，这泪水竟然化成了一颗颗水晶般的琉璃珠。

她的爱人串起了这些琉璃珠，并命名为“太阳之泪”。“太阳之泪”一方面是他二人恋情的见证，另一方面也保护着她留在人间的后代子孙。传说中，这“太阳之泪”具有不可思议的神力，对一切的黑暗魔法与邪恶力量有着相当强大的净化能力。

只有阿巴柳斯家族的真正继承人才有资格佩带这条“太阳之泪”项链，在巴冷十岁时，朗拉路将“太阳之泪”送给她作为生日礼物，也宣布了她即将成为鲁凯族第一位女主。

图 3-5　游戏剧情的编排

至于游戏剧情的好坏，判断是因人而异的，有的人会觉得好，有的人会觉得不好，这都取决于玩家自己的感受。所以说，游戏剧情是游戏的灵魂，它不需要高深的技术与华丽的画面，但内容绝对是举足轻重的。

3.1.4　角色（人物）

通常玩家最直接接触到的游戏元素就是他们所扮演的角色（即所操作的人物），通过这些角色与故事中其他角色进行互动，因此在游戏中必须刻画出正派与反派角色，而且最好每一个角色都有自己的个性与特色，这样游戏才能淋漓尽致地展现出角色的特质，这包括外形、服装、性格、语气与所使用的武器等。有了鲜明的角色才能强化故事内容。例如在《巴冷公主》游戏中每个角色的个性、动作，还有肖像的表情，都有自己的一套风格。而怪兽的种类、属性非常多，也都有自己独特的动作，这些都是游戏制作团队通过实地考察而得来的。图 3-6 是《巴冷公主》游戏中丰富的角色（人物）形象。

图 3-6　《巴冷公主》游戏中丰富的角色（人物）形象

3.1.5　目的

游戏的“目的”是要让玩家们愿意继续玩下去的理由，如果没有明确的游戏目的，相信玩家们可能玩不到十分钟就会觉得索然无味。不管是哪一种类型的游戏，都会有其独特的玩法与最终目的，而且游戏中的目的不一定只有一种，如同有些玩家会为了让自己所操作的人物达到更强的程度，这些玩家就会更加拼命地提升自己主角的等级，有些玩家也会为了故事剧情的发展而去拼命地打怪过关，或者是为了得到某一种特定的宝物而去收集更多的元素等。

例如，《巴冷公主》游戏中的目的是蛇王阿达里欧为了要迎娶巴冷为妻，毅然决然地踏上找寻由海神保管着的七彩琉璃珠下落的旅途。历经了三年的风霜雪雨的冒险，旅途上到处充满了各种各样可怕的敌人，阿达里欧终于带着七彩琉璃珠回来了，并依照鲁凯族的传统，通过了抢亲仪式的考验，带着巴冷公主一同回到鬼湖过着幸福美满的生活，如图 3-7 所示。

图 3-7　《巴冷公主》游戏中的游戏场景

3.2 游戏风格

要制作一款受人欢迎的游戏，必须注重游戏内容的合理性与一致性，因此游戏风格的呈现方式也必须进行不同的设置。本节将从美术、道具、主角风格的角度来讨论选定游戏风格的原则与方式。游戏风格会影响玩家在游戏中的体验，如图 3-8 所示。

图 3-8　游戏风格会影响玩家在游戏中的体验

3.2.1 美术风格

美术风格就是一种游戏视觉的市场定位（俗称游戏的画风），借此吸引玩家的眼光。在一款游戏中，应该要从头到尾都保持一致的风格。游戏美术风格的一致性包括人物、背景特性和游戏定位等。在一般的游戏中，如果不是剧情特殊需要，我们都尽量不让游戏中的人物所说的语言超越当时历史场景，尤其是时代的特征。

有一款 2D 冒险动作游戏——《诛魔记》，游戏的美术风格采用的是古典幽秘的中国画风，用多层次横向滚动条的画面，来搭配主角丰富的动作，加上各种炫丽的魔法特效，让玩家在游戏的过程中感受到中国古典美的魅力，如图 3-9 所示。

图 3-9　《诛魔记》游戏的画面

3.2.2 道具风格

游戏中的道具设计，也要考虑它的合理性，就如同不可能将一辆大卡车装到自己的口袋里一样。另外，在设计道具的时候，也要注意道具的创意性。例如，可以让玩家完全用事先准备好的道具来玩游戏，也可以让玩家自行设计道具。当然，无论使用什么样的形式，都不能违背游戏风格一致性的原则，如果我们让巴冷公主突然拿把冲锋枪歼灭怪物，那肯定让玩家哭笑不得。图 3-10 为《巴冷公主》中的经典道具。

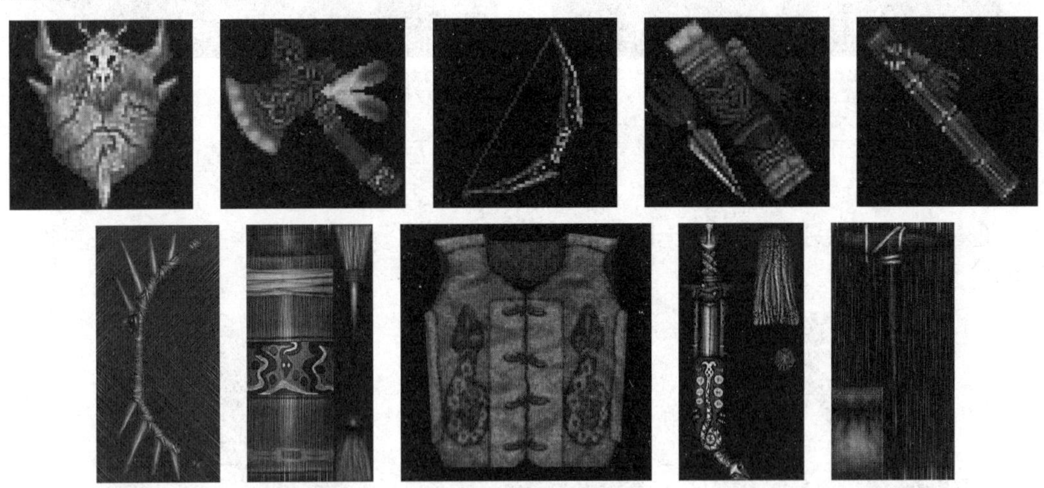

图 3-10 《巴冷公主》游戏中出现的道具

3.2.3 主角风格

游戏中的主角绝对是游戏的灵魂，只有出色的主角及其关联的跌宕起伏的游戏剧情，才能让玩家在我们设计的游戏世界中流连忘返，游戏才会有成功的把握。事实上，在游戏中主角不一定非要是一名正直、善良、优秀的好人，也可以是邪恶的或者介于正邪之间，让人又爱又恨的角色。

从人性弱点的角度看，有时邪恶的主角比善良的主角更容易使游戏受欢迎。如果游戏中的主角能够邪恶到既让玩家厌恶又不忍心甩掉的地步，那么这款游戏就成功了一半，因为玩家会更想弄清这个主角到底能做什么坏事、结果会有什么下场，这种打击坏人、看坏人恶有恶报的心理，也很容易抓住玩家的心。

例如，笔者所在的游戏设计团队所研发的《英雄战场》游戏（见图 3-11），这款游戏融合了格斗类游戏（FTG）和射击类游戏（STG）这两类游戏的特点，重现亦正亦邪的主角西楚霸王项羽，他在乌江江畔所获的邪恶“蚩尤之石”，可以自由穿梭时空，并能用它控制中国各朝历代的武将，一举颠覆历史，企图完成时空霸业。这款游戏可以让玩家选择扮演古今的著名武将与传说中的英雄角色，相互争夺宝物，厮杀对战，享受着畅快淋漓对战（PK）的乐趣，这种参与最大限度地满足玩家进行激烈对决的快感。

图 3-11 《英雄战场》游戏的画面

还有一点要注意，当我们在设计主角风格时，千万不要将它过于脸谱化、原形化，不要落入俗套。简单地说，就是不要将主角设置的太“大众化”。主角如果没有自己的独特个性、形象，玩家就会感到平淡无趣。具有鲜明个性且多样化的游戏主角对游戏的整体风格影响巨大，如图 3-12 所示。

图 3-12 游戏主角的多样性对游戏的整体风格影响很大

3.3 游戏界面的设计

一款游戏光有精致的画面、动听的音效与引人入胜的剧情还是不够的，它还必须拥有良好的人机操作界面（即游戏界面），才能帮助玩家体验到精彩的游戏世界。例如许多智能手机或平板电脑上的游戏，都会在触控屏上显示虚拟游戏杆，来模拟实体控制器以便让玩家操控。对于一款好玩的游戏来说，游戏界面的设计可不是想象中的那么简单，并不是把菜单规划一下，按钮、文字框随便安排到画面上就结束了。从游戏剧情内容的架构、操作流程的规划、互动组件的选择到页面呈现的美观都是一门学问（见图 3-13）。

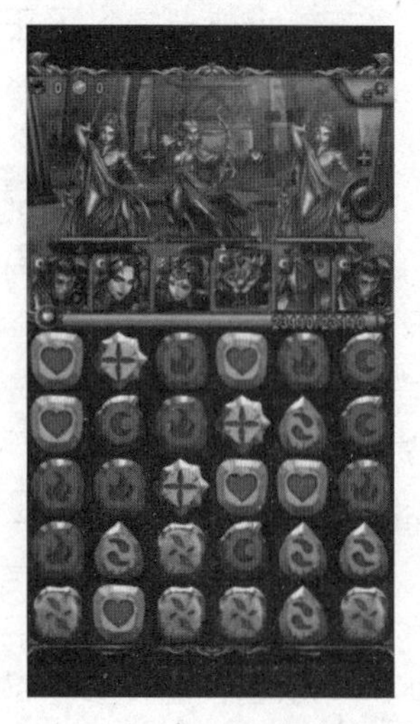

图 3-13 受欢迎的游戏一定有高性价比的游戏界面

由于视觉是人们感受外部世界万物的主要方式，因此如何设计出让玩家易于上手且高效操作的游戏界面一直是手机游戏设计的重点。短短数年，随着移动设备的普及，因而各类手机游戏如雨后春笋般地研发出来，而手机屏幕比电脑屏幕小很多，为了在这个小小的屏幕上给玩家更好的操作体验，这类游戏界面的设计时就要更加小心。

3.3.1　用户界面与用户体验设计

全世界公认的用户界面与用户体验（User Interface/User eXperience，UI/UX）设计大师，苹果公司的乔布斯，有一句名言："我讨厌笨蛋，但我做的产品连笨蛋都会用。"一语道出了 UI/UX 设计的精髓。在游戏中，用户界面与用户体验就是指游戏界面和游戏体验。因此，就算游戏本身再好，如果玩家在与游戏界面的互动过程中，有不好的体验，就会影响到玩家对这款游戏的观感或黏合度（可玩度和耐玩度），最后直接影响到是否继续参与游戏或购买这款游戏，如图 3-14 所示。

图 3-14　UI/UX 设计的优劣是决定游戏可玩度和耐玩度的主要因素之一

用户界面（User Interface，UI）是虚拟世界与现实世界互换信息的桥梁，也就是用户和计算机之间交互的界面。我们可以通过选择合适的视觉风格让游戏界面看起来更加清爽美观，因为流畅的互动设计可以提升玩家操作过程中的舒适体验，减少因等待造成的烦躁感。

在游戏设计流程中，用户体验（User eXperience，UX）越来越重要，它不仅与游戏界面设计关联，还包括会影响游戏体验的所有细节：游戏画风（美术风格或视觉风格）、程序性能、流畅运行、动画操作、互动设计、色彩、图形、心理等。真正的游戏体验是构建在玩家的需求之上，是玩家操作过程中的感觉，就是"游戏玩起来的感觉"。

所谓"戏法人人会变，各有巧妙不同"，通常能够在一瞬间，第一时间抓住玩家目光的是什么？就是游戏界面。因为游戏界面代表的就是游戏的门面。其实游戏界面主要功能是用来让玩家使用游戏所提供的命令或为玩家提供游戏所传达的信息。当游戏进行到关键时，游戏界面的好坏绝对会影响到玩家的心情，因此在游戏界面的设计上要下足功夫才行。

游戏界面设计的最简单原则是：尽量采用图像或符号来代表指令的输入，尽量少用单调呆板的文字菜单。如果非要使用文字的话，也不一定要使用一成不变的菜单，可以使用更新潮的形式来表达，如图 3-15 所示。

对于游戏界面的设计，笔者建议从以下 3 方面进行考虑。

图 3-15 游戏界面中的操作图标（Icon）的辨识度和色彩感十分重要

3.3.2 避免游戏界面干扰玩家的操作

一款好的游戏应尽量避免游戏界面干扰玩家的操作。假如一款游戏的界面采用实时框架的形式来实现，这种构思很不错，很有时效性，但如果事先没有妥善规划好界面的空间，那么，游戏界面时常会挡住玩家对主角的操作，例如玩家操作的游戏主角会因为被弹出的游戏界面挡住，无法及时响应而被敌人打到半死，那么玩家就会非常反感了。这是一般游戏很容易犯下的错误。图 3-16 所示的游戏界面对话框设计得就不好，挡住了游戏主角，图 3-17 所示则比较好，把游戏界面对话框放到游戏画面的底部。

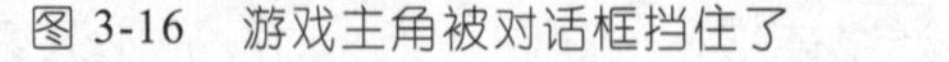

图 3-16 游戏主角被对话框挡住了

图 3-17 对话框应放在游戏画面的下方

笔者曾经玩过一款第一人称射击的游戏，人物的移动控制键分别为“上、下、左、右”键、手攻击键为 A 键、脚攻击键为 S 键、跳跃为空格键，看似很简单，不过由于它的左右键是用于控制人物的左右平移，因此一旦要执行转身动作就要使用鼠标。没有遇到敌人那还好，但是如果遭遇到敌人的时候，天啊！两只手便得迅速地在鼠标与键盘之间穿梭，不要说打敌人了，就连主角要移动都来不及了，这时就算是一个游戏高手来操作，可能也没有办法很流畅地控制角色。

3.3.3 具有人性化设计的游戏界面

游戏界面设计的核心价值在满足玩家的需求。单从游戏界面的功能来说，它是介于游戏与玩家之间的沟通渠道，所以，如果游戏界面的人性化设计成份越多，玩家使用起来就越容易。

游戏画面中太绚丽的色彩会给玩家的眼球带来负面的影响，所以要尽量简化配色方案，保留简单的核心元素才是成功的关键。因为简约主义风格是形式和功能的完美融合，要尽量以图形代替文字，提升玩家的游戏体验。例如，在某一种赛车类游戏中，当按“上”键时，赛车会执行加油前进的动作；当按“下”键时，赛车会执行减速煞车的动作；换挡则是按 1、2、3、4 及 5 键；切换到第一人称视角则是按 F1 键；切换到第三人称视角则是按 F2 键等诸如此类的复杂组合键，这样的设计就非常不够人性化，会把玩家搞得晕头转向。

以笔者个人的观察，玩家是非常不喜欢看游戏说明书的，尽管有些标榜超专业的游戏还是沾沾自喜地制作了厚厚一本游戏说明书，让游戏包装看起来很有分量，但实际上能将这种说明书看完的玩家，可以说寥寥无几。

以《古墓丽影》游戏的 PC 版来说，为了配合劳拉的动作变化，除了基本操作的方向键之外，可能还要加入 Shift 或 Ctrl 键，因此在游戏升级到《古墓丽影 7》时，劳拉不只是有水中的动作，身上还有望眼镜、绳索及救生包等。进入游戏系统后，用平行窗口还是子窗口进行控制比较好，是否要存储按键信息等，这些都在考验着开发者的智慧；设计游戏时兼顾艺术性和实用性，则会增加游戏的耐玩度。另外，养成类游戏的界面都以讨喜可爱风格居多，如图 3-18 所示。如果一款游戏的界面使得玩家操作困难，那么即便游戏剧情的故事性十足，玩家也有可能放弃它，正所谓是“差之毫厘，失之千里”。

图 3-18　养成类游戏的界面以讨喜可爱风格居多

有些即时战略类游戏的界面就做得非常人性化。当玩家去单击敌方的部队时，游戏界面上会出现“攻击”图标，而当我们去单击地图上某一个地方时，游戏界面上则会出现“移动”图标，诸如此类。在游戏中，不会看到一堆无用的说明，整个画面让玩家看起来相当干净、简洁，即使没有说明书，也可以直接操作，非常容易上手。

图 3-19 是笔者所在公司制作的一款动作射击类游戏《陆战英豪之重回战场》，它提供 4 种联机对战模式，最简单的只需要串行端口即可联机对战。另外，还可以通过调制解调器拨号联机对战、通过局域网对战以及通过 Internet 联机对战。可以控制的因素很多，但操作却很简单，加速、减速、刹车、倒车等功能一应俱全，还能作定速巡航。最重要的是只要操作 5 个按键就能让玩家无拘无束地驰骋沙场，与敌军周旋作战。

图 3-19　《陆战英豪之重回战场》游戏的画面

3.3.4　简约风格的界面

简约是任何设计中一贯的准则，容易给人一种“更轻”的体验，更能让用户的眼睛专注于有意义的信息。记得在《黑与白》（Black & White）这一款游戏中，看到了一种非常令人感动的游戏界面，那就是“无声胜有声的界面”，也是“抽象化界面”，或简约风格的界面。换句话说，玩家在游戏中是看不到任何固定的窗体、按钮或菜单，它是利用鼠标的滑动方式来下达“辅助命令”，如图 3-20 和图 3-21 所示。

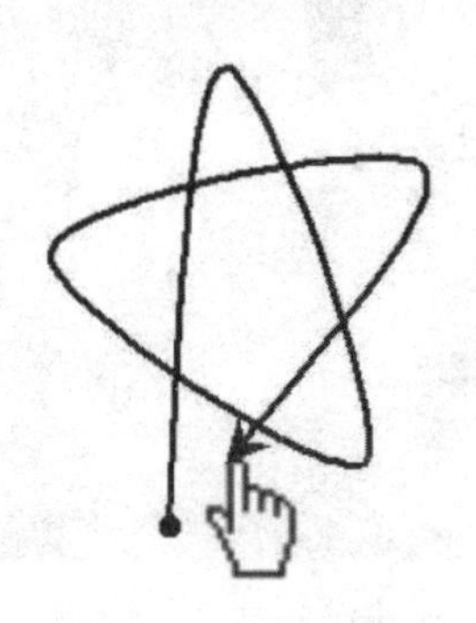

图 3-20　换“火爆”的绳子

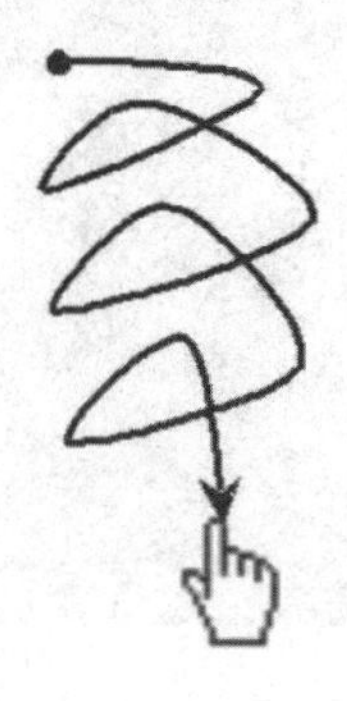

图 3-21　换“快乐”的绳子

“辅助命令”就是除了捡拾物品、丢掉物品或点选角色之外的功能命令，例如在《黑与白》游戏中，我们要换牵引圣兽的绳子时，只要利用鼠标在空地上画出我们所要的绳子命令即可。事实上，游戏中使用抽象化界面是一种相当有创意的方式，可以让玩家有耳目一新的观感，在进行游戏设计时是一种可以考虑的做法。

【课后习题】

1. 游戏主题的建立与强化可以从哪五种因素来努力?
2. 请简述 UI/UX（用户界面/用户体验）。
3. 什么是美术风格？试简述。
4. 产生游戏主题通常会经历的几个阶段?
5. 请简述游戏剧情的重要性。

第 4 章

游戏设计流程与控制

在定义好游戏主题与游戏系统后，接着就可以尝试画出整个游戏的概略流程架构图，用于设计与控制整个游戏的运行过程。首先可以从两个基本方向来定义，那就是游戏要“如何开始”和“如何结束”。图 4-1 就以一个简单的小游戏来说明如何画出游戏设计流程架构图。

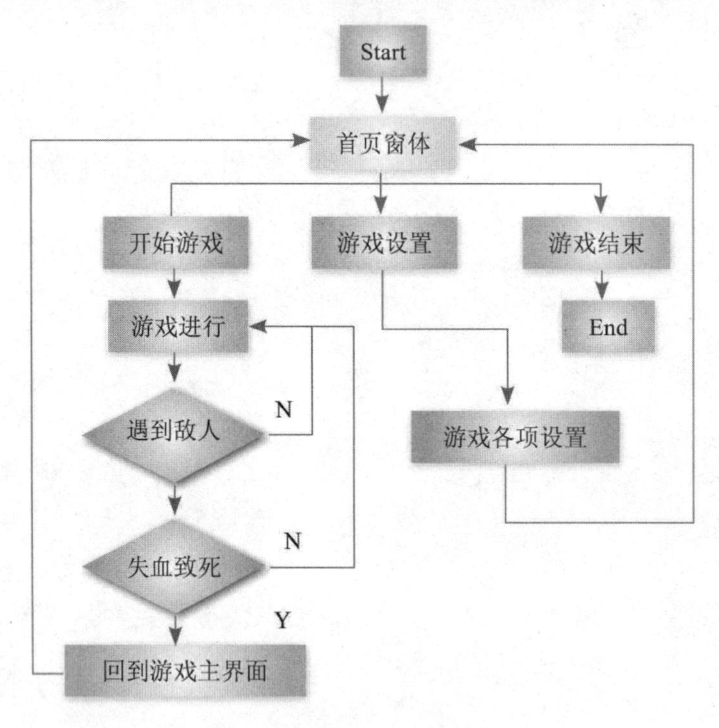

图 4-1　游戏设计流程架构图

从图 4-1 中可以清楚地看到，游戏开始后，玩家可通过首页窗体进入游戏，而在游戏中可能会得到宝物或者遇到魔王，也可能稍不注意就被敌人打死，然后游戏结束。以上的流程图只是从程序的角度来描述游戏流程。如果从剧情的角度来描述，又可分为以下两种。

■ **倒叙法**

倒叙法完全颠覆了现有横向动作游戏的概念，就是将玩家所在的环境先设置好，游戏一开始就把既刺激又惊悚的震撼开端推送给玩家，把事件的结局或某个最突出的片断提在前面叙述。换句话说，就是先让玩家处于事件发生后的状态，然后再让玩家自行回到过去，让他们自己去发现事件到底是怎样发生的，或者让玩家自行去阻止事件的发生。《神秘岛》（Myst）这款冒险类游戏就是最典型的例子之一，如图 4-2 所示。

图 4-2　《神秘岛》是一款经典的冒险类游戏

■ **正叙法**

正叙法就是以普通表达方式，让游戏剧情随着玩家的遭遇而展开，换句话说，玩家对游戏中的一切都是未知的，而这一切都在等待玩家自己去探索和发现。一般而言，多数游戏都是以这样的陈述方式来描述游戏剧情的，《巴冷公主》游戏采用的就是这种方式。

4.1　电影与游戏的结合

近几年当红的游戏，不少都是将电影的拍摄手法应用在游戏上，使得玩游戏更像看电影，让玩家大呼过瘾。比如 SQUARE（史克威尔）公司推出的《最终幻想》（Final Fantasy）游戏系列，就将现今电影的制作手法加入到了游戏制作中，画面精美感人，从而大受欢迎，如图 4-3 所示。

图 4-3　《最终幻想》经典游戏

电影拍摄规则也可以用于游戏，例如，在电影拍摄中有一个相当流行的规则，就是在移动的时候，摄影机的位置与角度不能跨越两物体的轴线，如图 4-4 所示。

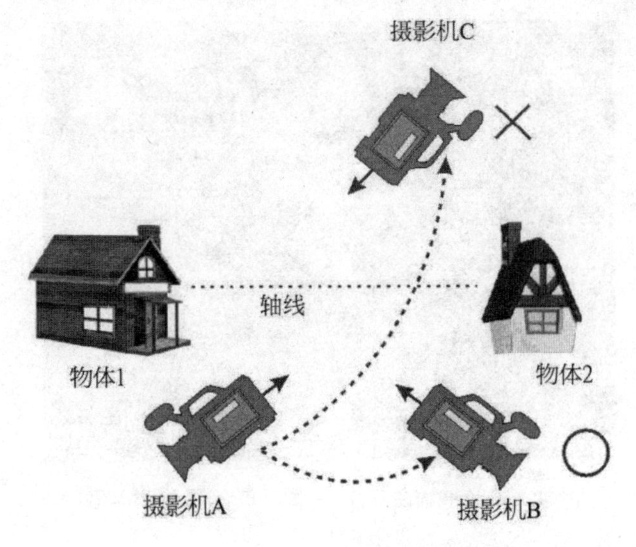

图 4-4　摄影规则示意图

当摄影机在拍摄两个物体的时候，例如两个面对面对话的人，这两个物体之间的连线称为“轴线”。当摄影机在 A 处先拍摄物体 2 之后，下一个镜头，就应该要在 B 处拍摄物体 1，其目的是要让观众感觉物体在屏幕上的方向是相对的。

遵守这样的规律进行拍摄后，播放时就不会让观众对视觉方向造成困扰。但是如果将摄影机在 A 处拍摄完物体 2 之后，在 C 处拍摄物体 1 的话，那么给人的感觉就像是人物在屏幕上瞬间移动一样，让观众在方向上产生混乱感。

4.1.1　第一人称视角

游戏有一个与电影相似的地方，也是近年来游戏产业在制作游戏时的一种趋势：利用各种摄影机技巧，变更玩家在游戏中的“可视画面”。就拿上述规律来说，也不是严格规定不能跨越这条轴线，只要将摄影机的移动过程让观众看见，而且不把绕行的过程剪掉，那么观众便可以自行去调整他们自己的视觉方位。我们可以将这种手法运用在游戏的过场动画中。这种类似摄影机的规律，都可以应用在一般游戏中。通常，按玩家的角度（视角）来进行划分，可分为“第一人称视角”和“第三人称视角”。

所谓的第一人称视角，就是以游戏主人公的亲身经历来介绍剧情，通常在游戏屏幕中不出现主人公的身影，这让玩家感觉他们自己就是游戏中的“主人公”，更容易让玩家投入到游戏的意境中。从摄影角度来讲，至少从 x、y、z 与水平方向 4 个角度来定义摄影机，拍摄游戏的显示画面。玩家可以通过光标来左右旋转摄影机的角度，或上下移动（垂直方向）调整摄影机的拍摄距离。这种形式的摄影机，并不是固定在原地的，而是可以在原地做镜头旋转，用以观察不同的方向。示意图如图 4-5 所示。

事实上，自从第一个以第一人称视角类的射击游戏《德军总部 3D》(Castle Wolfenstein)推出以来，越来越多的游戏开始以第一人称视角来制作游戏画面，如图 4-6 所示。第一人称视角不仅仅只应用在射击类的游戏上，许多其他类型的游戏（SPT、RPG、AVG，包括某些以 Flash 软件制作的第一人称虚拟电影等）都允许玩家通过“热键（Hot Key）”的方式来切换摄影机在游戏中的拍摄角度。不过，第一人称视角的游戏与第三人称视角的游戏相比，前者在游戏程序的编写上难度要大。欧美国家所制作的角色扮演类游戏喜欢以第一人称视角来展开游戏的剧情，如《魔法门》系列。

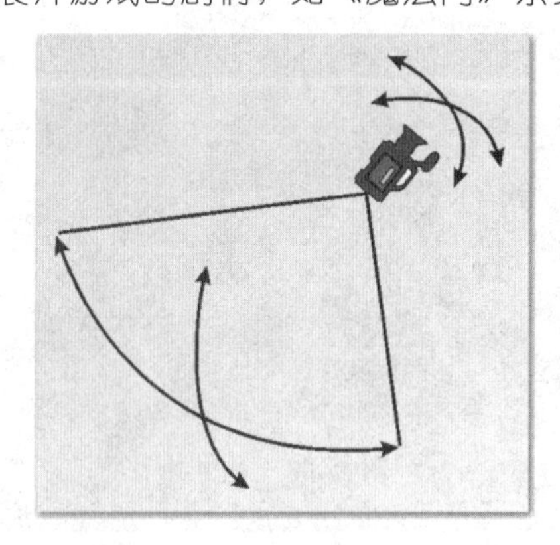

图 4-5　固定型摄影机的拍摄原理

图 4-6　《德军总部 3D》游戏的画面

4.1.2　第三人称视角

第三人称视角是以一个旁观者的角度来观看游戏的发展，虽然玩家所扮演的角色是一个“旁观者”，但是在玩家的投入感上，第三人称视角的游戏不会比第一人称视角游戏差。在过去普通的 2D 游戏中，一般感觉不到摄影机存在，但也可以利用摄影机技巧，从某个固定角度拍摄游戏画面，并提供缩放控制操作，模拟 3D 画面的处理效果，这也是“第三人称视角”的应用。这种形式的摄影机的移动方式是以某一点为中心做圆周运动，并保持摄影机镜头朝向中心点，相当于是追踪某一点。示意图如图 4-7 所示。

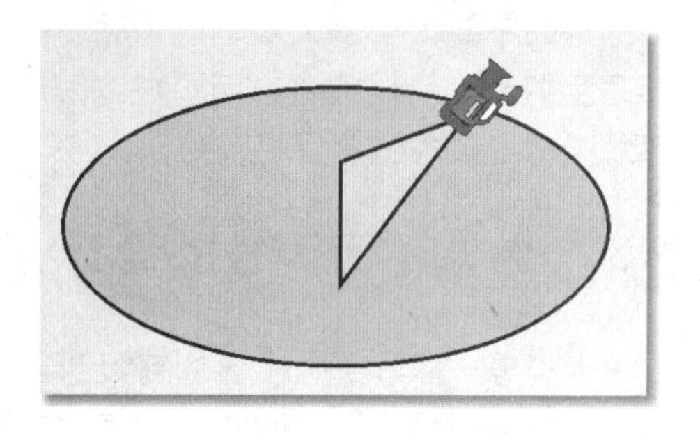

图 4-7　摄影机的移动路径为同心圆

笔者比较偏好于第三人称视角的游戏，因为在玩第一人称视角游戏时，经常被弄得晕头转向，《巴冷公主》采用的就是第三人称视角。另外，在第三人称视角游戏中，也可以利用各种不同的方式来加强玩家对于游戏的投入感，例如玩家可自行输入主人公的名字或自行挑选主人公的脸谱等。但是，千万不要在同一款游戏中随意做视角间切换（一会儿用第一人称视角，一会儿用第三人称视角），这样会导致玩家对于游戏困惑不解。通常，只有在游戏中的过关演示动画或游戏中交代剧情的动画里，才有机会在不同视角间切换。

4.1.3 对话艺术

谈到这里，我们首先介绍另外一种电影手法的应用——对白，即对话。对白在表演类艺术中非常重要，在游戏设计中，为了要突显每一个人物的性格与特点，势必要在游戏中确定每一个人的说话风格，同时，游戏的主题也会在对话中得以实现。例如，《巴冷公主》中两个头目的对话，因为是头目，所以对话内容必须沉稳庄重，如图 4-8 所示。

图 4-8　游戏中的对话

通常，一款游戏中至少要出现 50 句以上常用且充满趣味的对话，而且它们之间又可以互相组合，如此一来，玩家才不会觉得对话过于单调无聊。还要尽量避免过于简单的字句出现，如“你好！”“今天天气很好！”等。事实上，对话可以加强剧情的张力，在游戏中的对话不要太单调呆板，应该要尽量夸张一些，必要的时候补上一些幽默笑话，并且不必完全拘泥于时代的背景与题材的限制。毕竟游戏是一种娱乐产品，目的是为了让玩家在游戏中得到最大的享受和放松。

4.2 游戏不可测性的设计

人类是一种好奇心很强的高级动物，越是扑朔迷离的事情，越是感兴趣。而游戏中所要表达的情境因素非常重要，只有满足人的本性，才能牵动人心，才能让玩家真正沉醉于游戏中。例如，制造悬念，可为游戏带来紧张和不确定因素，目的是勾起玩家的好奇心，让他们猜不出下一步将会发生什么事情。例如，游戏设计者可以在一个奇怪的门后面放一些玩家需要的道具或物品，但门上有几个必须开启的机关，如果开启了错误的机关，就会引起粉身碎骨的爆炸，如图 4-9 所示。

图 4-9　意外与惊喜是牵动玩家心灵的魔法

虽然玩家不知道门后面到底放置了些什么物品，但可以通过外围提示使玩家了解这个物品的功能，同时也知道打开门时可能会发生的危险。因此，如何安全地打开门就成为玩家费尽心思想解决的问题。由于玩家并不知道游戏会如何发展，因此玩家对于主角的动作就有了一种忐忑不安的期待与恐惧。

4.2.1　关卡的悬念

在游戏的过程中，玩家就是不断通过积累经验来与不可预测性的事件抗争，如此一来，便提升了游戏对玩家的刺激感。这就是游戏关卡应用的精妙之处。别出心裁的关卡设计可以弥补游戏性不足的缺陷，通常它会在游戏中隐藏惊奇的宝箱、神秘的事物、惊险的机关、危险的怪兽，或者隐藏关卡、隐藏人物、过关密码等。

例如在《导火索》（Fuse）游戏中，以非线性方式设计关卡，玩家能以第三人称视角玩游戏。故事主人翁要完成使命，在主角跳跃、射击、翻滚的闯关过程中，还必须巧思和机智才能闯过 7 个关卡。

当玩家通过游戏的关卡时，设计者也可以给玩家一些突如其来的奖励，例如精彩的过场动画、漂亮新奇的画面，甚至可以让玩家得到一些稀有的游戏道具等。这些无厘头的惊喜非常有意思。但有一点要注意，这些设计不能影响游戏的平衡度，毕竟这些设计只是一个噱头而已。例如《巴冷公主》游戏中的每个关卡都有巧妙安排的各种事件，根据事件的特性，编排不同的玩法，如图 4-10 所示。就游戏的地图而言，以精确线路和画工精美为要点，因为我们并不希望玩家在森林或者地道里面迷路，而是希望玩家可以在丰富多变的关卡里找到不同的过关方法。

图 4-10　《巴冷公主》游戏以刺激有趣的关卡来吸引玩家继续玩下去

笔者所在的公司曾推出过一套相当受欢迎的《新无敌炸弹超人》游戏。这是一款简单、易上手，又不失刺激的有趣动作益智类游戏。游戏共分 8 大关卡，每关分为 3 小关，共计 24 关，加上两个隐藏关卡，总计 26 个关卡。主要玩法是在有限的时间内，充分利用游戏中的地形关卡，通过掌握不同炸弹的引爆时间来歼灭对手。游戏过程中还会随机出现许多丰富有趣的道具，可用来陷害竞争对手，如图 4-11 所示。

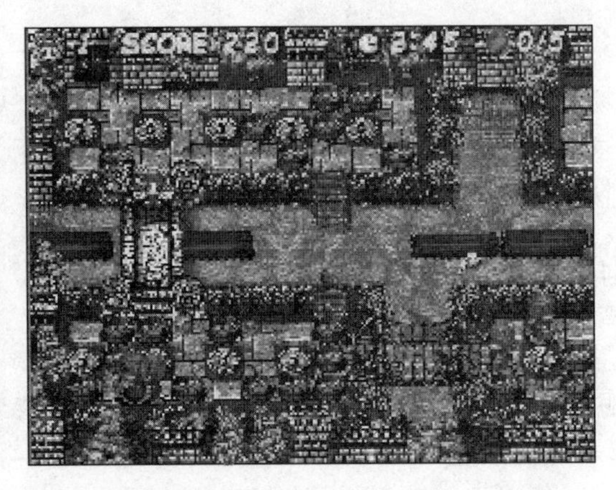

图 4-11　《新无敌炸弹超人》游戏有许多别出心裁的关卡设计

4.2.2　游戏剧情的因果律

另一种制造游戏不可测剧情的方法则是利用游戏剧情发展前后的关联性（因果律）。游戏剧情的因果律指的是游戏对于玩家在游戏中实施的行为或做出的选择，之后所产生的特定结果。例如，游戏主角来到一个村落中，村落里没有人认识他，因此而拒主角于千里之外，但是当主角解决了村落居民所遇到的难题之后，主角便在村落中声名大震，因而可以在村民的帮助下得到完成下一步任务的线索。

再举一个很简单的例子，在游戏中，有一个非常吝啬的有钱人，这个有钱人平常就不太爱理会主角，但是在一个机缘下，主角救了这个有钱人，之后有钱人遇到主角时，态度则发生一百八十度的转变。要实现诸如此类的效果，可以在主角身上加上某些参数，使得他的所作所为足以影响到游戏剧情的发展和游戏的结局。这种有明显的前因后果的关系称为线性关联性，又可细分为线性结构与树形结构。

游戏的非线性关联性指的是开放的结构，而不是单纯的单线性结构或多线性结构。一般来说，游戏的结构应该是属于网状非线性结构，而不是线性结构或是树形结构。在非线性关联性游戏中，游戏的分支交点可以允许互相跳转，如图 4-12 所示。

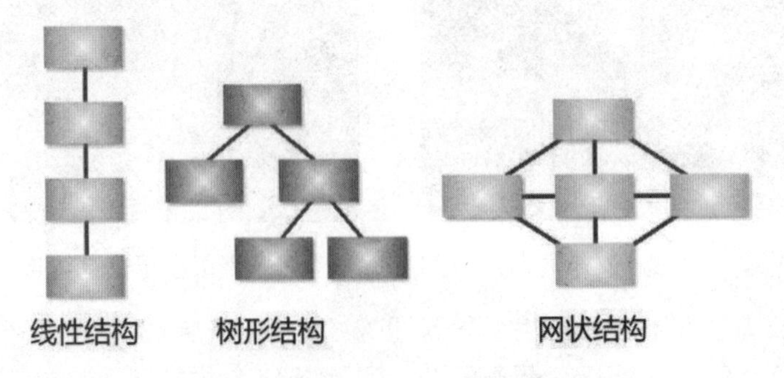

图 4-12　游戏剧情发展的几种结构

基本上，在游戏中使用非线性关联性或因果律来陈述剧情，更容易让玩家有高深莫测的神秘感。如果从游戏的不可预测性来看，可以将游戏分成以下两种类型。

■ **技能游戏类**

技能游戏类型的内部运行机制是确定的，而不可预测性产生的原因是游戏设计者故意隐藏了运行机制，玩家可通过了解游戏的运行机制（通过某种技能）来解除这种不可预测性事件。

■ **机会游戏类**

机会游戏中游戏本身的运行机制是模糊的，它具有随机性，玩家不能完全通过对游戏机制的了解来消除不可预测性事件，而游戏行为所产生的结果也是随机的。

4.2.3　情境感染法

上面讲述的都是利用游戏执行流程来控制悬念，其实还有一种“情境感染法”，就是借助周边的角色、情境来烘托某个角色的特质。例如，洞中有一个威猛无比的可怕怪物，当主角走进漆黑洞穴时，赫然看到满地的尸骸或者在两旁的墙壁上有许多人被不知名的液体封死在上面，接着传来鬼哭狼嚎的惨叫。这种情境感染的手法可以立刻让玩家不寒而栗，产生即将面对生死存亡的恐惧感，间接展示了这个怪物令人胆寒的威力，如图 4-13 所示。

图 4-13　游戏的恐怖场景能让玩家深陷其中

4.2.4　掌控游戏的节奏

游戏节奏的流畅性也是紧扣玩家心弦的法宝之一，因此在制作一款游戏的时候，要明确指出游戏中的时间概念与现实生活中时间概念的区别。在游戏中，定时器的作用是给玩家提供一个相对的时间概念，使得游戏的后续发展有一个可参考的时间系统。这种定时器又可以分成两种，下面分别进行介绍。

■ **真实时间定时器**

真实时间定时器就是类似《命令与征服》（C&C）游戏和《毁灭战士》（DOOM）游戏中的时间表示方式，采用的就是真实的时间。

■ **事件定时器**

事件定时器指的是回合制游戏与一般 RPG 和 AVG 游戏中定时器的表现方式。事实上，有些游戏会轮流使用上述两种定时器，或者同时采用这两种定时器。例如《红色警戒》中一些任务关卡的设计。在实时计时类游戏中，游戏的节奏是直接由时间来控制的，但是对于其他非实时计时的游戏来说，真实时间的作用就不是很明显，需要用其他的办法来弥补。

在当红游戏中，大多都会尽量让玩家来控制整个游戏的节奏，较少由游戏本身的人工智能（AI）来控制。如果必须由游戏本身控制的话，游戏设计者也要尽量做到让玩家难以察觉。例如在冒险类游戏（Adventure Game，AVG）中，可以调整玩家的活动空间（如 ROOM）、玩家的活动范围（如游戏世界）、游戏谜题的难度等，这些调整都可以改变游戏本身的节奏。在动作类游戏（Action Game，ACT）中，则可以通过调整敌人的数量、敌人的生命值等方法来改变游戏本身的节奏。在 RPG 游戏中，除了可以采用与 AVG 游戏类似的手法外，还可以调整事件的发生频率、敌人强度等。总之，尽量不要让游戏拖泥带水。一般情况下，游戏越接近尾声，游戏的节奏就会越快，这样一来，玩家就会感觉到自己正逐渐加快步伐地接近游戏的结局。

4.3 游戏设计的死角

即便对于一个游戏设计的老手，都很容易使所设计的游戏在进行时发生以下 3 种类似死角或停滞的状况，那就是“死路”“游荡”“死亡”，三者之间的不同说明如下。

4.3.1 死路

“死路”指的是玩家在游戏进行到一定程度后，突然发现自己进入了绝境，而且竟然没有可以继续进行下去的线索与场景，这种情况也可以称为“游戏逻辑死机”，如图 4-14 所示。通常，出现这种情况是因为游戏设计者对游戏的整体考虑不够全面，也就是没有将游戏中所有可能出现的流程全部计算出来，当玩家没有按照游戏设计者规定的路线前进时，就很容易造成“死路”现象。

图 4-14 “游戏逻辑死机”是玩家最痛恨的事

4.3.2 游荡

“游荡”指的是玩家在地图上移动时，很难发现游戏下一步发展的线索和途径，玩家将这种情况称为“卡关”，如图 4-15 所示。虽然这种现象在表面上与“死路”类似，但两者本质却并不相同。通常，解决“游荡”的方法是在故事发展到一定程度时，把地图的范围缩小，减少玩家可以到达的地方，或者是明显增加游戏路径的线索，让玩家可以得到更多提示，以便能轻松找到游戏剧情发展的下一个环节。

4.3.3　死亡

图 4-15　卡关也会造成玩家的困扰

游戏主角“死亡”的情况通常分成两种，这也是开发者容易弄错的地方。一种是因目的而死亡，另一种是真正的结束。

■ **因目的而死亡**

这是一种配合游戏剧情发展需要而设计的假死亡，例如当主角被敌人“打死”（其实只是受到重伤），如图 4-16 所示，很幸运地被一位世外高人所救，并且从这位高人身上学习到一些厉害的招式，而后再重出江湖。

■ **游戏结束**

这种死亡是真正的“Game Over”，如图 4-17 所示，是让玩家在游戏中所操作的角色面临真正的“死亡”。一般而言，玩家必须重新开始游戏或者读取存储在电脑中游戏原有的进度，游戏才能继续。

图 4-16　配合游戏剧情发展需要而设计的假死亡

图 4-17　游戏结束

4.4　游戏剧情的作用

有些游戏玩一会儿就觉得索然无味，有些游戏则百玩不厌，关键就在于游戏剧情的张力，它是影响游戏耐玩度的重要因素之一。目前市场上的游戏可以分成两种，一种是无剧情的游戏，另一种是有剧情的游戏。

4.4.1　无剧情的游戏

无剧情的游戏着重于游戏带给玩家的临场刺激感，如《半条命》，如图 4-18 所示。这种游戏的主要目的是要让玩家自行去创造故事的发展。在游戏中，它只告诉玩家主角所在的时空与背景，而游戏剧情的流程运作是需要玩家自己去闯荡。在这个游戏中，玩家所扮演的角色是一个拿着枪的角色，并且伙同朋友一起去攻打另外一支队伍，而在攻打另一支队伍的同时，也就创造出了一个属于玩家自己的故事。

图 4-18　环境互动与战斗模式是《半条命》游戏相当具有特色的游戏体验

4.4.2　有剧情的游戏

有剧情的游戏侧重于游戏带给玩家的剧情感触。这种游戏的主要目的是让玩家随着游戏中编排的故事剧情玩游戏。在游戏中，会先让玩家了解所有的背景、时空、人物、事件等要素，然后玩家就可以依照游戏剧情的排列顺序往下进行。比如，在一般的角色扮演类游戏中，玩家会扮演故事中的一名主角，而剧情则围绕这名主角周围发生的大小事件展开，所以有剧情的游戏的特点是用“故事”来引导玩家，《巴冷公主》就是这种类型。

对于有剧情的游戏，如果剧情精彩，绝对会增加游戏的耐玩度。通常，游戏设计者会利用剧情来增加游戏效果，而剧情安排方式又可以划分为 3 种类型，下面分别介绍。当然，一款游戏中有时也会穿插不同的剧情安排方式。

■ 细致入微式剧情

人是很容易被感染的动物，越能细致入微地刻画描述人、事、时、地、物，就越能让玩家有身临其境的感觉。举个例子来说，如果只是以一种很简单的叙述方式说明某种状况，就没有任何感染力，例如：

> A 君向着 B 君。
> A 君说：“听说树林里出现了一些可怕的怪物。”
> B 君说：“嗯！”
> A 君说：“这些可怕的怪物好像会吃人。”

上面这段对话平淡无奇，很难从对话的内容去推断当时的氛围到底是“不以为然”还是“忧心忡忡”，既然连设计者都不能判断它的意境，那就更不用说玩家了。不过，如果将上述对话修改成下面的样子：

A 君背上背着一把短弓，腰上系着一把生锈的短刀，面色凝重地向着 B 君。

A 君以微微颤抖的双唇说道：“前几天，我的兄长到村外不远的树林里打猎，可是他这一去就去了好几天，不知道会不会发生什么危险。”

B 君说：“你的兄长？！村外的树林？！哎呀！会不会被怪物抓走了啊！”

A 君脸色大变地说道：“怪物？！村外的树林里有怪物？！”

从上面这两个简单的对话例子可以看出，两者的情境感染力差距就相当大，第二个对话很容易就将玩家带进当时的情境，而且会让玩家产生想要了解游戏剧情的冲动。下面是《巴冷公主》中的一段情节，叙述大战山区特有的鬼魅魔神仔的精彩片段，通过这段剧情，便可让玩家产生惊悚刺激、高潮迭起的投入感。

听完小黑的遗言，巴冷心意已决，只见她凌空跃起，以大鹏展翅之势，紧绕魔神仔上空旋转。她眼中饱含着泪水，心中悲愤异常。一头乌黑的秀发竟然如刺猬般地竖立起来，巴冷准备驱动自己生命中所有的灵力与魔神仔同归于尽。

正当魔神仔兴奋地咀嚼小黑还在跳动的心脏时，巴冷使出幽冥神火的最终一击，即使知道这招可能会让她丧命也在所不惜，她大声喝道：“乌利麻达呸！”

一道紫红色泛着金色光环的强光疾射向魔神仔的心脏，当被幽冥神火不偏不倚地射中时，他突然停止所有的动作，静止不动，已经剩下最后一口气的小黑，同时自杀式地引爆，结束自己的生命。

“砰！砰！砰！”连续数声如雷般的巨响，魔神仔与小黑同时被炸成了数不清的肉块和残骸。不过匪夷所思的是，魔神仔的心脏竟然还能跳动，一副趁势想要逃走的模样。在半空中施法的巴冷见状，唯恐这颗心脏日后借尸还魂，急忙丢出身上所佩带的“太阳之泪”。

■ 单刀直入式剧情

游戏是围绕主题展开的，而主题贯穿于游戏的整体架构。但是，游戏设计者设计出来的游戏主题，可以从玩家角度衍生出许多变化。单刀直入式剧情一般被放置在游戏的起始阶段，目的是用来将剧情讲清楚、说明白，最主要的是告诉玩家游戏的最终目的。

以《巴冷公主》为例，如图 4-19 所示。游戏画面一开始，玩家会看到巴冷公主与阿达里欧在溪边相遇的情景，正当巴冷公主要与阿达里欧面对面接触时，阿达里欧又化作一阵轻烟，消失在空气中。

说时迟那时快，巴冷公主从床上醒来，发现刚才的画面原来是一场梦，而这个梦便揭开了巴冷公主与阿达里欧之后的冒险历程。在以上叙述中，可以看到游戏的结局，巴冷公主在游戏冒险中巧遇阿达里欧、卡多、依莎莱等伙伴，并且故事剧情一直让阿达里欧出现在巴冷公主的生活中，最后两个人相爱结合。

图 4-19 《巴冷公主》游戏的开始画面

坦白地说，对于一款游戏，最差劲的做法就是直截了当地告诉玩家故事的结局。《巴冷公主》的剧情虽然在游戏画面一开始时就已经知道了，不过这种直截了当的剧情结局必须以主题的特殊性为基础。因为《巴冷公主》不只是单纯的爱情故事，而是前所未闻的人蛇恋。在这种有趣的主题引导下，玩家才会一直想要了解巴冷公主与阿达里欧之间难分难舍、生死与共的爱情故事，因此可以创造出游戏的延续性，并且玩家会有想继续看完游戏故事剧情的决心。

■ **柳暗花明式剧情**

游戏设计者并不能事先知道玩家会如何想象一款游戏的剧情发展，只能从自己的角度来尽量编写游戏的剧情，而故事发展的精彩程度就必须取决于玩家的想象力。柳暗花明式剧情就是利用情节转移技巧来将游戏的剧情转向，目的是让玩家冷不防地朝着另外一个全新的剧情发展方向走去。比如在《最终幻想 10》游戏中，如图 4-20 所示，男主角与女主角在第一次相遇时，虽然他们彼此都有好感，但是基于族群的使命安排，两个人只能默默地彼此示爱。游戏一开始，男主角一直处于次要地位，游戏剧情发展随大召唤师而变化，这让玩家感觉男主角是为了保护女主角而参与游戏中的所有任务。

图 4-20 《最终幻想 10》游戏的经典画面

到了游戏的后期，男主角就渐渐突显出来。当大召唤师向女主角示爱之后，男主角才发觉他对女主角有了一股升华的感情，而且为了阻止女主角与大召唤师结成连理，他与大召唤师进行了一场决斗，最后又发现大召唤师背后还有另外一个难以想象的阴谋。

在《最终幻想 10》游戏剧情主题安排下，我们发觉它让玩家有了很大的想象空间，虽然玩家都知道游戏中的男女主角必定会结为连理，但玩家还是喜欢剧情的那种峰回路转的惊奇感。

4.5　游戏感官体验的营造

游戏是一种表现艺术，也是一种人类感官体验的综合温度计，如图 4-21 所示。在早期双人格斗游戏中，可以看到两个人物很简单的对打和单调的背景画面，在这类游戏刚出现的时候，玩家被这种特殊的玩法给打动了，这种两人互殴的游戏带给玩家的纯粹是一种打斗刺激感。但是因为这种游戏不能表现出真实感，所以之后玩家对这类游戏的热度很快就下降了。

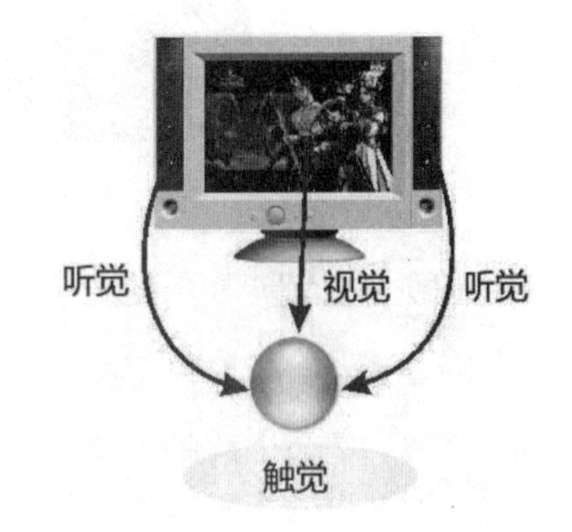

图 4-21　利用不同感官的作用来增加玩家的游戏感

现在的格斗游戏，虽然玩法和机制与过去没有多大不同，但却在游戏画面上增加了声光十足的特效，足以挑动玩家的热情。例如，在《铁拳》游戏中（见图 4-22），玩家在玩游戏的时候，仿佛置身格斗现场。

图 4-22　《铁拳》游戏的格斗画面

图 4-23 是笔者所在公司开发的《英雄战场》游戏的画面，运用了全新的 3D 镜头手法，以流畅的实时 3D 技术展示出五光十色的声光特效画面。此外，除了保留单机故事模式与自由对战模式，这款游戏还提供了时下流行的网络对战模式。

图 4-23 《英雄战场》游戏的实时 3D 技术展示出五光十色的声光特效

4.5.1 视觉感受

电影是一种以视觉感受来触动人心的艺术，其目的是让观众受电影中故事情节的影响。例如，当我们看恐怖片的时候，心里就会有一种毛骨悚然的感觉；或者在看温馨感人的文艺片时，泪水就会在眼眶中滚动；或者当我们在看无厘头的喜剧片时，心情可以在毫无压力的情况下哈哈大笑！以医学的角度看，眼睛是心灵的窗户，我们大脑接收的外界信息大都是由眼睛传达的。简单地说，影响人喜、怒、哀、乐的最直接方法就是利用视觉感受来传达信息。

同样的道理，在游戏里直接影响我们的就是视觉感受。一般情况下，如果在游戏中看到以暗沉色系为主的题材，相信一定会产生一种莫名的压力感，而游戏所要表达的意境也就是这种阴森、恐怖的情景；如果在游戏中看到以鲜艳色系为主的题材时，相信游戏所要表达的意境也是比较活泼、可爱的情景。

4.5.2 听觉感受

除了眼睛之外，人类的第二大感觉器官是耳朵，耳朵帮助人类接收到声波，所以当我们听到声音时，大脑会去分析解释它的意义，然后再通知身体的其他部分，适时地做出反应。如果一个人将鞭炮声定义成可怕的声音，那么当这个人听到鞭炮声时，大脑一定会通知他的手去捂住耳朵，然后身体再缩成一团，并且要等到鞭炮声停止才会停止这种举动。

在游戏表现上，也可以利用声音来强化游戏的质量与玩家感受。就现在的游戏而言，声音已经是一个不可或缺的元素了。例如，我们在玩跳舞机时（见图 4-24），若只能看到屏幕上那些上下左右的箭头在一直往上跑，却不能听到任何的音乐，也就是说我们只能看着那些箭头猛踩踏板，而不能跟着音乐的节奏跳舞，那么这种游戏玩起来是不是就很无聊了！

图 4-24　娱乐兼健身的跳舞机

一款成功的游戏，绝对会在音乐与音效上下很多功夫，有些玩家可能会因为喜欢某一款游戏而去购买它的游戏音乐 CD，那表示他不只是喜欢游戏，而且还喜欢它的音乐。一款质量好的游戏，也会设计出许多优质的音效。例如，在游戏中阴暗的角落里可以听见细细的滴水声，在空旷的洞穴中可以听到闷闷的回音，这些都是设计者以十分出色的技巧在游戏中塑造出的一种充满生命力的气息。

4.5.3　触觉感受

游戏中的触觉，并不是我们一般所认定的身体上的感受，而是一种综合视觉与听觉之后的感受。那么什么是视觉与听觉的综合感受呢？答案很简单，就是一种认知感。当我们通过眼睛、耳朵接收到游戏的信息后，大脑就会开始运转，根据自己所了解到的知识与理论来评论游戏所带来的感觉，而这种感觉就是对于游戏的认知感。所有玩家都听过“手感”这个词，手感的好坏对于玩家都有一定的影响，例如第一人称射击游戏（FPS），就需要让玩家感受到枪械武器射击后的真实反馈，如发出的声响、跳动与后坐力等，这些就是设计这类游戏时必须考虑的手感触觉效果，如图 4-25 所示。

图 4-25　第一人称射击游戏（FPS）需要更好的手感

从玩家对于游戏的认知感来看，一款游戏如果不能兼顾华丽的画面、丰富的剧情和综合认知感，玩家就会对游戏产生厌恶感，就如同一款赛车游戏，如果游戏不能表现出赛车的速度感和物理上的真实感（撞车、翻车），纵然游戏画面再怎么华丽、音效再怎么好听，玩家还是不能从游戏中感受到赛车游戏所带来的快感与刺激，那么这一款游戏很快便会无疾而终了，所以触觉的感受可以解释成是视觉与听觉的综合感受。

4.6 游戏主题研究

学习了与建立游戏主题相关的内容之后，我们马上就来做一个热身练习，尝试设计一个简单的游戏主题。首先从“时代”因素说起，笔者设计了一个未来时空，在未来时空中，刚经过星际大战，城市混乱不堪，计算机已经发展成一种可怕的怪物，并且控制了整个 G 星球，而人类将要被计算机所消灭。在这个简短的例子描述中，它就交代清楚了游戏的“时代”与“背景”两大要素。

确定出了“时代”与“背景”要素后，接着开始拟定游戏故事的剧情内容。例如，为了打败计算机，人类决定在这个星球的各个角落里挑选出几个英勇的战士，主角就在这几个战士中产生，主角为了打败计算机怪物，在冒险的旅途中开始召集各地区的英勇战士，在召集的过程中，战士之间还会发生一些爱恨情仇的小插曲。这些内容就可以当作整个游戏的剧情大纲。

有了前 3 项的要素之后，接下来就开始初步设计基本的演出角色，如男主角、女主角、反派角色等。在这里，可以先设计男主角的出生背景，男主角年约二十出头，出生在 G 星球上某一个国家，是一个从小父母双亡的孤儿，在一次勇士选拔赛中被选中，国王告诉男主角前因后果之后，男主角决定担负起这个重大责任。男主角初步的人物设计参数如表 4-1 所示，对应的角色原画如图 4-26 所示。

表4-1　男主角人物设计参数

特征名称	设　置　值
姓名	巴亚多
年龄	23 岁
身高	181 厘米
体重	65 千克
个性	火爆、见义勇为、拥有特殊神力
衣着	G 星球勇士的传统服饰
人物背景	农村长大，体形高大壮硕

图 4-26　男主角角色原画

女主角是国王的独生女，温柔体贴，冰雪聪明，为了父亲与意中人抛弃养尊处优的宫中生活，与男主角共同冒险抗敌。人物设计参数如表 4-2 所示，人物造型原画如图 4-27 所示。

表4-2　女主角人物设计参数

特征名称	设　置　值
姓名	爱莉娜
年龄	20 岁
身高	167 厘米
体重	46 千克
个性	温柔婉约、拥有特殊魔法
衣着	G 星球贵族公主服饰
人物背景	皇宫长大，美貌高挑

图 4-27　女主角角色原画

这个游戏的目的是男女主角联合 G 星球的反抗军来打倒残暴的计算机怪物，不过计算机怪物也派出了强大的机器人兵团来对反抗军进行追杀围剿，反抗军最后在一处古墓中取得了 G 星球祖先留下的秘密武器，最后终于大败机器人兵团，将计算机怪物逐出 G 星球，取得了永久的和平，男主角也迎娶了女主角，顺利当上 G 星球的国王。

【课后习题】

1. 请简述游戏定时器的功能。
2. 什么是“第一人称视角”和“第三人称视角”？试说明。
3. 如果从游戏的不可预测性来看，可以将游戏分成哪两种类型？
4. 什么是死路？试说明。
5. 什么是游戏中的触觉感受？

第 5 章

游戏引擎的秘密花园

在现实生活中，引擎就好比机动车的心脏，不仅影响着机动车本身的性能与速度，而且决定了机动车的稳定性和特有的性能，并且机动车的行驶速度与驾驶者操纵的流畅感都必须建立在引擎的基础上（见图 5-1）。游戏引擎也好比是游戏的心脏，影响着游戏呈现的效果。然而，好的机动车引擎制造难度高、技术门槛高。同样好的游戏引擎研发的难度也高，有了好的游戏引擎之后，游戏公司便可通过游戏引擎来开发游戏，同时也简化了游戏研发的大量时间。

图 5-1　引擎是机动车的心脏，影响着机动车的行驶速度和驾驶者操纵的流畅感

虽然游戏引擎在不断的进化，如果读者有心成为游戏程序设计团队中的一员，则必须认识到：深受玩家喜爱和首肯的游戏不一定需要最棒的引擎，真正决定一款游戏成功与否的因素不是技术本身，而是游戏能打动人心；游戏的精彩与否取决于其游戏剧情的丰富性而不是游戏框架。总之，这些都取决于游戏设计者的创意。游戏引擎的种类很多，无论是游戏厂商自行开发的游戏引擎，或是购买其他现成的游戏引擎，就一款游戏的研发过程而言，游戏引擎依然是游戏研发中核心的技术之一，越好的游戏引擎越能带来更多的可能与游戏体验（见图 5-2 和图 5-3），让看似天马行空般的游戏虚拟世界得以实现。

图 5-2　画面的精细度会影响游戏执行的流畅度

图 5-3　3D 游戏在镜头设计不当时会造成游戏操控机制的缺陷

5.1　游戏引擎

游戏引擎像一台发动机，控制着游戏的运行。早期没有游戏引擎，由于当时的游戏设计规模不大，每款游戏都必须从头开始编写程序代码，相当费时费力，而且编写出来的游戏只能在单个平台上运行。事实上，游戏程序中的许多程序代码是可以重复使用的，这些可以重复使用的程序代码集合起来就是最早游戏引擎原型的构想。开发游戏引擎的目的就是为了避免所有程序代码都重复编写，造成没有必要的成本耗费。游戏公司通常都会选择自行开发符合自己游戏产品制作所需的游戏引擎。

随着游戏必须考虑的组件越来越多（如 3D、网络、人工智能等），开发涉及的范围广，购买现成的游戏引擎（Game Engine）逐渐成为一些游戏新创公司节省开发成本的快捷方式。

在游戏开发过程中，如果能够直接提供绘图引擎函数库，程序设计人员就不用浪费大量时间去处理繁杂的 3D 绘图与成像工作，转而可以专注于游戏程序的细节设计与性能提升。笔者所在的公司曾花费高达 300 万元开发《巴冷公主》的 3D ARPG 引擎，事后曾经评估，如果当时直接购买专业的游戏引擎可能更为划算。图 5-4 为《巴冷公主》中游戏引擎运行时成像的效果图。

图 5-4　笔者所在公司自己开发的巴冷游戏引擎——成像

5.1.1 游戏引擎的作用

游戏引擎（Game Engine）在一款游戏中到底起到什么作用？简单地说，有了一套好的游戏引擎，游戏程序设计人员便可以专注于游戏程序的细节设计与性能提升。在游戏产业发展最辉煌的时期，对于每一家游戏厂商而言，几乎只关心要如何尽量多开发出一些新款的游戏，并且也都费尽心思要将这些游戏卖给玩家。尽管当时大部分游戏都显得有点简单粗糙，但是每一款游戏开发的时间最少也要八九个月，一方面受到当时成像技术的限制，另一方面也因为每一款游戏几乎都要从头开始编写新的程序代码，其中包含了大量重复编写的程序代码。

因为上述原因，一些有远见的游戏开发者开始着手研究较为节省成本的方式，就是将前一款类似题材游戏中的部分程序代码，拿来作为新游戏的基本框架，以降低开发时间与成本，这就是早期发展游戏引擎的主要目的。

游戏引擎在一款游戏中的作用和汽车引擎类似，大家不妨把游戏引擎看成是事先精心设计的游戏程序模块和函数链接库，并搭配了一些对应的工具，它不只是能驱动游戏的引擎，还是游戏的组装和指挥中心，它是一个游戏系统或者框架。当游戏框架设定好之后，关卡设计师、建模师、动画师就可以往其中填充游戏内容。总之，游戏引擎控制着游戏里一切资源的运用，游戏中的剧情表现、画面呈现（角色、美工、成像、场景控制）、物体碰撞的计算、物理系统、相对位置、操作表现、玩家输入行为、音乐及音效播放等都必须由游戏引擎直接控制。

时至今日，游戏引擎越来越专业复杂，所呈现的分工效果也越来越惊人。由于现在游戏对跨平台运行有非常高的要求，例如台式电脑、游戏主机、移动设备等，再加上每一种游戏平台有其基本的市场占有率，因此现在大部分游戏开发商除了考虑单一主机平台外，也会在设计时将跨平台的因素考虑进去。如果希望所设计出来的游戏可以达到跨平台运行的目的，就必须设法把与平台相关的程序代码写入到游戏引擎的函数库中。另外，3D 游戏引擎的设计还必须考虑目前市面上玩家所使用的各种 3D 图形显示适配器（即显卡），因为这会影响到整个游戏运行的流畅度。

由于玩家对游戏的需求越来越高，因此针对如音效、网络、人工智能、影像与物理运算等不同需求部分，有许多不同的引擎被开发出来，让游戏设计公司能快速解决这些部分的开发问题。例如《毁灭战士》之所以能够震撼游戏业，首要原因就是精美的 3D 画面（见图 5-5）。《毁灭战士 3》（Doom3）的游戏引擎擅长处理 3D 图像。又如 Valve 公司所推出的游戏《半条命 2》（Half-life 2）中的物理运算部分，使用的就是 Havok 游戏物理引擎（见图 5-6），至于其他部分，则搭配上由 Valve 公司自行研发的 Source 引擎来构建整个游戏。

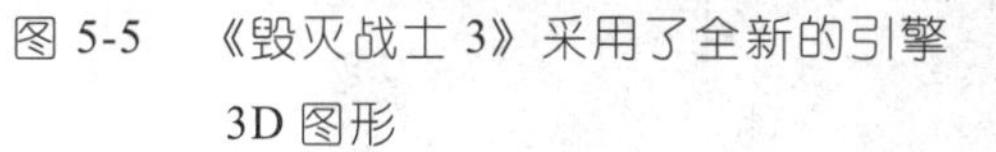
图 5-5 《毁灭战士 3》采用了全新的引擎 3D 图形

图 5-6 许多知名游戏都是使用 Havok 公司的物理引擎

5.1.2 游戏引擎的发展史

由于早期引擎开发的难度不高，游戏公司通常都选择自行开发游戏产品制作中所需的游戏引擎。每一款游戏都有属于自己的游戏引擎，当时一款游戏的引擎要能够真正获得其他人的肯定，并且成为日后制作游戏的标准，实在是不多。严格来说，游戏引擎起源于 1992 年，当时《德军总部》（Wolfenstein）这款游戏开创了第一人称射击游戏的大门，由其首推在 x 轴与 y 轴的基础上增加了一个 z 轴坐标，在宽度与高度所构成的平面上增加了一个向前、向后的深度空间，虽然这款游戏的 3D 关卡使用的是假 3D 贴图组合而成（因为游戏中并没有任何的 3D 建模），但是这款具有 z 轴的游戏画面，对于当时习惯于 2D 游戏的玩家们来说，可是一个史无前例的惊喜（见图 5-7）。

图 5-7 《德军总部》游戏中的 3D 图像代表了 PC 游戏正式从 2D 跨入 3D 时代

在游戏引擎诞生初期，ID Software 公司还发行了另外一款非常成功的第一人称射击游戏《毁灭战士》（Doom）。尽管《毁灭战士》游戏的关卡还停留在以 2D 为主的空间，但它的 Doom 引擎却可以使墙壁的厚度随意变化，还能做到同时在屏幕上显示大量的角色，虽然在游戏画面上还缺乏足够的细腻感，但是却可以表现出惊人的现场环境特效。后来 Raven 公司取得 Doom 引擎的授权（这也成为第一个对外授权的商业引擎），并且使用这种改良后的引擎开发了《魅影法师》（Shadow Caster）、《异教徒》（Heretic）与《毁灭巫师》（Hexen）等游戏。由于 Doom 引擎授权模式的成功，这无疑为游戏产业开创出了另一片新天地，让游戏引擎逐渐地成为另一个新兴的产业。

ID Software 无可置疑是游戏史上伟大的游戏公司之一（见图 5-8），ID 公司出品的每一款游戏都带来了一场游戏的技术革命。在 1996 年发售的《雷神之锤》（Quake）又是一款里程碑式的游戏，这是第一次采用了真正的 3D 游戏引擎的一款游戏，不再像同时代的采用 Doom 引擎而只有 2.5D 画面效果的那些游戏。这款游戏还是网络游戏的鼻祖之一，它具有客户端/服务器联机的功能，就当时而言，它具有最多的外挂模块场景、动画和粒子特效等。总之，这款游戏采用的真正的 3D 游戏引擎在当时带来了突破性的技术进展。

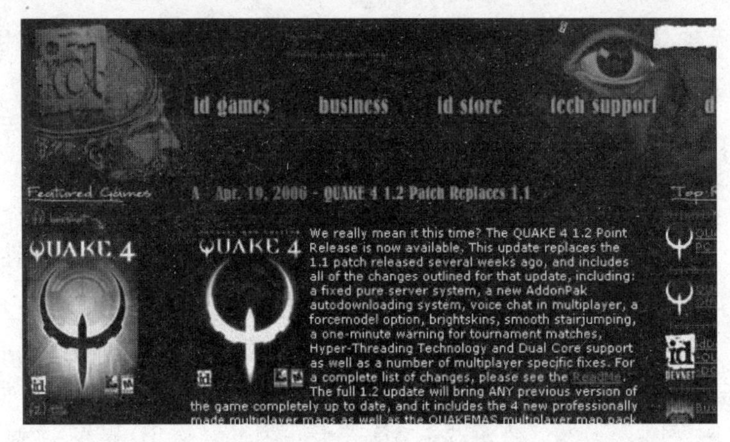

图 5-8 ID Software 是游戏史上伟大的游戏公司之一

在《雷神之锤》推出一年之后，Id Software 公司又推出《雷神之锤 2》（Quake2）。《雷神之锤 2》采用了一个全新的引擎，这个引擎可以更充分地利用 3D 的加速效果与 OpenGL 技术，在图形成像效果和网络方面也有了更佳的支持。在《雷神之锤 2》推出之后，许多知名的第一人称游戏大作都纷纷采用 Quake2 的引擎技术来研发。例如《异教徒 2》(Heretic 2)、《命运战士》（Soldier of Fortune）、《原罪》（Sin）。到了 1999 年发布了《雷神之锤 3》（Quake3），由于 Quake3 引擎能实现的画质越来越高，这也极大地推动了那个年代显卡行业的发展，这个引擎直到多年后仍被一些主流游戏选用，例如第一代《使命召唤》和《荣誉勋章》游戏使用的就是 Quake3 的游戏引擎。

ID Software 公司推动了那个时代游戏引擎的成熟化，随着 ID Software 公司在 Quake3 引擎上的成功，Raven 公司又再次与 ID Software 公司合作，Raven 公司采用了 Quake3 的引擎制作出一款以第一人称射击游戏为主的《星际迷航：精英力量》（Star Trek Voyager：Elite Force），当时这款游戏受到玩家们的盛赞。直到《雷神之锤 4》（Quake4），这是《雷神之锤》系列中第一款非 ID Software 公司自己开发的游戏，因为开发的工作交给了 Raven 公司。与以往几代游戏不同的是，这款游戏并未使用全新的引擎，而是使用了《毁灭战士 3》（Doom3）的游戏引擎，不过画面质量更加细腻与逼真，因为采用了新一代的计算机指令与优越的 3D 显卡的处理功能，所以让玩家在游戏中感受到全然不同的逼真临场感。

在此还要补充一点，正当 Quake2 游戏引擎独霸整个游戏引擎市场的时候，Epic 游戏公司的《虚幻》（Unreal）问世了（见图 5-9）。虽然当时的《虚幻》游戏只能在 300×200 的分辨率下运行，不过它却可以呈现出相当惊人的画面效果，在游戏中，除了可以看到精致的建筑物之外，还可以看到许多出色的特效，例如宏大的场景、美丽的天空、荡漾的水波、逼真的火焰、烟雾和物理力场等效果。

图 5-9　《虚幻》游戏的画面

就当时的第一人称射击类游戏而言，《虚幻》是当之无愧的佼佼者，与只负责 3D 图像处理的 Doom 引擎相比，Unreal 游戏引擎产生的游戏画面带给玩家的震撼力完全可以与之前的《德军总部》比肩，甚至有更多超越。Unreal 游戏引擎可能是当时使用最广的一款游戏引擎，在它推出之后两年之内，就有 18 款以上的游戏与 Epic 公司签订了这款游戏引擎的授权协议，这个 3D 引擎的授权甚至延伸到娱乐、建筑、教育等其他专业领域，例如 Digital Design 公司就曾经与联合国的教科文组织合作采用 Unreal 游戏引擎制作过巴黎圣母院的内部虚拟展示。

近几年推出的几款引擎依旧延续了这样的发展趋势：一方面在不断地追求游戏中的真实互动效果，另一方面持续探索网络游戏机制，例如《银河生死斗 2》（Starsiege2）。随着游戏引擎的不断进化，一个好的游戏引擎应该能提供跨平台的游戏开发平台、最新的动画或绘图技术以及实用的游戏制作工具等，利用游戏引擎来开发游戏可以提高程序代码的重用性，为游戏开发商降低开发成本，因而采用游戏引擎开发游戏已经成为游戏厂商的不二之选。

5.2　游戏引擎中常见的子系统

游戏引擎就是一套系统的游戏开发工具，这个引擎在游戏中无可避免地要进行一些复杂的运算，因此在设计游戏引擎时所选用算法的优劣，就会直接影响游戏引擎的执行性能，最终表现为游戏的整体质量与运行的流畅度。每一个游戏引擎所提供的功能和特性都不尽相同，经过多年来的不断更新迭代，如今的游戏引擎已经被发展成一种由许多子系统共同构成的复杂框架系统，大部分的游戏引擎都具备以下的各个子系统。

5.2.1 物理系统

游戏引擎中的物理系统可以让游戏中的物体在运动时遵循自然界中特定的物理规律。对于一款游戏来说，物理系统可以增添游戏的真实感。例如在许多赛车游戏中，早期的版本是让所有的车辆共享简单且单一的物理系统，而近年来这类游戏尝试为每一辆赛车赋予不同的物理系统，通过集成丰富的物理引擎来模拟真实世界，让玩家感受到不同的驾驶体验，大幅度提高了游戏内容的丰富性与变化性。

在物理系统中会套用符合物理原理的算法，并在游戏中呈现所需的效果，例如对粒子爆炸、碰撞、风动效果、重力加速度等物理现象的模拟。在 3D 游戏引擎中，配合功能强大的物理系统和粒子系统，可以更加有效地处理游戏中物体间的各种碰撞，使整个游戏世界更为真实。例如当玩家所操作的角色或物体跳起来时，游戏引擎会根据物理原理的相关参数来决定这些角色的弹跳行为。如图 5-10 所示是笔者所在公司设计的 3D 格斗游戏《英雄战场》中的场景，其中人物跳起的高度和下降的速度都是根据物理定律来设置和模拟的。

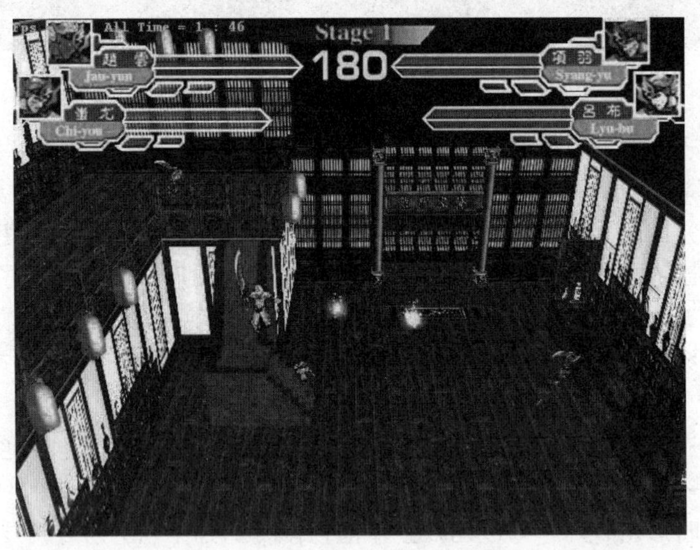

图 5-10　游戏中主角跳起的高度与下降的速度是根据物理定律来设置和模拟的

碰撞检测是从游戏引擎的物理系统中分离出来的一个子系统，主要用来检测游戏中各物体是否碰撞，并在有障碍物的环境中通过碰撞检测与路径搜索计算物体的移动路径。碰撞检测在游戏中应用的场合很多，比如人物走到窗口跟前就停下来，碰触到其他的物体就会往回走。碰撞检测的作用就是决定当游戏中的两个物体接触后各自做出什么样的反应。如果没有碰撞检测，子弹就永远不会击中主角的身体，而人物也可以像崂山道士那样穿墙而行。图 5-11 所示即为游戏中运用了碰撞检测技术来控制角色运动路径的画面。

图 5-11　碰撞检测可以确保物体间不会产生穿透现象

5.2.2　粒子系统

所谓粒子系统，就是将我们看到的物体运动和自然现象用一系列运动的粒子来描述，再将这些粒子运动的轨迹显示到屏幕上，接着就可以在屏幕上看到物体的运动和自然现象的效果（见图 5-12）。

图 5-12　游戏中的火焰和雪花都属于粒子系统

图 5-13 所示为粒子系统在游戏中的两种截然不同的视觉感受。

图 5-13　粒子系统在游戏中的视觉感受

关于游戏中的粒子系统，是可以在屏幕上呈现与仿真一些特定的模糊现象的技术，例如游戏中的火焰、烟雾、下雨、下雪、沙尘、爆炸效果等，不容易使用一般的动画工具来制作。基本上，粒子系统在三维空间中的位置与运动是由发射器控制的，我们可以将粒子定义出四个基本的特性。

1. 生成位置

这个特性决定了粒子的初始位置。在粒子系统中，每一个粒子的生成位置可以在同一个地方，例如瀑布特效；也可以在不同的位置，例如雪花特效。

2. 生命值

这个特性决定了粒子在特效系统中存在的时间。每一个粒子的生命值都不固定，有的比较短，有的比较长，就如同火焰特效一样，有的火苗可以窜得较高较久，而有的火苗可以存活的时间较为短暂。

3. 速度与方向

每一个粒子都存在有方向的运动轨迹，在粒子生成的时候，它也会有运动方向的特性，且有一个基本的飘移速度值，如图 5-14 所示。

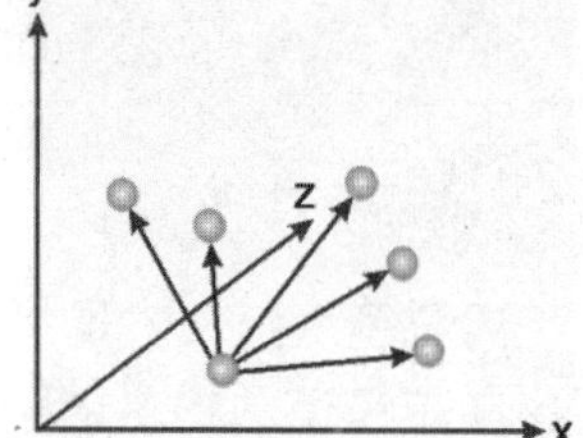

图 5-14　粒子有运动方向的特性

4. 加速度

加速度特性是让每一个粒子看起来更加逼真，符合自然规律（物理规律）。当一个物体从高处向下落时，在它未到达地面之前，速度会越来越快，我们称之为“加速度”。

介绍完粒子系统的基本特性，相信用户对粒子系统的认识还是模糊不清。要想模拟自然界的粒子运动，还必须对基本的物理运动有所认识。接下来我们介绍几个较为常见的粒子系统的工作原理。

1. 烟火粒子

在现实生活中，爆炸是属于一瞬间将某个物体冲破的现象，而被冲破的物体会变成许多小块状的物体，并且散落四处。在游戏中的魔法攻击、导弹射击、飞机对撞等效果都必须要利用爆炸的画面来衬托出视觉效果（见图 5-15）。

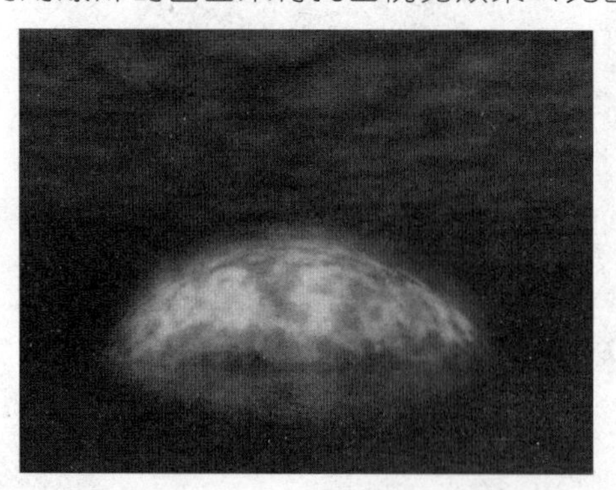

图 5-15　烟火粒子的效果示范

粒子运动的一个很好的例子就是烟花燃放，当一颗烟花爆炸时，会产生无数的烟花碎片，每个碎片就是一个粒子，每个粒子都拥有各自的位置、水平初速度、垂直初速度、颜色与生命周期等，粒子信息描述得越详细，烟花的模拟就可以越逼真。为了简化范例的逻辑，笔者将每个粒子的信息定义为如下程序代码：

```
struct fireball
{
int x;                  //火球所在的 X 坐标
int y;                  //火球所在的 Y 坐标
int vx;                 //火球在水平方向的速度
int vy;                 //火球在垂直方向的速度
int lasted;             //火球的存在时间
BOOL exist;             //是否存在
};
```

粒子是否存在也就意味着粒子是否燃烧殆尽。每个粒子的燃烧时间应该是不同的，由于粒子是在屏幕上显示的，因此简化为只要粒子超出屏幕窗口显示的范围就表示粒子不再存活。至于粒子的起始位置，则以随机数来决定，之后的运动效果会根据爆炸时所获得的水平速度、垂直速度与重力加速度来决定。

下面给出的是模拟烟花粒子爆炸的一段程序代码，其中烟花的爆炸点是在窗口中由随机数所产生的位置，在发生爆炸后会出现许多黄色的粒子以不同的速度向四面飞散而去，当粒子飞出窗口外或者超过一定的存活时间后便会消失。当每次爆炸所出现的粒子全部都消失后，便会重新出现烟花爆炸，产生不断燃放烟花的效果。

```
void canvasFrame::OnTimer(UINT nIDEvent)
{
    if(count == 0)              //新增爆炸点
    {
        x=rand()%rect.right;
        y=rand()%rect.bottom;
        for(i=0;i<50;i++)       //产生火球粒子
        {
            fireball[i].x = x;
            fireball[i].y = y;
            fireball[i].lasted = 0;
            if(i%2==0)
            {
                fireball[i].vx =  -rand()%30;
                fireball[i].vy =  -rand()%30;
            }
            if(i%2==1)
            {
                fireball[i].vx = rand()%30;
                fireball[i].vy = rand()%30;
            }
            if(i%4==2)
```

```
            {
                fireball[i].vx = -rand()%30;
                fireball[i].vy = rand()%30;
            }
            if(i%4==3)
            {
                fireball[i].vx = rand()%30;
                fireball[i].vy = -rand()%30;
            }
            fireball[i].exist = true;
        }
        count = 50;
    }
    CClientDC dc(this);
    mdc1->SelectObject(bgbmp);
    mdc->BitBlt(0,0,rect.right,rect.bottom,mdc1,0,0,SRCCOPY);
    for(i=0;i<50;i++)
    {
        if(fireball[i].exist)
        {
            mdc1->SelectObject(mask);
            mdc->BitBlt(fireball[i].x,fireball[i].y,10,10,mdc1,0,0,SRCAND);
            mdc1->SelectObject(fire);
            mdc->BitBlt(fireball[i].x,fireball[i].y,10,10,mdc1,0,0,
SRCPAINT);
            fireball[i].x+=fireball[i].vx;
            fireball[i].y+=fireball[i].vy;
            fireball[i].lasted++;
            if(fireball[i].x<=-10 || fireball[i].x>rect.right ||
               fireball[i].y<=-10 || fireball[i].y>rect.bottom ||
               fireball[i].lasted>50)
            {
                fireball[i].exist = false;    //删除火球粒子
                count--;                      //递减火球总数
            }
        }
    }
    dc.BitBlt(0,0,rect.right,rect.bottom,mdc,0,0,SRCCOPY);
    CFrameWnd::OnTimer(nIDEvent);
}
```

执行结果如图 5-16 所示。

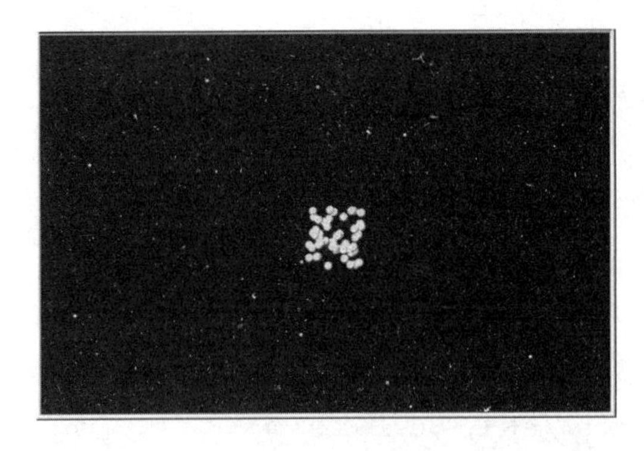

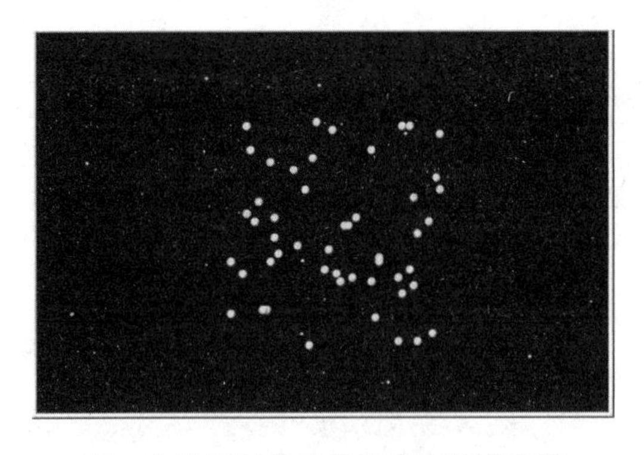

以爆炸点为中心向四周散开的火球粒子　　　　每一个粒子以各自的速度向四周飞散

图 5-16　烟花粒子爆炸后的场景

2. 雪花粒子

“下雪”是相当常见的自然现象，在程序中要产生下雪时雪花纷飞的情景，使用粒子来表现可以说是恰当不过了。因为雪花特效在粒子系统里受地心引力的影响不是很大，所以它停留在空中的时间也相对较长，不过它所受的风力影响却可以极大地改变每一个粒子的运动方向，其运动方向如图 5-17 所示。

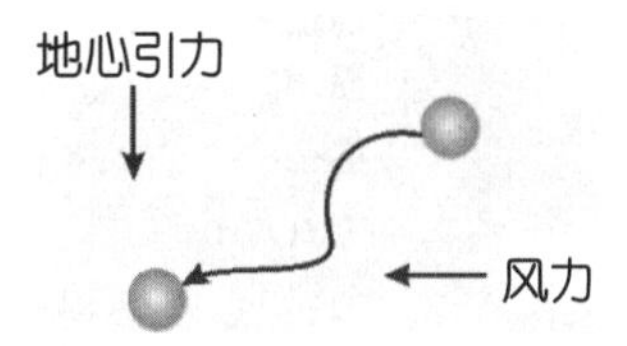

图 5-17　雪花粒子受风力影响较大

在实现雪花粒子系统时，必须考虑更多的物理因素对粒子的影响，包括雪花大小、风力、加速度等，因为每片雪花都会受到空气阻力的影响，所以重力加速度反而不是影响飘落速度的主要原因。事实上，每片雪花几乎都是以相等的速度下落，这个速度取决于雪花的大小，大片的雪花拥有较快的下落速度，而小片的雪花应该是慢慢下落。当风吹动的时候，风力对每一片雪花的影响也各不相同，大片雪花较不容易被吹动，而小片雪花受风力的影响会较大。综上所述，雪花的大小是模拟效果是否逼真的主要因素。

在下面的这段程序中，以粒子系统来模拟下雪时的景象。程序开始执行后，就使用随机数来决定每片雪花的位置，接着会慢慢地不断产生雪花，雪花数量达到上限（设为 50）便不再继续增加，当雪花落到地上时，便重新设置该雪花粒子回到初始位置，以产生雪花消失与新的雪花落下的效果。

```
struct snow
{
    int x;              //雪花所在的 x 坐标
    int y;              //雪花所在的 y 坐标
    BOOL exist;         //是否存在
};
int i, count;
snow flakes[50];
void canvasFrame::OnTimer(UINT nIDEvent)
{
```

```
    if(count<50)
    {
        flakes[count].x = rand()%rect.right;
        flakes[count].y = 0;
        flakes[count].exist = true;
        count++;                        //累加粒子总数
    }
    CClientDC dc(this);
    mdc1->SelectObject(bgbmp);
    mdc->BitBlt(0,0,rect.right,rect.bottom,mdc1,0,0,SRCCOPY);
    for(i=0;i<50;i++)
    {
        if(flakes[i].exist)
        {
            mdc1->SelectObject(mask);
            mdc->BitBlt(flakes[i].x,flakes[i].y,20,20,mdc1,0,0,SRCAND);
            mdc1->SelectObject (snow) ;
            mdc->BitBlt(flakes[i].x,flakes[i].y,20,20,mdc1,0,0,SRCPAINT);
            if(rand()%2==0)
                flakes[i].x+=3;
            else
                flakes[i].x-=3;
            flakes[i].y+=10;
            if(flakes[i].y > rect.bottom)   //落到底部
            {
                flakes[i].x = rand()%rect.right;
                flakes[i].y = 0;
            }
        }
    }
    dc.BitBlt(0,0,rect.right,rect.bottom,mdc,0,0,SRCCOPY);
    CFrameWnd::OnTimer(nIDEvent);
}
```

执行结果如图 5-18 所示。

图 5-18　雪花飞舞的场景

3. 瀑布粒子

瀑布特效也是一种简单的粒子系统，它利用抛物线的运动轨迹来驱动粒子运动。如同我们在上物理课的时候，老师将一颗球从桌子的一端慢慢地滚向另一端，当球离开桌子后，会做一个抛物线运动，直至落到地上，如图 5-19 所示。

根据物理学原理，推球的力量越大，球离开桌面后运动轨迹形成的抛物线就越大，如图 5-20 所示。

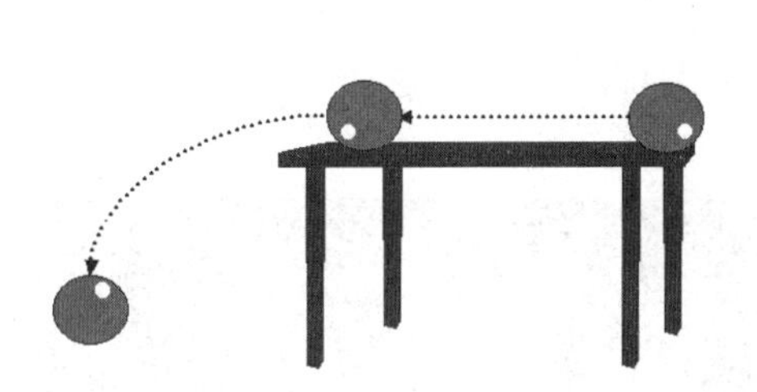

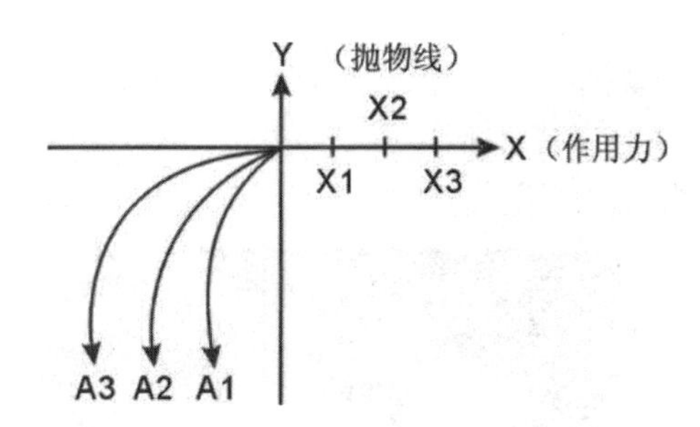

图 5-19　小球从桌子一端滚向另一端然后落地的过程　图 5-20　推球的力量越大，则抛物线就越大

瀑布系统的原理与此类似。如果水力较大，则喷射的抛物线也较大，而瀑布粒子也有其他粒子所具有的特性，并且在高处会受到地心引力的影响而产生加速度，所以用户在计算瀑布粒子的时候，必须给每个瀑布粒子加上重力加速度来增加逼真感。基本上烟火粒子与瀑布粒子在物理模拟上有类似的效果，区别在于烟火粒子没有垂直初速度，瀑布粒子落下时会受到重力影响而产生加速度的感觉。

图 5-21 是笔者所设计的程序的执行效果。在瀑布粒子下落过程中又设置了一层障碍物，当碰到障碍物时，粒子的垂直下落速度变为 0，直到再次离开障碍物继续下落。另外使用 1000 个粒子来模拟水粒子的运动，因为每个粒子的流动速度不同，所以要先将粒子设置在窗口之外，这样进入窗口的时间就不同，而水粒子不可能只在一个平面移动，由于受推挤作用，水流动时会形成一定厚度，这可以在 y 方向使用随机数来模拟，可以看到不同的水平速度形成推挤时粒子交互出现的效果。

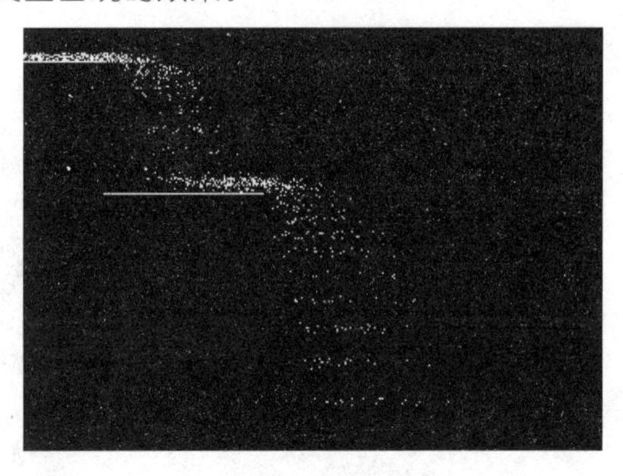

图 5-21　瀑布效果

5.2.3　行为动画系统

功能完备的游戏引擎还必须包含行为动画系统，因为现实中角色的行为模式也被实现在游戏中，包含人物的行为模型而且具有路径规划及人物间的感情交流等。通常可以将行为动画系统区分为以下两种，方便动画设计者为角色设计一些丰富的动作造型。

1. 骨骼行为动画系统

骨骼行为动画是利用内置的骨骼数据带动物体而产生的行为运动，可以把骨骼系统看作是人体运动的仿真。例如，人体是由头、躯干、手臂、腿等部分所组成，而这些部分又可划分成更小的单元，如果分别为这些单元定义出相关的可能运动模式，就可以组成整个人体复杂的运动行为。图 5-22 所示为骨骼行为动画系统的一个示例。

图 5-22 骨骼系统视为人体或动物运动仿真的对象，引擎中要说明皮肤网格上各网格点受到哪些骨骼的牵动与控制

通常，对于视觉效果要求不高的 3D 游戏画面，对于动画系统这种骨骼行为比较节省计算机系统资源，而且运算速度快。不过，如果要在 3D 引擎中实现对精致度要求较高的动画系统，就需要预先制作好皮肤和骨骼的图像与关联表，并且记录下皮肤网格上各网格点分别受哪些骨骼的牵动与控制。图 5-23 所示为笔者所在团队采用的骨架对象与反向运动(IK)对象来辅助机器人运动的设置。

图 5-23 机器人的骨架与 IK 对象

2. 模型行为动画系统

第二种行为动画系统是为角色模型设计一套完整的属性，由属性值来控制角色的行为动画，这种系统称为“模型行为动画系统”（见图 5-24）。我们知道，对于一个游戏中虚拟角色的仿真系统而言，核心技术就是如何在 3D 世界中有效地呈现与控制一个虚拟人物的行为模型。总的来说，如果想让游戏中角色的行为与动作更逼真，就必须设计适当的模型。

图 5-24　模型行为动画系统可仿真游戏人物的行为

5.2.4　画面成像系统

当游戏中的模型制作完成后，美术设计人员会依照角色中不同的面，将特定的材质贴到角色中的每一个面上，再通过游戏引擎中的成像技术将这些模型、行为动画、光影及特效实时展现在屏幕上，这就是画面成像的基本原理。

画面成像在游戏引擎的所有环节中最复杂，而且它的运算结果可以直接影响最后输出的游戏画面。也就是说，成像引擎越细腻，最终生成的游戏画面就越有真实感，包括刮风、下雪等真实的天气变化，以及各种全新的地形环境。在游戏设计中，画面成像的视觉效果分为 3 种类型：2D、2.5D 与 3D。

2D 游戏的画面是以固定正视角为主，并且角色的移动通常只有水平左右与垂直上下之分，像《棒打猪头》《超级马里奥兄弟》二代、三代，以及早期任天堂的绝大多数游戏都是 2D 游戏。图 5-25 所示为一款 2D 游戏的平视效果图。

图 5-25　2D 游戏（平视）

2.5D 游戏是利用了某种视角来欺骗人类的视觉，像图 5-26 中的小恐龙，它实际上是一个 2D 画面，因为采用的是 45°视角（不是正视角），所以用户就产生了立体感的错觉。2.5D 游戏画面实质上是利用特殊的视觉为平面影像制造出 3D 效果。通常，2.5D 游戏的角色在移动上比 2D 游戏具备更多的方向，可以进行前进、后退、跳跃等动作。

图 5-26　2.5D 游戏画面可以带来 3D 视觉效果

理论上，全 3D 的游戏可以从各种角度来观看游戏中的角色。通常为了简化游戏的制作，提高操作的便利性，3D 游戏会提供几个固定的角度供玩家切换，比如在切换到 45°角时，如果只单看一张画面，很难分辨出是 2.5D 还是 3D 的。当然，必要时也可以平视游戏中的角色。图 5-27 所示就是从不同角度观看 3D 角色的效果。

45°角俯视

80°角俯视

平视

图 5-27　3D 游戏画面

5.2.5　光影处理系统

光影处理是指光源对游戏中的人、地、物所展现的方式，也就是利用明暗法来处理画面，这对于游戏中所要呈现的美术风格有相当大的影响力。在游戏中为了让这些物体或场景展现的更逼真，通常会加入光源。这和现实生活中的视觉一致，当角色或物体移动时，依光源位置的不同，会呈现出不同的影子大小及位置，而这些游戏中的光影效果必须依靠游戏引擎来控制。图 5-28 所示是《巴冷公主》游戏的 3D 引擎对光影处理的效果图。

另外，各物体间光线的折射与反射和光源的追踪都是光影处理的一环，除了刚才所陈述的基本光学的处理外，一些优秀的引擎还可以做到动态光源、彩色光源等高级的光学行为。例如，当游戏中的光线照射在游戏人物皮肤上会产生透射与复杂的光线反应和质感表现，甚至在光源移动时，还能观察到光线穿透人物皮肉较薄部分会呈现粉色的半透光现象。图 5-29 是笔者所在团队开发的《英雄战场》游戏引擎中的光影处理效果。

图 5-28　《巴冷公主》游戏的 3D 引擎对光影处理的效果

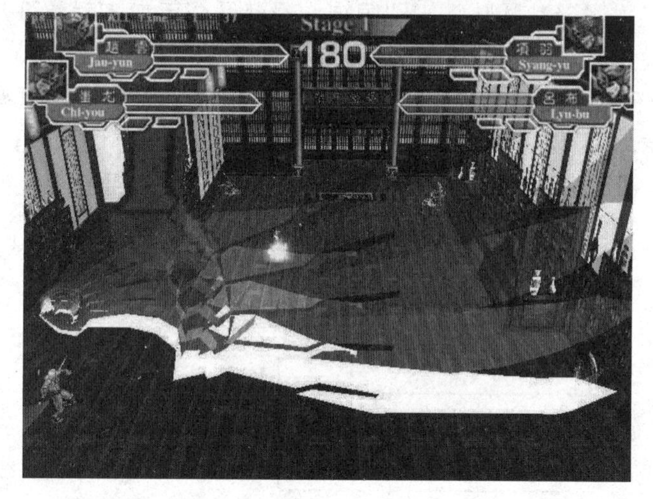

图 5-29　各物体间光线的折射与反射都是光影处理的结果

【课后习题】

1. 什么是游戏引擎？
2. 请说明光影处理系统的作用。
3. 通常可以将行为动画系统分成哪两种？
4. 简述画面成像的基本原理。
5. 试描述 2.5D 游戏的特性。
6. 物理系统的作用是什么？

第 6 章 游戏开发工具简介

“工欲善其事，必先利其器。”早期的游戏开发是一件既麻烦又辛苦的事情，尤其在程序设计方面。例如在使用 DOS 操作系统的年代，要开发一套游戏必须自行设计程序代码来控制计算机内部几乎所有部件的协同工作，例如图像、音效、键盘等。不过，随着计算机科技的不断进步，新一代的游戏开发工具已在很大程度上改变了这种困境。

在进行游戏开发之前，要决定的第一件事情就是使用哪种程序语言作为工具，毕竟程序是整个游戏软件的核心。实用的开发工具可以让游戏设计和开发团队在最短时间内充分实现自己的创意和想法。游戏设计一直是一项创意成分占比很高的工作，开发人员所选择的开发工具，其中融入了设计团队的主观思维、设计风格与成本考虑等方面，就如同商业艺术创作一样，并没有绝对的好与坏的区分。

如果只是开发一些小游戏，自然可以使用自己最熟悉的语言与编程工具。如果从事的是中、大型游戏的开发，那么就要考虑商业赢利的可能性，那么使用何种程序设计语言与开发工具，就可能成为左右成本与获利的关键。图 6-1 是游戏开发时与程序设计相关的架构图。

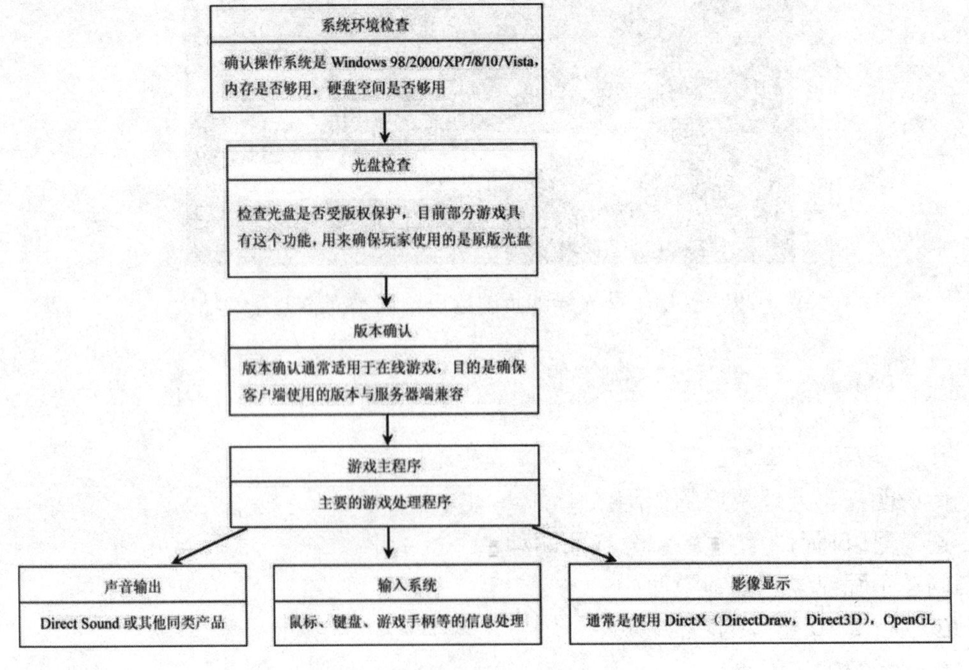

图 6-1　游戏设计架构图

6.1　游戏开发的主流程序设计语言

如何从零开始到能够开发出一款受人欢迎的游戏，是困扰无数游戏开发和设计团队的难题（见图 6-2）。学习游戏设计其实可谓学无止境，学习完游戏引擎的基础，还要学习 3D 图形学、粒子系统、碰撞检测、手机游戏的开发、主机游戏的开发、API 链接、光影系统等。例如，这款游戏玩家使用的是哪一种操作系统，Windows、Linux 还是 Macintosh？当然，游戏是一种娱乐商品，以目前用户端的操作系统占有率来说，Windows 操作系统的占有率最高，因此目前市面上主机游戏多以 Windows 操作系统为主，只有少数游戏在设计时会考虑使用 Linux 操作系统的玩家。

图 6-2　游戏开发总是万事开头难

由于游戏本身也是一个程序，必须依赖操作系统才能运行，因此用户无法将 Windows 操作系统上的游戏直接拿来在 Linux 操作系统上运行。即使一开始在设计游戏时已经考虑了跨平台的可能性，也必须对它进行适当的修改与重新编译，制作这类游戏的成本也会随之提高。

以游戏设计常见的几种程序设计语言来说，不同的语言具有其适用的领域和所具备的优势，任何一款游戏都极少只使用一种程序设计语言开发而成。不过，目前市面上无论是单机游戏还是网络游戏，绝大多数都是用 C++语言开发的，少数使用 VB.net、C#、Java 之类的语言开发的。随着计算机的硬件或者智能设备的硬件越来越高档，加上各种程序设计语言的不断进化，现在有更多程序设计语言用于开发大型游戏。每种程序设计语言与开发工具都有各自的特性与利弊，分别应用于各种不同的领域，接下来我们就来逐一介绍。

6.1.1　用 C 语言开发游戏

C 语言的前身是 B 语言，在 1972 年由贝尔实验室的 Dennis Ritchie 在 PDP-11 小型机的 Unix 操作系统上开发的。C 语言最初的目的主要是作为开发 Unix 操作系统的工具，由于使用 C 语言使得 Unix 操作系统的开发难度降低且运行顺利，因此后来也就开始应用于其他的程序设计领域。众所周知的开放源码操作系统 Linux 与微软的 Windows 操作系统都是使用 C 语言编写而成的。

早期的游戏程序大多是用 C 语言搭配汇编语言来编写的，C 语言的执行效率虽然不如机器语言的执行效率，不过 C 语言具有高级程序设计语言易懂好学的特性，同时还可以处理底层的内存操作与位逻辑运算，拥有直接控制硬件的能力，因而称得上是具有系统底层处理能力的高级程序设计语言。例如单片机（如 8051）或嵌入式系统的开发，也都可以使用 C 语言。使用 C 语言来编写程序，在程序的执行速度（或效率）上表现优良，在追求更高执行速度时，C 语言还可以搭配汇编语言来编写一些底层的基础程序，尤其是在处理一些底层图像处理或者绘图方面。

C 语言几乎可以运行在任何平台上，编写出来的程序可以调用系统所提供的各种功能（通过函数或者子程序），C 语言的函数库与工具强大且持续性强，例如调用 Windows API（Application Programming Interface，应用程序编程接口）、DirectX 函数等。C 语言特有的“指针”（Pointer）功能可以让程序设计人员直接处理内存中的数据，也可以利用指针来实现程序运行过程的动态规划等功能，例如管理内存的分配和回收、动态函数的执行。在需要规划数据结构时，C 语言的表现最为出色，在早期内存容量不大时，每一个内存位（Bit）的使用都必须珍惜，而 C 语言的指针就可提供这方面的功能。C 语言是近数十年来最为经典的程序设计语言之一，不过目前实际把 C 语言直接作为游戏设计和开发的原生语言已经较少了。

6.1.2 使用 C++语言开发游戏

C++语言以 C 语言为基础，改进了一些输入与输出上容易发生错误的地方，保留指针功能与既有的语法，并导入了面向对象的概念（见图 6-3）。面向对象在后来的程序设计领域甚至其他领域都变得相当重要，它将现实生活中实体的人、事、物，在程序中以具体的对象来表达，这使得程序能够处理更复杂的行为模式，并能相当完整地以“对象”为设计的着眼点来完成整个程序的分析和构建。例如在 3D 游戏设计中，向量的使用非常广泛且多样化，在 C++语言中能轻松以“面向对象”的概念设计出一个“向量类”，在许多 3D 相关运算上将会带来许多的便利与可读性。另一方面，面向对象的程序设计在适当的规划下和能够在编写完成的程序基础上，开发出功能更复杂的组件，这使得 C++在大型程序的开发上极其重要。

目前许多大型游戏（如 MMORPG 游戏）都是使用 C++语言开发的，例如《英雄联盟》（LOL）的 3D 引擎就是使用 C++语言开发的，《绝地求生》游戏也是如此。因为与一般的高级程序设计语言相比，C++语言兼有底层的特性，所以运行的性能自然就比较好，非常适合作为开发游戏核心程序的语言。如果想进游戏公司编写单机或网络游戏，学会 C++语言铁定是加分项。一款游戏由于其程序代码中结合了大量声音、图像、视频等数据的运算和处理，因此要求程序运行流畅是相当重要的一个基本诉求，如果搭配 Direct3D，C++语言就更为适合用于游戏的开发。游戏公司如果要开发自己的游戏引擎，为了游戏程序执行的效率，大部分都会选择 C++作为开发语言。

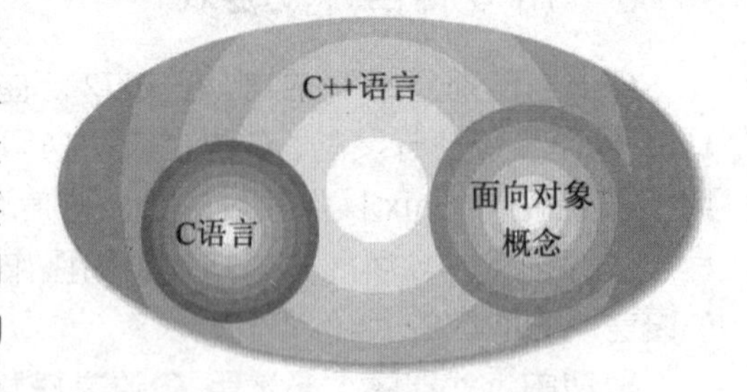

图 6-3 C++语言是在 C 语言的基础上加入了面向对象的概念

Visual C++（简称 VC++）是微软公司所开发出的一套适用于 C/C++语法的程序开发工具。在 VC++的开发环境中，编写 Windows 操作系统平台的窗口程序有两种不同的程序架构：一是微软在 VC++中所加入的 MFC（Microsoft Foundation Classes）架构，另一种是 Windows API（Application Program Interface）架构。使用 Windows API 来开发上述的应用程序并不容易，但用在设计游戏程序上却相当简单，并且具有较优异的运行性能。此外，使用 VC++提供的组件非常方便。图 6-4 是笔者所在团队使用 VC++，以 DirectX 制作出的全屏幕画面游戏《电流急急棒》。

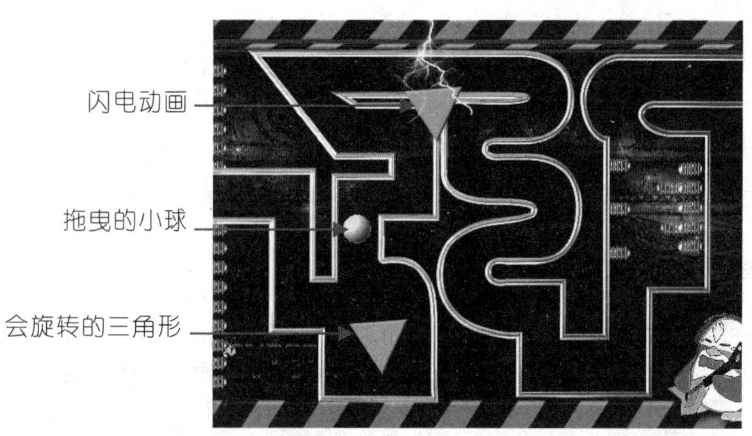

图 6-4　《电流急急棒》游戏的画面

Tips

MFC 是一个庞大的类库，它提供了完整的开发窗口程序所需的对象类与函数，常用于设计一般的应用程序。Windows API 是 Windows 操作系统所提供的动态链接函数库（通常以.DLL 的文件格式存在于 Windows 系统中），Windows API 中包含了 Windows 内核及所有应用程序所需要的功能。

例如，3D Studio MAX（简称 3DS MAX）是使用面向对象概念开发的一款功能强大的 3D 软件开发工具，允许程序设计人员利用这款 3D 软件开发工具中定义的对象来制作插件（Plug-ins）。由于 3DS MAX 的软件开发工具是用 Microsoft Visual C++开发的，如果选择其他 C++集成开发环境（如 Borland C++）来开发，将无法链接 3DS MAX SDK 所提供的链接库，因此读者必须使用 Visual C++集成开发环境来开发基于 3DS MAX 的插件。

6.1.3　使用 C#语言开发游戏

C#语言是一种面向对象的语言，更进一步支持“面向组件”的程序设计，它继承了 C/C++语言的所有特色，而且任何类型的值都能以相同方式存储、传送及操作，具有强大的类库（.NET Framework Class Library），也是一种.NET 平台上的程序设计语言，能让应用程序通过网络来互相沟通，同时分享彼此的资源，可以用来开发在 .NET 平台上执行的各类应用程序。C#（#读作 Sharp）语言是 2000 年由微软发布的一门希望可以与 Java 语言一较长短的程序设计语言。

随着微软的开放，C#语言也变得越来越吸引人们的眼球。在游戏行业中，C#也开始慢慢地获得了关注。就中小型游戏开发而言，建议选择 C#语言，它是比较好入门的程序设计语言。C#除了可以用来设计和开发游戏外，还可以用来编写大型 Windows 应用程序与网站。

XNA 是微软于 2007 年推出的游戏开发套件，以 C#为主要开发语言，这款游戏开发套件甚至可用于开发 XBOX 游戏机上的游戏。使用微软的 Visual C#来开发游戏相当方便，这款语言具有自动系统资源回收机制（Garbage Collection，垃圾回收）。Visual C#为程序设计人员提供了完整的开发工具，同时也提供了应用程序稳定的执行环境。现在用 C#语言在像 Xamarin 这类开放源码平台上可以同时编写运行于 Android 平台与 iOS 平台的程序，也就是可以编译成 Android 上的.apk 文件或 iOS 上的.ipa 文件。C#语言还可以结合目前业界当红的 Unity 游戏引擎开发令人瞩目的游戏，像是著名的《王者荣耀》手游就是使用 Unity 3D 引擎与 C#语言开发的跨平台游戏。

6.1.4 使用 Java 语言开发游戏

Java 语言以 C++语言的语法关键词为基础，由 Sun 公司所推出，其计划一度面临停止，然而后来却因为因特网的兴起，使得 Java 顿时成为当红的程序设计语言，这说明了使用 Java 语言开发的程序在因特网平台上拥有极高的优势。Java 具有跨平台的优点，去除了 C++语言中一些容易犯错的功能，同时增添了一些功能，例如限制了指针的运用，采用了“垃圾回收”机制来回收不再使用的对象资源等。

这些改进使得使用 Java 语言来编写程序极为容易，自然也非常适合用于游戏程序的开发。Java 语言几乎成了目前手机游戏与 Android 平台上应用程序的专属开发语言。针对 Java 语言，业界无论是在绘图、网络、多媒体等各方面都提供了相当多的 API 链接库，甚至包括了 3D 领域，所以使用 Java 语言来设计和开发游戏可以获得更多的资源，而 Java 程序可以使用 Applet 来展现的特性，使得 Java 语言有更大的发挥空间。图 6-5 即是用 Java 语言移植的单机游戏程序在浏览器上执行的情况。

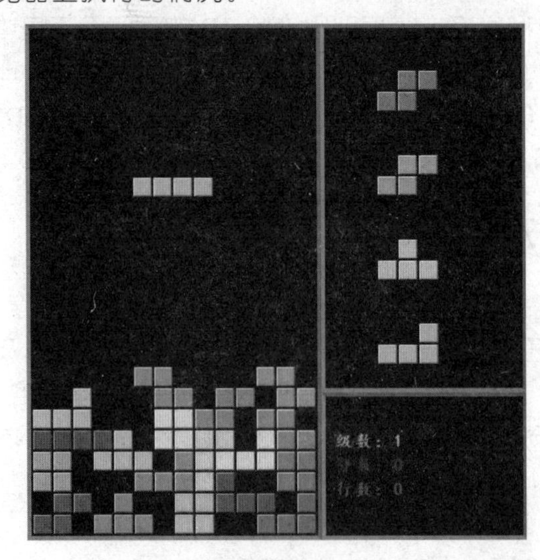

图 6-5　用 Java 语言移植的《俄罗斯方块》游戏在浏览器上执行的情况

目前为止，Java 语言应用于开发中大型游戏的例子不多，因为执行速度永远是游戏进行时的一个重要考虑，而这正是对 Java 语言最不利的地方，程序设计人员对 Java 程序执行速度的普遍评价与 Visual Basic 一样，就是用一个“慢”字来形容。由于 Java 程序在执行前必须经过第二次编译，且 Java 程序只有在需要使用到某些类库功能时才会加载相关的类，这虽然是为了资源使用上的考虑，但动态加载多少造成了执行速度上的拖累，所以 Java 目前还无法成为中大型游戏的主流开发语言。

6.1.5　使用 Python 语言开发游戏

Python 语言是目前最为流行的程序设计语言之一，它也是一种解释型的语言。Python 语言的语法简单易学，编写的程序可以在大多数的主流平台上执行，不管是 Windows、Mac OS、Linux 以及手机平台，都有对应的 Python 工具支持其跨平台的特性。Python 语言具有面向对象的特性，支持类、封装、继承、多态等面向对象的程序设计方法，不过它却不像 Java 这类面向对象程序设计语言那样强迫用户必须以面向对象程序设计的思维方式来编写程序，Python 是一门具有多重编程范式（Multi-Paradigm）的程序设计语言，允许程序设计人员采用多种风格来编写程序，这使得程序编写更具弹性。Python 编程生态中提供了丰富的 API（Application Programming Interface，应用程序编程接口）和工具，让程序设计人员能够轻松地编写扩展模块，也可以把其他程序设计语言编写好的模块整合到 Python 程序中使用，所以也有人把 Python 语言称为“胶水语言”（Glue Language）。事实上，使用 Python 语言开发游戏的门槛很低，例如通过专门制作游戏的 PyGame 模块，可以让开发者以更简单的方式加入文字、图像、声音等元素并进行事件处理来实现游戏中的功能，很适合教孩子编写具有动画、鼠标控制的小游戏。Python 语言和其他语言类似，具有专门的 GUI 库来进行图形用户界面的开发，同样也适用于中大型游戏的开发。目前流行的免费跨平游戏引擎之一 Cocos2dx 就是用 Python 语言编写的。

6.2　游戏工具函数库

随着计算机硬件越来越进步，管理计算机内部运行的操作系统能力也越来越强。在当前计算机市场上，还是以 Windows 操作系统为主流，因为它几乎可以兼容市面上的所有硬件设备以及驱动程序，省去很多不必要的麻烦。

对于游戏中基础的图形图像成像技术来说，如果没有一套完善的开发工具，程序设计人员就必须自己编写一套能够与计算机沟通的底层链接库，对于设计者来说，这是一件非常耗时又耗精力的辛苦工作。如果在计算机硬件与游戏程序代码之间加入一个开发工具“函数库”作为桥梁，一来可解决自行编写底层链接库的困扰，二来由于这些“函数库”都是由低级程序设计语言所编写的，处理速度也比较快。

为了解决计算机的这种较为底层的操作，显卡厂商们共同研发了一套图形标准函数库 OpenGL，同时微软公司也自己开发有 DirectX 图形接口。使用工具函数库是为了让程序设计人员能够更加轻松地开发一款游戏，从图 6-6 中我们也可以看出图形标准函数库在制作游戏时所占的地位。

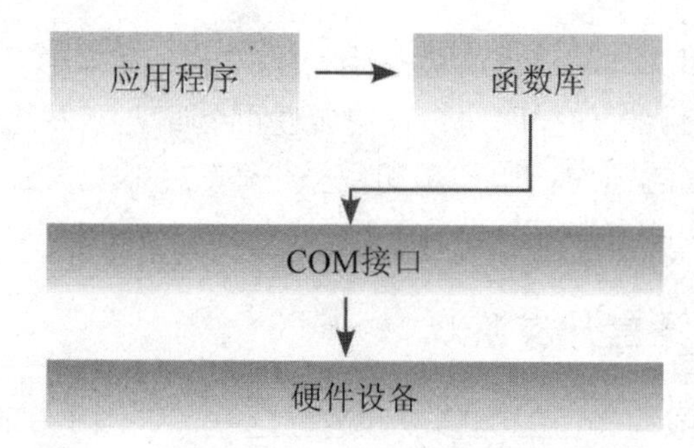

图 6-6　计算机应用程序、函数库与硬件设备间的层次关系

> Tips
> COM 接口是计算机硬件内部与程序沟通的桥梁，简单地说，程序必须先经过 COM 接口的解译才能直接对 CPU、显卡或其他的硬件设备提出请求或做出响应。

想让程序代码与计算机硬件直接“沟通”可谓是困难重重。程序在与 CPU 沟通之前，必须通过 COM 接口等重重关卡，而这种与 COM 接口直接沟通的程序却不容易编写。不过，现在游戏开发者不必担心了，因为有两种工具可以用来直接对计算机的 COM 接口进行底层连接，即上面介绍的 OpenGL 与 DirectX。这两种开发工具可以很轻松地通过 COM 接口与 CPU、显卡或其他硬件设备直接沟通，并且把所有的细节（包括显示、音效、网络等多媒体的接口）都包含进来，而所要做的就是设置几个参数或命令。

6.2.1　OpenGL

在一款广受玩家喜爱的游戏中，绚丽的 3D 场景与画面，绝对是不可或缺的要素。当然，这必须充分仰仗 3D 绘图技术的完美表现，包含了处理模型、材质、画面绘制、场景管理等的工作。

OpenGL 是 SGI 公司于 1992 年所提出的制作 2D 与 3D 图形应用程序的 API，OpenGL 规范由 OpenGL 架构评审委员会（ARB）维护，是一套“计算机三维图形”高级图形处理函数库（所以也被称为绘制图形图像的工业标准），并制作成规范文件公诸于世。从此各家软硬件厂商则依据这种标准和规范来开发自己系统上的显示功能。

> Tips
> “计算机三维图形”指的是利用数据描述的三维空间经过计算机的计算，再转换成二维图像并显示或打印出来的一种技术，而 OpenGL 就是支持这种转换计算的链接库。

事实上，在计算机绘图的世界里，OpenGL 就是一个以硬件为架构的应用程序编程接口，程序开发人员可通过这个编程接口调用图形处理函数库，绘制出高性能的 2D 及 3D 图形，且不受显示系统硬件具体规格和型号的限制。不仅不会受到程序设计人员采用的具体程序设计语言的限制，而且可以跨平台，因为各种平台及设备都有支持 OpenGL 的标准并提供相应的编程接口，这有点类似 C 语言的“运行时库”（Runtime Library），因此程序设计者在开发过程中可以调用 Windows API 来存取文件，再以 OpenGL API 来完成实时的 3D 绘图。

OpenGL 可分为过程式（Procedural）与描述式（Descriptive）两种绘图 API 函数，程序设计人员不需要直接描述一个场景，只需规范一个外观特定效果的相关步骤，而这个步骤以 API 的方式去调用即可，其优点是可移植性高，绘图功能强，可调用的绘图函数和指令超过 2000 个。为了协助程序设计人员方便地调用 OpenGL 来开发软件，还相应开发了 GLU 与 GLUT 函数库，将一些常用的 OpenGL API 再打包到函数库中，如图 6-7 所示。

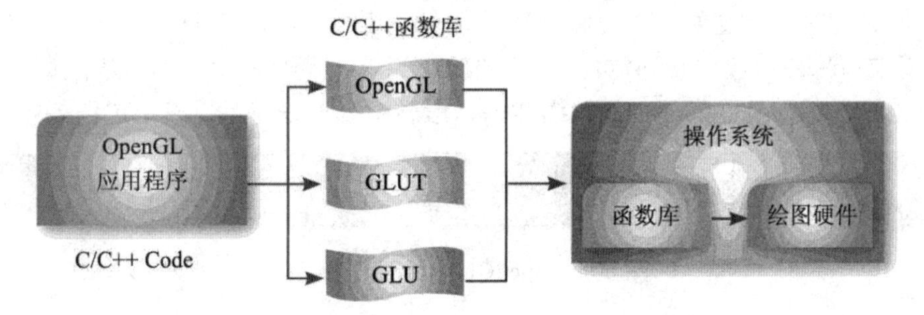

图 6-7　OpenGL 函数库与操作系统和绘图硬件的关系

- GLU 函数库（OpenGL Utility Library）：GLU 是用来协助程序设计人员处理材质、投影与曲面模型的函数库。
- GLUT（OpenGL Utility Toolkit）：GLUT 主要用于简化窗口管理程序代码的编写。不只是微软的 Windows 操作系统，还包括如 Mac OS、X-Window（Linux/Unix）等图形界面的操作系统，因此使用 GLUT 来开发基于 OpenGL 函数库的程序，可以降低程序移植到不同窗口形式的操作系统的难度。另外，使用 C++语言来编写窗口程序时，可以调用 WinMain()函数来创建窗口。

当编写基于 OpenGL 函数库的程序时，必须先创建一个供 OpenGL 绘图用的窗口，通常是调用 GLUT 来生成一个窗口，并取得该窗口的设备描述表（Device Context，或称为设备上下文）代码，再通过 OpenGL 的函数来进行初始化。其实，OpenGL 的主要作用是当用户程序有显示高级图像的需求时，可以利用底层的 OpenGL 来控制。如图 6-8 所示为 OpenGL 处理绘图数据的流程。

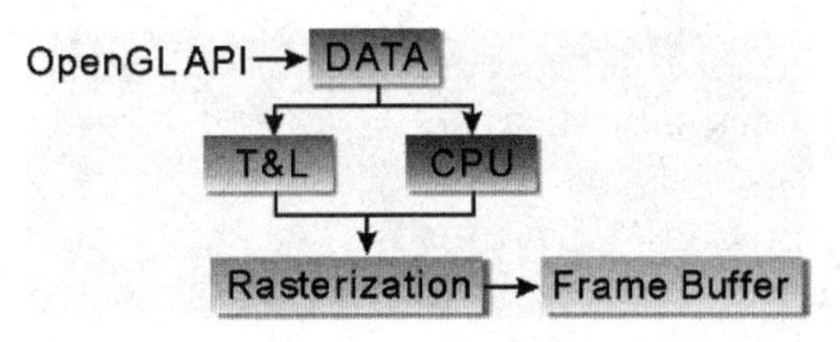

图 6-8　OpenGL 处理绘图数据的流程

从图 6-8 可知，当 OpenGL 在处理绘图数据时，它会将数据填满整个缓冲区，而这个缓冲区内的数据包含指令、坐标点、材质信息等，当指令控制或缓冲区被清空（Flush）时，将数据送往下一个阶段 T&L（Transform & Lighting，变形与光源处理）中去进行处理。在下一个处理阶段，OpenGL 会进行坐标数据的 T&L 运算，其目的是计算物体实际成像的几何坐标点与光影的位置。

在上述处理过程结束之后，数据会被送往下一个阶段。在这个阶段的主要工作是将计算过后的坐标数据、颜色与材质数据经过光栅化（Rasterization）处理来建立成图形或图像，然后图形或图像被送至图形显示设备的帧缓冲（包含完整帧数据的内存缓冲区）中，最后由图形显示设备将图形或图像呈现于屏幕上。

例如，桌上有一个透明的玻璃杯，当研发者使用 OpenGL 处理时，首先必须取得玻璃杯的坐标值，包括它的宽度、高度和直径，接着利用点、线段或多边形来生成这个玻璃杯的外观。因为玻璃杯是透明的材质，需要要加入光源，这时将相关的参数值运用 OpenGL 函数进行运算，然后交给内存中的帧缓冲区，最后由屏幕来显示。这个过程如图 6-9 所示。

图 6-9　OpenGL 的绘图成像过程

现在我们举一个 OpenGL 函数的实际应用来说明。例如 OpenGL 提供的 glShadeModel() 函数可以在物体上着色，表 6-1 列出了该函数的语法结构。

表6-1　glShadeModel()函数的语法结构

简介	使用函数
函数名称	glShadeModel()
语法	void glShadeModel(GLenum mode)
说明	设置着色模式
参数	可指定为 GL_SMOOTH（默认模式）或 GL_FLAT

在 2D 模式中，如果以 GL_SMOOTH 着色，颜色具有平滑效果，而利用 GL_FLAT 着色则只能以单一颜色来显示。下面的程序代码第 6~23 行处理的是左边的四边形组件，以 flat shading 方式来着色，虽然不同的点定义不同的颜色，但却只有单色效果，而第 25~43 行处理的是右边的四边形组件，通过平滑着色（Smooth Shading）方式来着色，显得多彩缤纷。

```
01 void CreateDraw(void){
02    glClearColor(1.0f, 1.5f, 0.8f, 1.0);
03    glClear(GL_COLOR_BUFFER_BIT);
04
05    // 左边的四边形，以 FLAT 方式着色
06    glShadeModel(GL_FLAT);
07    glBegin(GL_QUADS);
08        //蓝色
09        glColor3f(0.0f, 0.0f, 1.0f);
10        glVertex2f(-5.0f,20.0f);
11
12        //红色
13        glColor3f(1.0f, 0.0f, 0.0f);
14        glVertex2f(-5.0f,-20.0f);
```

```
15
16          //绿色
17          glColor3f(0.0f, 1.0f, 0.0f);
18          glVertex2f(-30.0f, -20.0f);
19
20          //黄色
21          glColor3f(1.0f, 0.0f, 1.0f);
22          glVertex2f(-30.0f, 20.0f);
23      glEnd();
24
25      // 右边的四边形，以 SMOOTH 方式着色
26      glShadeModel(GL_SMOOTH);
27      glBegin(GL_QUADS);
28          //蓝色
29          glColor3f(0.0f, 0.0f, 1.0f);
30          glVertex2f(30.0f,20.0f);
31
32          //红色
33          glColor3f(1.0f, 0.0f, 0.0f);
34          glVertex2f(30.0f,-20.0f);
35
36          //绿色
37          glColor3f(0.0f, 1.0f, 0.0f);
38          glVertex2f(5.0f, -20.0f);
39
40          //黄色
41          glColor3f(1.0f, 1.0f, 0.0f);
42          glVertex2f(5.0f, 20.0f);
43      glEnd();
44
45      glutSwapBuffers();
46  }
```

【执行结果】如图 6-10 所示。

下面是利用 OpenGL 的深度缓冲区函数将参数设为 GL_GEQUAL，加上光源设置来展示两个大小不一的三角锥体所形成的遮蔽效果，如图 6-11 所示。

图 6-10　2D 绘图中着色模式对操作结果的影响

图 6-11　以深度缓冲区函数显示物体遮蔽效果

6.2.2 DirectX

在计算机硬件与软件都不发达的早期，要开发一款游戏是一件十分辛苦的工作，开发人员必须针对系统硬件（例如显卡、声卡或输入设备等）的驱动与运算自行开发一套系统工具模块，来控制计算机内部以及外设的操作。例如，在运行 DOS 下的游戏时，必须先设置声卡的品牌和型号，再设置声卡的 IRQ（中断）、I/O（输入/输出）和 DMA 等，如果其中有一项设置不正确，那么游戏就无法发出声音。现在安装好游戏就可以轻松开始玩了，因为现在的游戏都是基于 DirectX 来开发的，所以不管玩家系统中配备的是什么显卡、声卡等，根本不需要玩家进行烦琐的设置，游戏安装完成就自动设置好了，并能充分发挥这些硬件的性能和效果。

Tips

IRQ（Interrupt Request）即中断请求。计算机中的每个组成硬件都会拥有一个独立的 IRQ，除了使用 PCI 总线的 PCI 卡之外，一般而言，每一个硬件都会单独占用一个 IRQ，而且不能被其他硬件重复使用。DMA（Direct Memory Access）即直接内存访问。

OpenGL 具有很强的可移植性，可以在任何平台上运行。而 DirectX 只能在 Windows 操作系统中运行。使用 DirectX SDK 开发出来的应用程序，必须在安装了“DirectX 客户端”的计算机上才能正常运行。综上所述，DirectX 可视为是程序与硬件间的一种编程接口，程序设计人员再不需要花费心思去构想如何编写底层的程序代码来与硬件打交道，只需运用 DirectX 中的各类组件或模块，便可便捷地设计和制作出更高性能的游戏程序。

DirectX 由 DirectX 运行时（Runtime）函数库与 DirectX SDK（Software Development Kit，软件开发工具包）两部分组成，它可以让以 Windows 为平台的游戏或多媒体程序获得更高的运行效率，提高 3D 图形成像能力和提升音效，并且给开发人员提供一个共同的硬件驱动标准，让开发者不必为每个厂商的硬件设备编写不同的驱动程序，同时也降低了用户为不同硬件进行参数配置的复杂度。在 Windows 平台的游戏开发中，DirectX 占据了大部分市场。

在 DirectX 的开发阶段，运行时函数库和 SDK 这两部分基本上都会用到，但是在 DirectX 应用程序运行时，只需使用运行时函数库。例如，在使用 DirectX 技术开发游戏时，程序开发人员除了要使用 DirectX 的运行时函数库之外，还会使用 DirectX SDK 中的各种控制组件来进行硬件的控制及处理。

DirectX SDK 是由许多 API 函数库及媒体相关组件（Component）所组成，例如用于处理 3D 图形的 Direct3D、用于处理 2D 动画与硬件加速的 Direct2D、用于安装 DirectX 组件的 DirectSetup、用于 GPU 通用 API 的 DirectComputer，用于游戏音频播放的 DirectSound，以及用于处理游戏的一些外围设备的 DirectInput（如游戏杆、GamePad 接口、方向盘、VR 手套、强制反馈等外围设备）。

6.3　免费游戏引擎

游戏开发是一件吃力也不见得讨好的工作，因为玩家的心总是捉摸难定，在开发游戏时，最好能够提供给你匹配基于预算的功能和利益的游戏引擎，它可以简化开发过程，通过稳定的游戏引擎来开发这样就可以专注于核心游戏的执行，而不需要做一些无用的工作。随着游戏开发的门槛越来越低，独立开发者越来越多，市场也越来越多元化，不少有创意或技术的玩家也开始利用这些游戏引擎作为主要创作工具，不但能展现完美的性能，还能让玩家享受超强的视觉冲击。

6.3.1　Unity 3D 引擎

Unity 3D 是目前业界广泛使用的跨平台免费直观式的游戏引擎，它不仅能够帮助我们创造互动的 2D 和 3D 游戏，还包含了图形、音效、控制设备、网络、人工智能与物理仿真等功能，游戏公司可以通过这个稳定的游戏引擎来开发游戏，省下大量的研发时间，同时强大的资源市场也是这个游戏引擎的优点。Unity 3D 的开发界面还具有所见即所得的呈现能力，可用于开发 Windows、Mac OS、Linux 平台上的主机游戏，也可以用于开发 iOS 或 Android 平台上的移动游戏。随着“移动为王”潮流的到来，Unity 3D 也变得越来越流行，使得它也成为一款非常棒的移动游戏的开发引擎，例如使用 Unity 3D 设计和开发跨平台的游戏时，因为游戏的程序代码是通过 Unity 3D 来处理图像、控制设备、音效等部分的，并不依赖于平台，所以省去了这些部分的重新编码，减少了把游戏移植到其他平台的成本与时间。Unity 2019 长期支持版可从官方网站下载（见图 6-12）。

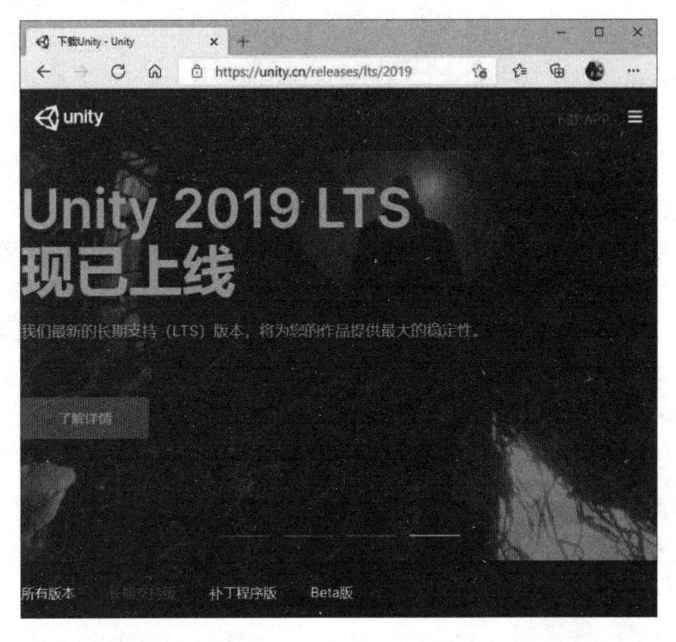

图 6-12　Unity 2019 长期支持版可从官方网站下载

由于 Unity 3D 操作简单，并不要求使用者具有非常专业的程序设计技术，因此大幅度降低了游戏开发的门槛。Unity 还可以与其他厂商的多媒体制作工具与插件开发工具（Plug In）搭配，包括 3D 建模、动画、绘图软件等，而且还支持 Ageia PhysX 物理引擎、粒子系统、光影材质编辑、地形编辑器等，并且可以通过 RakNet 支持网络多人联网的功能，让我们能与用户进行交流，帮助我们优化游戏并最终获得成功。Unity 引擎最重要的好处是开发成本非常便宜，设计的游戏却拥有华丽精彩的 3D 效果（见图 6-13），给予玩家强烈的视觉享受，使得个人工作室设计和开发游戏也不再是梦想，广受游戏业界的欢迎。不像其他游戏引擎的授权金动辄数十万美元，整套专业版 Unity 3D 的价格相对便宜，对游戏画面要求非极致的项目，或者是针对移动平台开发游戏，Unity 甚至对于个人游戏开发者都是一个可以负担得起的引擎，况且制作完成的游戏可以支持不同的游戏平台。

图 6-13　Unity 引擎所显示的游戏画面

6.3.2　Unreal 引擎

“武林至尊，宝刀 Unity、Unreal 引擎谁与争锋！”Unreal 引擎是 Epic Games 公司在 1998 年面向第一人称射击类游戏所开发的引擎，其功能非常强大且运用灵活，不少经典游戏都是用 Unreal 引擎所打造的。2015 年 Epic Games 公司宣布将 Unreal 引擎免费开放使用，甚至还开放了这个引擎的源代码。Unreal 引擎最棒的一点就是它的扩展能力，以至于众多的虚拟现实（VR）游戏的开发者都使用 Unreal 引擎打造出许多声光华丽的知名游戏。

如果单纯从渲染效果、运行效率与画面质量来评估，Unreal 引擎可以说在当代授权的游戏引擎中无出其右，尤其突出的是它的计算渲染真实风景和高端光线追踪的能力，它给开发者提供定制的光线，用于诸如浓淡处理、虚拟现实（VR）、建筑视觉、物体仿真、数字影像等方面，创造出华丽的视觉效果，音效方面也进行了改进，而整体动画的场景重现也相当到位（见图 6-14）。Unreal 和 Unity 作为国际上两款主流的游戏引擎，它们各有特点和不足，开发者可根据自己的技术实力与需求选择适合自己的一款。

图 6-14　Unreal 引擎打造的手游《绝地求生：刺激战场》的精彩画面

【课后习题】

1. 什么是 COM 接口？
2. MFC 的作用是什么？试说明。
3. Java 应用于游戏上，有两种展现的方式，试说明。
4. 什么是计算机三维图形？
5. 试说明 OpenGL 的特性与功能。
6. 试简述 Python 语言的特色。

第 7 章 人工智能算法在游戏中的应用

话说小华在玩一款十分耐玩的网络游戏，昨天整晚都在练功打怪，却发现游戏里的怪物精得很，它的智商似乎都比自己高。一早准备出门买早餐，在小区门口遇到了学霸大哥，连忙问道：“游戏里的怪物怎么都比我聪明，打都打不死？”学霸大哥听完冷冷地笑着说“傻瓜！那是因为在游戏中采用了人工智能算法的原因！”，如图 7-1 所示。

图 7-1　游戏中采用了人工智能算法

随着计算机技术的演进，人工智能技术广泛应用于游戏中。因此，如何在游戏中运用合适的人工智能算法，就是一项很重要的设计工作。例如在《古墓丽影》游戏里，主角如何在寻宝过程中做出追、赶、跑、跳等复杂动作，这些看似简单的动作，其实得益于人工智能（AI）技术的帮助（见图 7-2）。

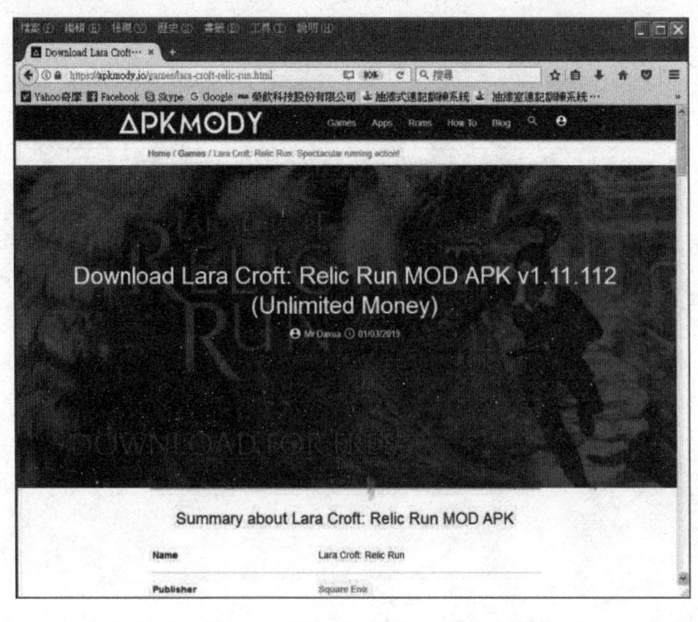

图 7-2　《古墓丽影》游戏中运用了许多人工智能技术来展示真实场景

谷歌公司旗下的 Deep Mind 公司发明了著名的 Deep Q Learning 算法，而 DQN（Deep Q Network，深度 Q 网）算法则是对 Deep Q Learning 算法的改进。这种深度强化学习算法甚至能让计算机学习如何打游戏，通过该算法训练的系统在大多数游戏中都能达到人类游戏的水平（见图 7-3）。在本章中将为读者介绍在游戏中使用的人工智能算法。

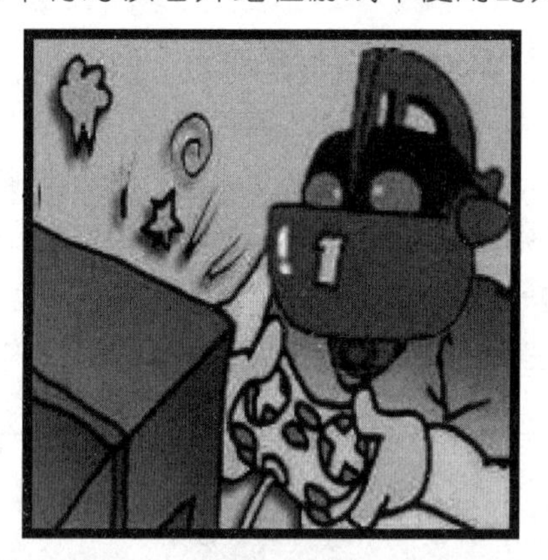

图 7-3　人工智能的 DQN 算法可以让计算机学会打游戏

7.1　人工智能的应用

人工智能（Artificial Intelligence，AI）这一术语最早由美国科学家 John McCarthy 于 1955 年提出，人工智能技术的目标致力于解决与人类智慧相关的常见认知问题，让计算机具有类似人类学习解决复杂问题与进行思考等能力。凡是模拟人类的听、说、读、写、看以及其他各种动作等的计算机技术，都被归类为人工智能的范畴，如推理、规划、解决问题以及学习等能力。例如苹果手机的 Siri 智能助理、Line 的聊天机器人、机场出入境的人脸识别、机器人、智能医生、健康监控、自动驾驶、自动控制、物联网（Internet of Things，IOT）等各种应用案例（见图 7-4）。

S 华硕 Zenbo 机器人
（图片来源：华硕计算机）

Sony 的宠物机器狗 AIBO
（图片来源：Sony 网站）

图 7-4　人工智能的应用

Tips

物联网的目标是将各种具有传感器设备的物品，例如 RFID、环境传感器、全球定位系统（GPS）、激光扫描仪等设备与因特网结合起来，在这个庞大且快速成长的网络系统中，对象可以与其他对象直接进行交流且具有智能识别与管理的能力。

近些年来，人工智能的应用领域之所以能够越来越成熟，毫无疑问地就是软件和硬件的结合越来越紧密，其中主要原因之一就是计算机的图形处理器（Graphics Processing Unit，GPU）与云计算（Cloud Computing）等关键技术越趋成熟与普及，使得计算系统整体的执行速度更快且成本更低廉，特别是在云计算服务器内收集了世界各地的“大数据（Big Data）”。大数据就像是滋养人工智能快速成长的养分，为人工智能建立了坚实的发展基础，我们也因人工智能而享受到许多个性化的服务，生活也因此变得更为便利。

Tips

大数据（Big Data，又称为巨量数据、海量数据），由 IBM 公司于 2010 年提出，其实是巨大数据库加上处理方法的一个总称，就是一套有助于企业组织大量搜集、分析各种数据的解决方案。大数据主要包含 3 种特性：大量（Volume）、高速（Velocity）和多样（Variety）。大数据是指在一定时效（Velocity）内进行大量且多样数据的获取、分析、处理、保存等操作，多样性数据类型包括文字、视频、网页、流等结构化和非结构化数据。

7.1.1 人工智能的种类

人工智能未来一定会发展出来各种我们觉得不可思议的能力。下面我们首先来看看人工智能的强弱之分，即“弱人工智能”与“强人工智能”。

■ 弱人工智能（Weak AI）

弱人工智能是指只能模仿人类处理特定问题的模式，不能进行深度思考或推理的一种人工智能。这种人工智能乍一看，似乎重现了人类言行的智能，但与人类智慧相比，人工智能相差甚远，因为只可以模拟人类的行为做出判断和决策，所以严格来说并不能被视为真正的“智能”。毫无疑问，我们今天看到的绝大部分人工智能应用，例如最先进的商业机器人、人脸识别或专家系统都属于智能程度较低的弱人工智能范畴，如图 7-5 所示。

■ 强人工智能（Strong AI）

从弱人工智能时代迈入强人工智能时代虽然还需要时间，但是趋势已经不可逆转了。所谓强人工智能或通用人工智能（Artificial General Intelligence）是指具备与人类同等智能甚至超越人类的人工智能，能够像人类大脑一样思考与推理并得到结论，还拥有情感、个性、社交等的自我人格意识，例如科幻电影中看到的敢爱敢恨的机器人就属于强人工智能的应用（见图 7-6）。

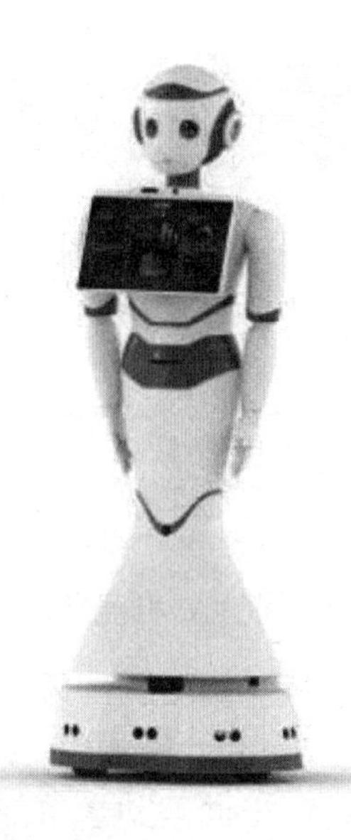

图 7-5　目前大多数迎宾机器人还属于弱人工智能的应用

图 7-6　科幻电影中活灵活现、有情有义的机器人就属于强人工智能的应用

7.1.2　机器学习

近几年随着人工智能的应用领域越来越广泛，其中机器学习（Machine Learning，ML）在人工智能领域取得了令人难以置信的突破。什么是机器学习？简单来说就是计算机通过算法来分析数据，目的在于模拟人类的分类和预测能力。人工智能在过去的发展中面临的最大问题是，之前人工智能算法完全都是由人类编写出来的，当人类无法找到问题求解的具体算法时，这种人工智能算法同样也不能得到问题的解。直到机器学习的出现，才可以解决这种困境（例如人脸识别这类应用，如图 7-7 所示）。

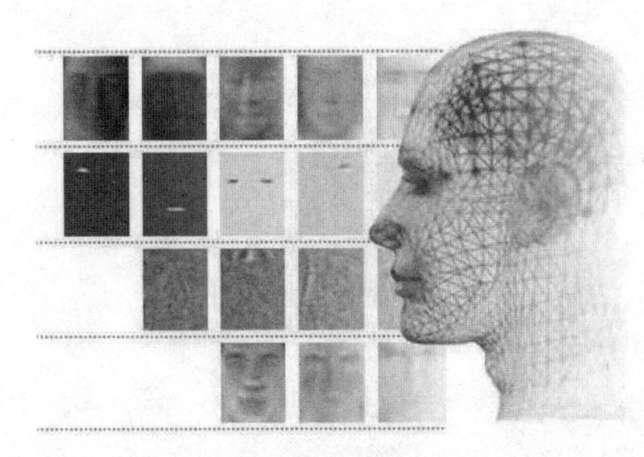

图 7-7　人脸识别系统就是机器学习的常见应用

机器学习是大数据与人工智能发展相当重要的一环，也是大数据分析的一种方法，通过算法给予计算机大量的“训练数据（Training Data）”，在大量数据中找到规则，可以挖掘出多个数据元变动因素之间的关联性，进而自动学习并且做出预测，数据量越大越有帮助，机器就可以学习得越快，进而让预测效果不断提升。例如，我们都有在网上观看视频的经历，各家视频运营商都致力于为用户提供个性化的服务，其中就有厂商导入了 TensorFlow 机器学习技术，筛选出视频观看者可能感兴趣的视频，并显示在“推荐视频”列表中。当用户观看的视频数量越多，无论是用户喜欢以及不喜欢的视频都是机器学习的训练数据，机器可以根据用户观看视频的记录，列出更符合用户喜好的视频。

Tips

TensorFlow 是谷歌公司的 Google Brain 团队于 2015 年开发的开放源码机器学习函数库，可以让许多矩阵运算达到更好的性能，其中还有不少针对移动端训练和优化好的模型，无论是 Android 和 iOS 平台的开发者都可以使用，例如 Gmail、Google 相册、Google 翻译等都有 TensorFlow 的影子。

7.1.3　深度学习

许多人梦想着让计算机学会思考，看起来像是好莱坞科幻电影中常见的情景。随着越来越多强大且便宜的计算机不断被研发和制造出来，推动了深度学习（Deep Learning）的研究，近几年更是变得炙手可热，许多研究者开始模拟人类复杂神经系统的结构来实现过去难以想象的目标，希望计算机具备与人类相同的听觉、视觉、阅读甚至翻译等的能力。

深度学习是一种从大脑科学汲取灵感以打造智能机器的方法，近几年已经成为人工智能研究的核心课题之一。深度学习并不是研究者们凭空创造出来的运算技术，而是源自于人工神经网络（Artificial Neural Network）算法。通过深度学习的训练过程，机器正在变得越来越聪明，不但会学习还会进行独立思考，使得计算机几乎和人类一样能识别图像中的猫、石头或人脸。深度学习包括创建并训练一个大型的人工神经网络，人类所要做的事情就是给予规则和用于机器学习的数据，让机器在从未标记的训练数据中进行特征检测，以识别出大数据中的图像、声音和文字等各种信息。

最为人津津乐道的深度学习应用当属 Google DeepMind 开发的人工智能围棋程序 AlphaGo，这款围棋程序接连打败围棋棋王（见图 7-8）。AlphaGo 设计团队先构建好神经网络架构，然后输入大量的棋谱数据，赋以精巧的深度神经网络设计，通过深度学习掌握围棋博弈中更抽象的概念，让 AlphaGo 从中学习下围棋的策略和方法，在实战中就能判断棋盘上的各种棋局，并根据对手的落子做出回应。AlphaGo 可以不断反复跟自己对弈，不断自我学习来提升其神经网络的“棋艺”，后来创下了连胜 60 局的佳绩，让人们对深度学习的强大威力赞不绝口。

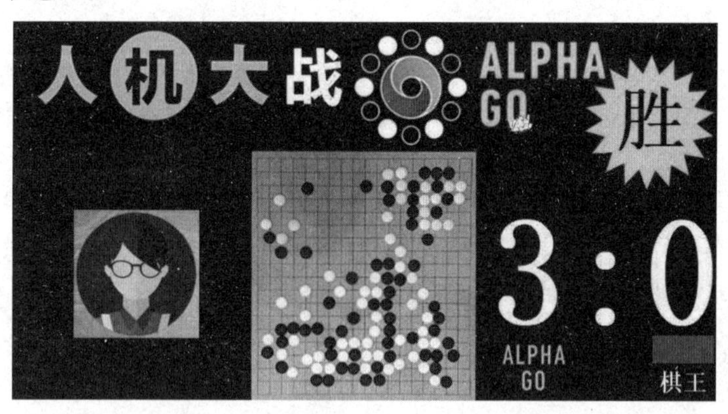

图 7-8　AlphaGo 接连打败的围棋棋王

7.2　游戏中人工智能的基本应用模式

我们在玩计算机游戏的时候，也希望游戏中的其他角色能够拥有某些程度的人工智能，如果在游戏中加入了人工智能，将会让游戏变得更丰富、更有挑战性，例如在飞行射击游戏中，当敌机发觉已经被锁定时，应该要有逃匿的行为，而不是乖乖地等着被击落。一些决策思考类游戏更是在人工智能上下足了功夫，希望玩家能与计算机展开势均力敌的对决，而不只是单一枯燥地操作，这样才能延长玩家玩游戏的时间，增加游戏产品的寿命。

游戏中的角色不会自动追击？主角或猎物撞上场景中的障碍物而无法动弹？非玩家角色（Non Player Character, NPC）无法群体移动让你不知所措？要使得游戏避免出现这些“呆傻”的情况，就赖于游戏人工智能的帮助。游戏角色的智能水平是游戏耐玩性的重要因素之一，因而也是游戏开发中需要考虑的一个重要问题。例如按照游戏的规则，游戏中的角色可以是对手（或敌对），也可以是伙伴。

人工智能在游戏中的应用以角色行为的动作拟真化最具代表性，另外也包括战略游戏中的布局、行动、攻击。在《大富翁》一类的益智游戏中，人工智能的作用尤为重要。应用人工智能的主要目的就是让游戏不断演变和进化，让参与其中的玩家们激发挑战游戏进展不可预测的兴趣。至于游戏人工智能的常见应用模式，通常具有以下四种模式。

7.2.1 以规则为基础

这属于比较传统的人工智能原理，尤其在战斗游戏里，经常运用规则进行处理。对开发技术人员来说是一种可预测、方便测试与调试的方法。在开发游戏的过程中，可以采用以规则为基础的人工智能方法（Rules-based AI）来设计各种角色的行为，例如事先定义出各种规则来明确规定角色在游戏中的行为，在程序设计中表现为以“if...then...else”语句或“switch...case”语句描述的选择结构。

7.2.2 以目标为基础

在游戏开发过程中，设计人员必须定义出角色的目标及到达目标所需的方法。因此设计的角色必须包含目标、知识、策略与环境 4 种状态。“以规则为基础”来设计角色，只是根据角色对环境的感受做出单一的响应，例如早期的游戏会以追逐移动为主，不能够与周边环境产生互动。但是在“以目标为基础”的游戏角色中，角色会根据环境的变化把互动信息作为行动的依据，列入考虑的因素包括一连串的动作。

7.2.3 以代理人为基础

代理人（或称机器人，NPC）是游戏中的一种虚拟人物，也是游戏世界中常见的角色，它既可能是玩家的敌人，也可能是游戏过程中玩家的伙伴。通常在设计上，我们会赋予代理人生命，让它能够响应、思考与行动，并具有自主的能力。代理人的相关属性如表 7-1 所示。

表7-1 代理人的相关属性

角色属性	
LV（等级）	EXP（经验值）
HP（生命点数）	SP（技能点数）
DEX（战斗敏捷度）	SPD（行动速度）
STR（攻击力量）	ACY（命中率）
DEF（防御力）	VIS（视力）
SK（技能）	
EXP & LV	**SK & SP**
◎ 经验值主要由减损敌方的生命点数而来 ◎ 经验值累积到一定程度 LV 便可提升 ◎ 各属性也会随职业的不同而有变化	◎ 特殊角色或人族 3 级战士，会有特殊技能 ◎ 使用特殊技能会损耗 SP ◎ 战役结束前，SP 不能恢复
DEX	**VIS**
发动攻击与下一次发动攻击之间会有一段时差，DEX 越高，时差越小	影响角色的视力范围，敌方进入视力范围才会显现

7.2.4　以人工生命为基础

所谓人工生命（Artificial Life，AL）是指用计算机和精密机械等生成或构造表现自然生命系统行为特点的仿真系统或模型系统，它组合了生物学、进化论、生命游戏的相关概念，可用来平衡与满足真实自然界的生态系统，让 NPC 具有情绪化的反应，具有生物功能的特点和行为，其目的在于创造逼真的角色行为与互动的游戏环境（见图 7-9）。

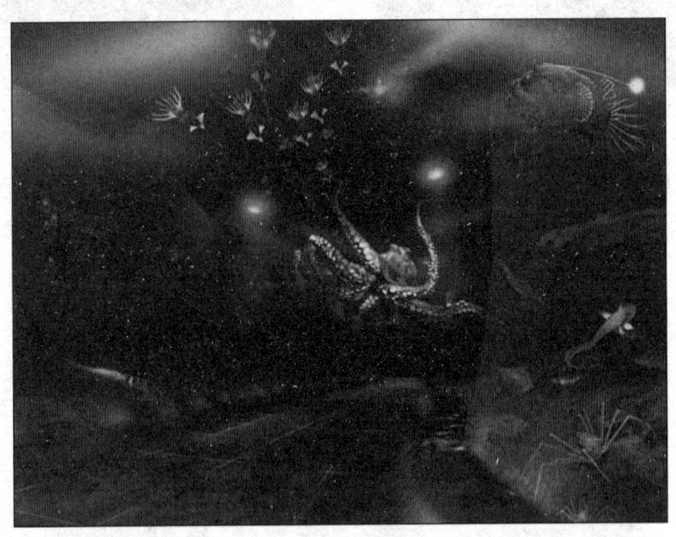

图 7-9　海洋生物博物馆中使用人工智能实现的虚拟水族馆

7.3　游戏中的人工智能算法

人工智能应用的领域涵盖了类神经网络（Neural Network）、机器学习（Machine Learning）、模糊逻辑（Fuzzy Logic）、模式识别（Pattern Recognition）、自然语言理解（Natural Language Understanding）等，此处我们将针对人工智能算法在游戏设计领域的相关应用来进行介绍。

7.3.1　遗传算法

遗传算法（Genetic Algorithm）可以称得上是模拟生物进化与遗传过程的查找与优化算法，它的理论基础由约翰·霍兰德（John Holland）在 1975 年提出。在真实世界中，物种的进化（Evolution）是为了更好地适应大自然的环境，在进化过程中，基因的改变也能让下一代来继承。而在游戏中，玩家可以挑选自己喜欢的角色来扮演，不同的角色有不同的特质与挑战性，游戏设计人员无法事先了解玩家打算扮演什么角色，所以为了适应不同的情况，可以将可能的场景指定给某个染色体，利用染色体来存储每种情况的响应。

例如设计团队要做出游戏动画中角色行走的画面，通常都需要事先仔细描述每个画面的细节，再运用遗传算法，建立好游戏角色的重量和肌肉结构之间的关联，就可让角色走得非常顺畅（见图 7-10）。

图 7-10　运用遗传算法建立好游戏角色的重量与肌肉结构之间的关联

事实上，John Holland 提出的遗传算法就是一种模仿自然界物竞天择法则和遗传基因交配的运算法则，其对应关系如图 7-11 所示。对于传统人工智能方法无法有效解决的计算问题，它都可以迅速地找出答案。总之，遗传算法是一种特殊的查找算法，适合处理多个变量以及非线性的问题。

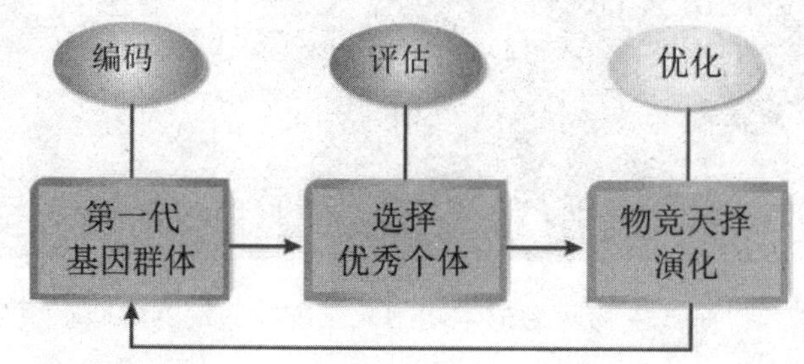

图 7-11　遗传算法是模仿自然界的物竞天择和遗传交配的运算法则

7.3.2　模糊逻辑算法

模糊逻辑（Fuzzy Logic）也是一种相当知名的人工智能算法，是由加州伯克利大学教授拉特飞 · 扎德（Lotfi A.Zadeh）在 1965 年提出的，是把人类解决问题的方法或将研究对象以 0 与 1 之间的数值来表示模糊逻辑的程度交由计算机来处理。也就是模仿人类思考模式，将研究对象以 0 与 1 之间的数值来表示模糊逻辑的程度。事实上，从空调到电饭锅，大量家用电器的控制系统都受益于模糊逻辑的应用。例如，日本推出了一款 Fuzzy 智能型洗衣机，就是依据所洗衣物的纤维成分来决定水量和清洁剂的多少以及洗衣时间的长短。

在游戏开发过程中，也经常加入模糊逻辑的概念，例如让 NPC 具有一些不可预测的人工智能行为，就是协助人类跳离 0 与 1 二值逻辑的思维，并对 True（真）和 False（假）二布尔值间的灰色地带做出决策。至于如何推论模糊逻辑，首要步骤是将明确数字“模糊化”（Fuzzification），例如当魔鬼海盗船接受指令后，如果在 2 千米内遇见玩家，就必须与玩家战斗，此处就将 2 千米定义为“距离很近”，以至于魔鬼海盗船与玩家相距 1 千米就定义为“非常接近”。

例如魔鬼海盗船与玩家即使相距 1.95 千米，若以布尔值来处理，应该处于危险区域范围外，这好像不符合实际情况，明明就快短兵相接，却还不是危险区域。所以依据实际情况返回介于 0~1 之间的数值，利用“隶属度函数”（Grade Membership Function）来表达模糊集合内的情况。如果 0 表示不危险，1 表示危险，而 0.5 表示有点危险。这时就能利用图 7-12 定义一个危险区域的模糊集合。

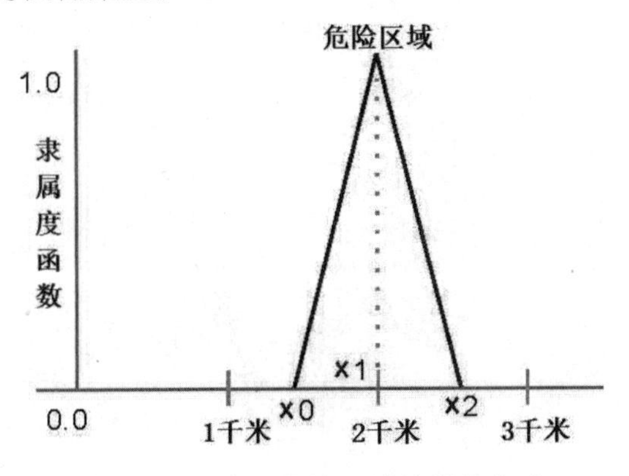

图 7-12　建立危险区域的模糊集合

将所有输入的数据模糊化之后，接下来要建立模糊规则。定义模糊规则是希望输出的结果能与模糊集合中的某些隶属度相符合。例如建立魔鬼海盗船游戏中有关的模糊规则如下所示：

- 如果与玩家相距 3 千米，表示距离远，为警戒区域，快速离开。
- 如果与玩家相距 2 千米，表示距离近，为危险区域，维持速度。
- 如果与玩家相距 1 千米，表示距离很近，为战斗区域，减速慢行。

另外，可以利用程序代码设定这些规则：

```
if (非常近  AND  危险区域) AND NOT 武器填装  then  提高戒备
if (很近  OR  战斗区域) AND NOT 火力全开  then  开启防护
if (NOT  近  AND  警戒区域) OR (NOT  保持不变) then  全员备战
```

由于每条规则都会执行运算，并输出隶属度，在输入每个变量后可能会得到这样的结果：

```
提高戒护的隶属度 0.3
开启防护的隶属度 0.7
全员备战的隶属度 0.4
```

将每条规则输出后，以隶属度最高者为行动依据，若是依照上述的输出结果，则是以“开启防护”为最终行动。

7.3.3　人工神经网络算法

人工神经网络（Artificial Neural Network，ANN）是模仿生物神经网络的数学模式，使用大量简单且相连的人工神经元（Neuron）来模拟生物神经细胞受特定程度刺激时对刺激进行反应的架构（见图 7-13），这些反应是并行的且会动态地互相影响。由于人工神经网络具有高速运算、记忆、学习与容错等的能力，因此我们只要使用一组范例，通过神经网络模型建立出系统模型，便可用于推断、预测、决策、诊断等相关应用。

图 7-13　人工神经网络神经元的组成是模拟人类大脑神经元的结构

人工神经网络算法的运算单元的组成是模拟人类神经元的结构，神经元彼此相连就构成了人工神经网络架构。各个运算单元之间的连接会搭配不同权重（Weight），就像人类神经元动作时的电位一样，一个神经元的输出可以变成下一个神经元的输入脉冲，人工神经网络的学习功能就是比对每次的结果，然后不断地调整连接的权重值。

近年来，随着计算机运算速度的增加，人工神经网络的功能也越来越强大，其应用也更为广泛。要使得人工神经网络能正确运行，必须通过训练的方式让人工神经网络反复学习，经过一段时间的学习，才能有效地产生初步运行的模式。这种方法可以应用在游戏中玩家魔法值或攻击火力的成长上，当主角不断学习与经过关卡考验后，功力自然大增。

7.3.4　有限状态机

有限状态机（Finite State Machine）是属于离散数学（Discrete Mathematics）的范畴。简单地说，有限状态机是表示有限个状态以及在这些状态之间的转移和动作等行为。在有限状态机中，从一开始的初始状态以及其他中间状态，可通过不同转换函数而转换到另一个状态，转换函数相当于各个状态之间的关系。

许多生物的行为都能以各种状态来对其进行分析：由于某些条件的改变，从原来的某一种状态转换到另一种状态。在游戏人工智能的应用上，有限状态机是一种设计的概念，也就是可以通过定义有限的游戏运行状态，并借助一些条件在这些状态之间互相切换。有限状态机包含两个基本要素：一个是代表人工智能的有限状态简单机器，另一个是输入（Input）条件，会使当前状态转换成另一个状态。

通常，有限状态机会根据“状态转换（State Transition）”函数来决定输出状态，并将当前状态转为输出状态。在游戏程序设计中，我们可以利用有限状态机来奠定游戏世界的管理基础和维护游戏的进行状态，并分析玩家输入或管理对象的情况。例如，我们想要使用有限状态机来编写魔鬼海盗船在大海中追逐玩家的程序，可以利用有限状态机的概念来制作一个简易图表（见图 7-14）。

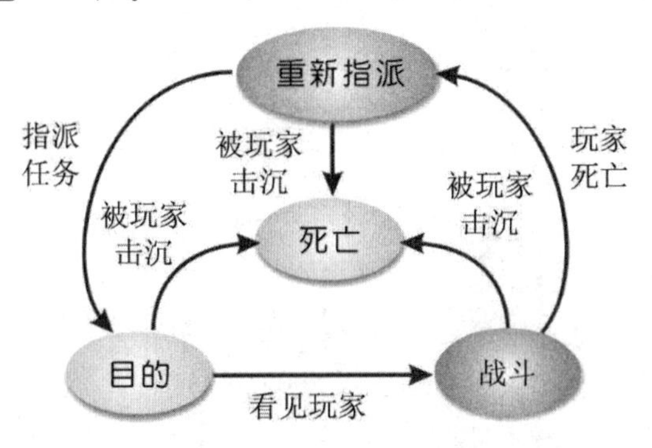

图 7-14　一个简易的有限状态机

在图 7-14 中，魔鬼海盗船主要是接受任务指派与前往目的地，所以魔鬼海盗船的第一种状态就是前往目的地，另一种可能就是出门后立即被玩家击沉，变成“死亡”状态。如果游戏进行中碰见玩家，就必须与玩家交战；如果没有碰见玩家，就重新接受任务的指派。其他情况就是战胜玩家后获得新的任务指派，如果没有战胜玩家，则面临死亡的状态。

为了让有限状态机能够扩大规模，有人提出并行处理的方式，将复杂的行为划分成不同子系统。假如我们要在魔鬼海盗船中加入射击动作，面对玩家才会进入射击状态，可以利用图 7-15 来表示。

图 7-15　有限状态机加入子系统

其他状态可根据需要来加入，例如没有能量时必须补充能量，如果是在射程外，就处于“闲置”状态。最后，我们只要将这个设计好的子系统加入控制处理系统即可。

7.3.5　决策树算法

如果所要设计的游戏是属于“棋类”或“纸牌类”，那么前面介绍的人工智能基础理论可能就变得毫无用处（因为纸牌根本不需要追着玩家跑或逃离），此类游戏采用的技巧在于实现游戏决策的能力，简单地说，就是该下哪一步棋或者该出哪一张牌。

决策型人工智能的实现是一项挑战，因为通常可能出现的状况很多，例如象棋游戏的人工智能就必须在所有可能的情况中选择一步对自己最有利的棋。想想看，如果开发此类游戏，我们该怎么做呢？通常此类游戏的人工智能实现技巧为先找出所有可走的棋（或可出的牌），逐一判断如果走这步棋（或出这张牌）的优劣程度如何，或者说是给这步棋打个分数，然后选择走得分最高的那步棋。

一个常被用来讨论决策型人工智能的简单例子是“井字游戏”，因为它的可能棋局变化不多，用户只需要花十分钟时间便能分析完所有可能的棋局并且找出最佳的下法，图 7-16 表示某种棋局下拿○棋子一方的可能下法。

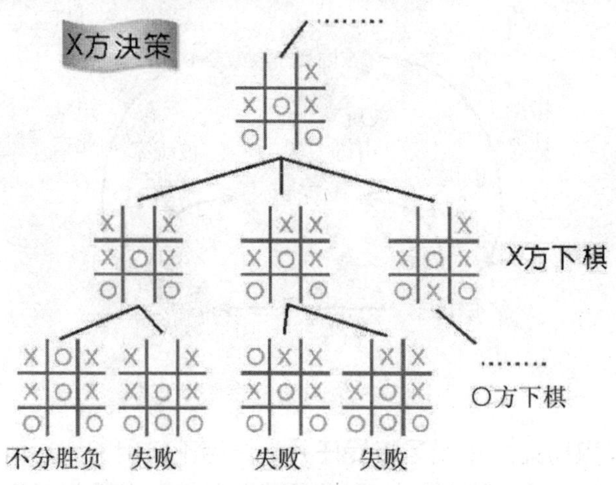

图 7-16 “井字游戏”的决策树（策略博弈树）

图 7-16 是“井字游戏”的某个决策区域，下一步是×方下棋，很明显，×方绝对不能选择第 2 层的第 2 个下法，因为下到那里×方必败无疑。从图中也可以看出，每一步的决策叠加起来就形成了一个树形结构，所以也称为“决策树”，而树形结构正是数据结构所讨论的范围，这也说明了数据结构正是人工智能的基础，而决策型人工智能的基础则是查找，在所有可能的棋局下，查找可能获胜的方法。

针对“井字游戏”的制作，我们先假设一些条件：棋盘一共有 9 个位置、8 个可能获胜的方法，如图 7-17 所示。

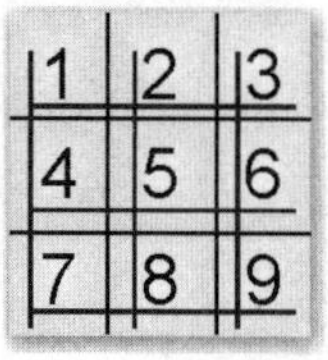

1	2	3
4	5	6
7	8	9

图 7-17 “井字游戏”的设计基础

在游戏设计中的实际操作方法是：设计一个存放 8 种获胜方法的二维数组，例如：

```
int win[][] = new int[8][3];
win[0][0]  = 1;   //第 1 种获胜方法（表示 1,2,3 联机）
win[0][1]  = 2;
win[0][2]  = 3;
…        //以此类推下去
```

然后依据此数组来判断最有利的位置，例如当玩家已经在位置 1 和位置 2 连线时，我们就必须挡住位置 3，以此类推。“井字游戏”是一种最简单的人工智能应用，它运用的是一个简单的游戏排列算法，只要在井字格中画○、×即可进行游戏。图 7-18 是笔者公司的手机游戏团队所设计的“井字游戏”画面。

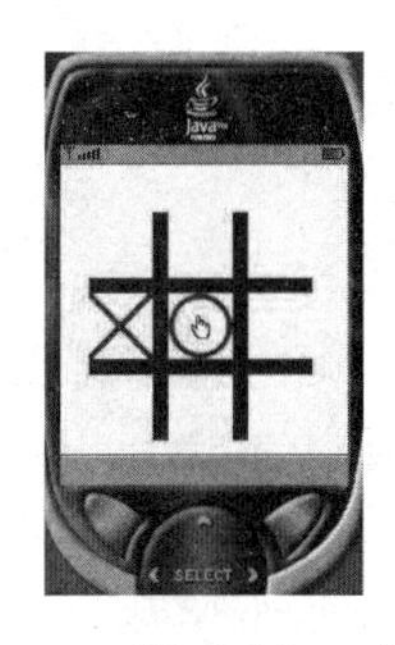
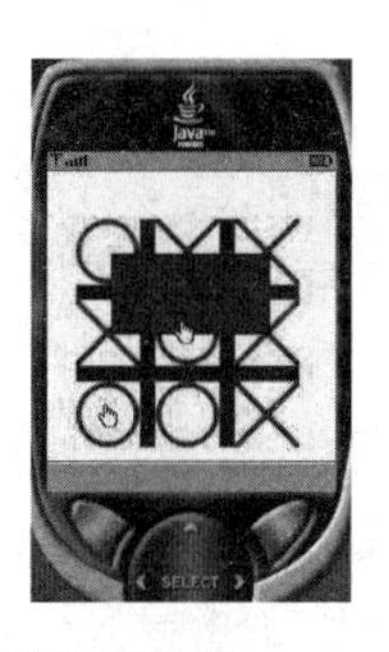

图 7-18　“井字游戏”的画面

7.3.6　老鼠走迷宫人工智能算法

老鼠走迷宫问题是假设把一只老鼠放在一个没有盖子的迷宫盒的入口处，盒中有许多墙使得大部分的路径被挡住而无法前进。老鼠走错路时会把走过的路记住，避免走重复的路，可以按照尝试错误的方法直到找到出口为止。这种原理就运用了简单的人工智能思考模式，简单来说，老鼠行进时必须遵守以下 3 个原则：

① 一次只能走一格。

② 遇到墙无法往前走时，则退回一步找找看是否有其他的路可以走。

③ 走过的路不会再走第二次。

在编写走迷宫的程序之前，我们先了解在计算机中表示一个迷宫的方式，可以利用一个二维数组 MAZE[row][col]来表示，并使之符合以下人工智能的规则：

```
MAZE[i][j]=1          表示[i][j]处有墙，无法通过
          =0          表示[i][j]处无墙，可通行
MAZE[1][1]是入口，MAZE[m][n]是出口
```

图 7-19 是使用一个 10×12 的二维数组来表示一个迷宫地图。

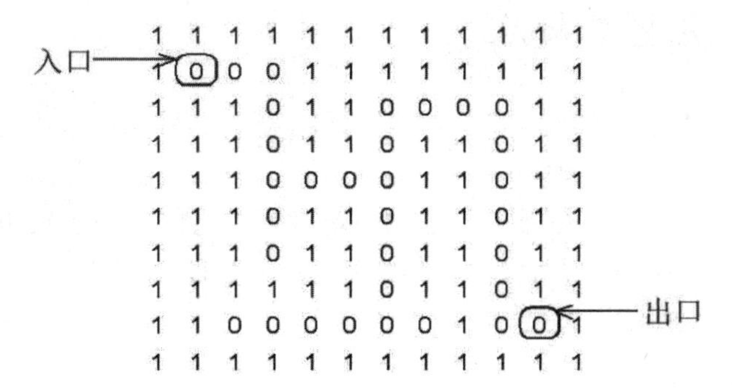

图 7-19　使用二维数组来表示迷宫地图

假设老鼠从左上角的 MAZE[1][1]进入，从右下角的 MAZE[8][10]出来，老鼠的当前位置用 MAZE[x][y]表示，那么老鼠可能移动的方向如图 7-20 所示。

如图 7-20 所示，老鼠可以选择的方向分别为东、西、南、北。但并非每个位置都有 4 个方向可以选择，必须视情况而定，例如 T 字形的路口就只有东、西、南 3 个方向可以选择。

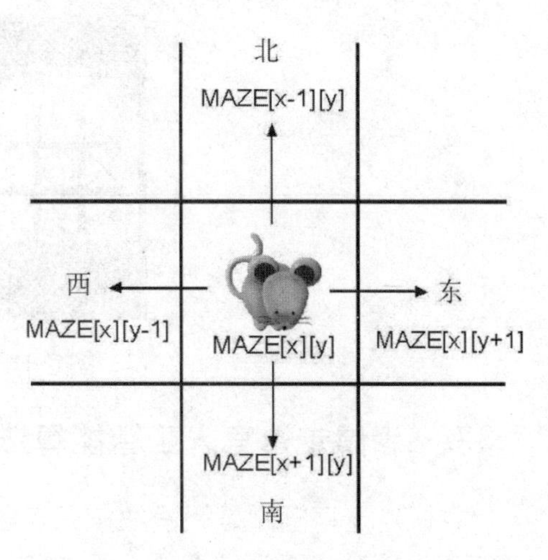

图 7-20　老鼠的坐标及可能的移动方向

可以使用链表来记录在迷宫中走过的位置，并且将走过的位置所对应的数组元素内容标记为 2，然后将这个位置放入堆栈，再进行下一个方向的选择。如果走到死胡同并且还没有抵达终点，就退回上一个位置，直到退回到上一个岔路口后再选择其他的路。由于每次新加入的位置必定会在堆栈的顶部，因此堆栈顶端指针所指向的方格编号就是当前搜索迷宫出口的老鼠所在的位置。如此重复这些动作，直到走到迷宫出口为止。图 7-21 和图 7-22 是演示老鼠走迷宫的一个小程序，以小球来代表迷宫中的老鼠。

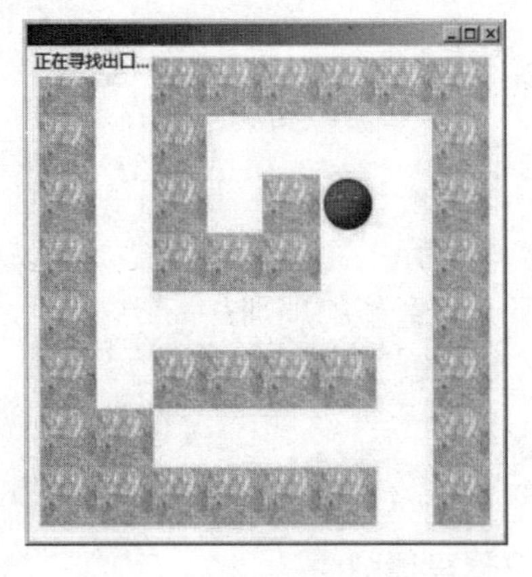

图 7-21　在迷宫中寻找出口

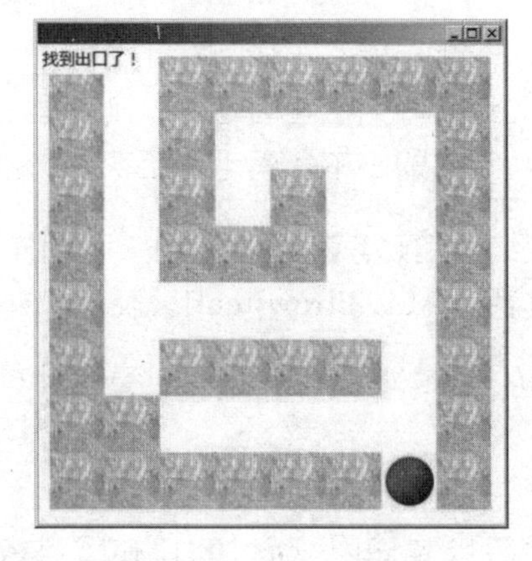

图 7-22　终于找到迷宫出口

7.4　五子棋人工智能算法

俗话说：“当局者迷，旁观者清”，这句话用在人工智能算法所控制的游戏角色则是不成立的。对于像五子棋这类相对简单的博弈游戏，人工智能算法所掌控的棋局在下棋的每个回合，都要能够精确知道有哪些获胜的下法（因为可以计算出每下一步棋到棋盘任一格子上的获胜概率）。接下来，我们将运用前面所讲述的人工智能相关原理，来说明在五子棋对弈游戏中的人工智能设计。

7.4.1　获胜组合

在五子棋的棋局中，人工智能首先必须要知道有哪些获胜的组合，事实上这些组合就是用来判断人工智能控制的角色一方（即计算机一方）或者玩家这两方是否有任一方已经达到获胜的基本条件。通常我们在程序中是使用数组来存储这些获胜组合，并且在计算机或者玩家每下一步棋时，同步修改数组中的内容，接着即可判断出计算机或玩家是否已完成某一获胜的组合而赢得棋局。

我们使用了 10×10 大小的五子棋盘，下面先以图示说明棋盘上可能获胜的组合并计算出这些组合的总数。

- 水平方向上的获胜组合（见图 7-23）。

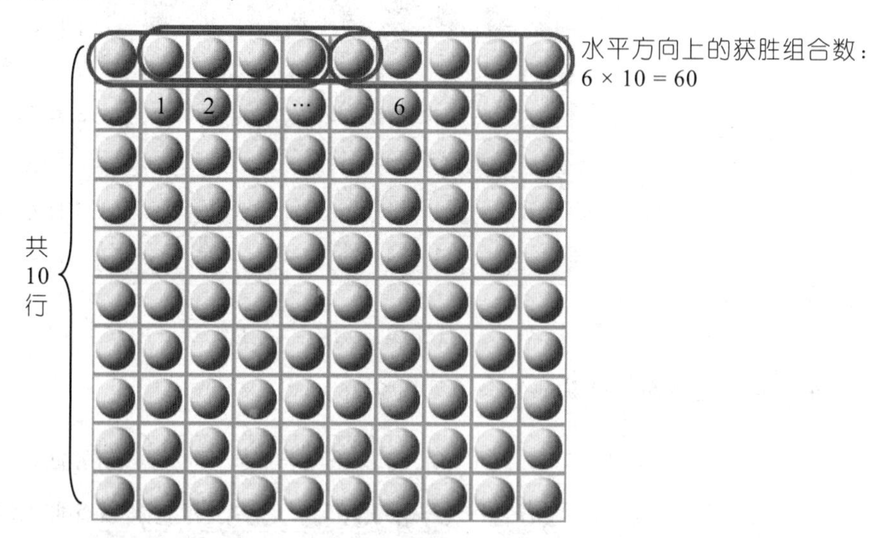

图 7-23　五子棋水平方向上的获胜组合

- 垂直方向上的获胜组合（见图 7-24）。

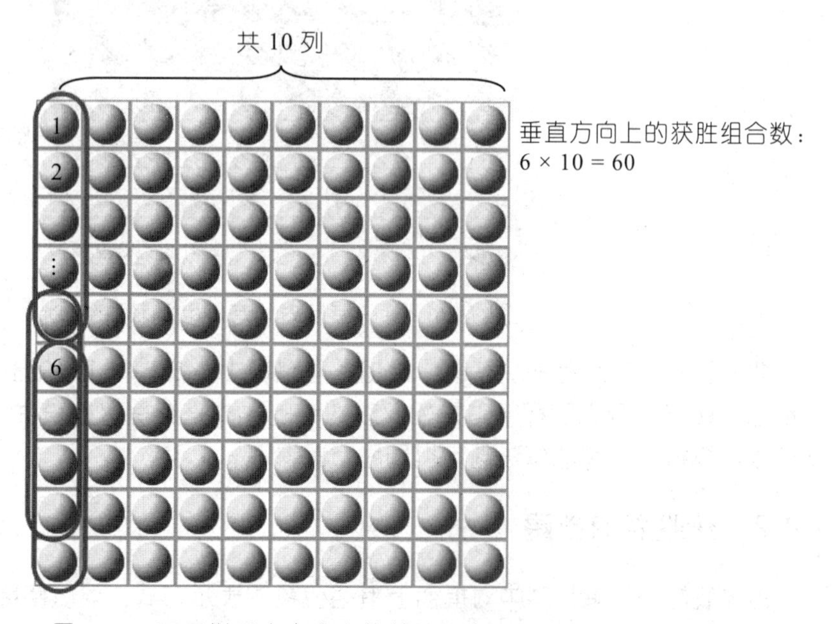

图 7-24　五子棋垂直方向上的获胜组合

- 正对角方向上的获胜组合（见图 7-25）。

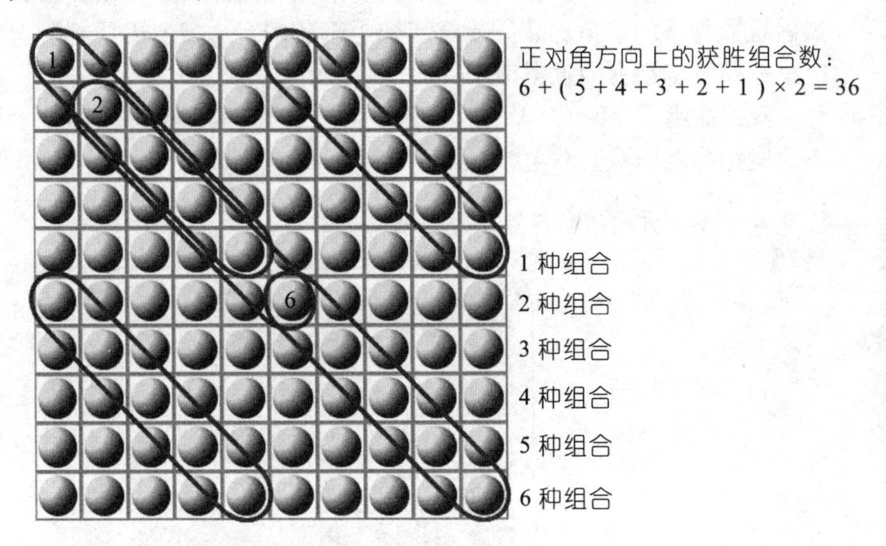

图 7-25　五子棋正对角方向上的获胜组合

- 反对角方向上的获胜组合（见图 7-26）。

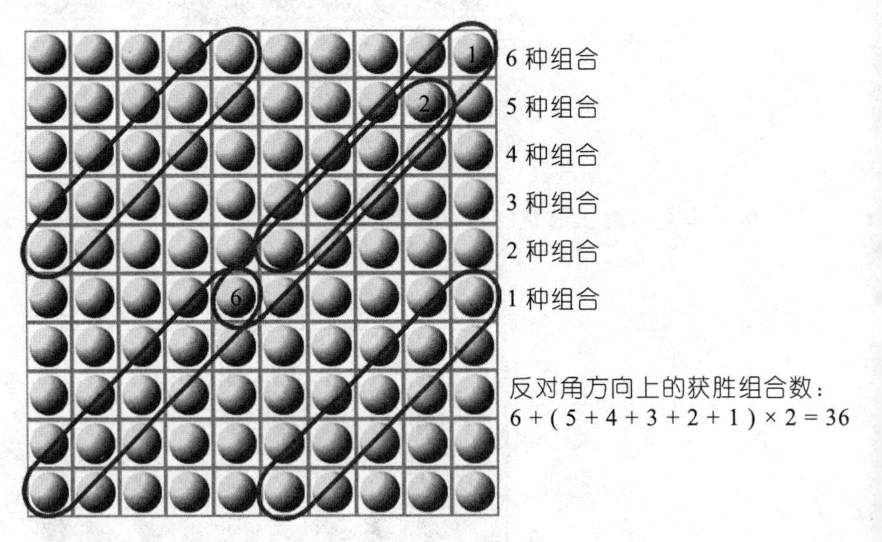

图 7-26　五子棋反对角方向上的获胜组合

把上面 4 个方向上的获胜组合累加，可以得出一个 10 × 10 的五子棋盘共有 192 种获胜的组合，接下来要说明程序中是如何以数组的形式来存储这些获胜组合，并创建一个获胜表作为计算机人工智能算法判定棋局胜负的参考。

7.4.2　获胜表的创建

首先我们来了解程序中对棋盘上棋格位置的表示方式。可以使用 10 × 10 的二维数组来记录所有棋格位置，每个棋格用数组的行列编号（数组元素的索引值）来表示，如图 7-27 所示。

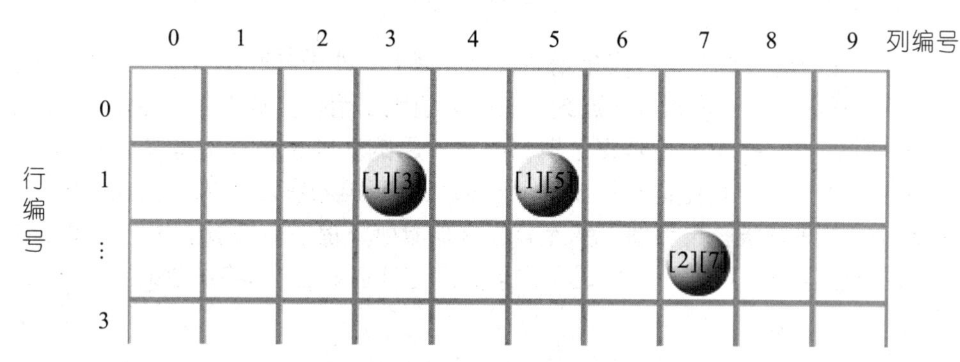

图 7-27　用数组表示五子棋的每个棋格

了解了棋格位置的表示方式后，接下来要了解获胜表。获胜表将被设计成一个三维的布尔数组，数组的前两个索引值（即行列编号）代表棋格位置，数组的第 3 个索引值是游戏中所有获胜组合的编号，以下是声明获胜表数组的程序代码：

```
bool ptab[10][10][192];     //玩家的获胜表
bool ctab[10][10][192];     //计算机的获胜表
```

由于在前面计算出 10×10 大小的棋盘共有 192 种获胜组合，因此上面获胜表数组的第 3 个索引值的范围是 0~191，其中每个索引值就代表着各个获胜组合的编号，数组元素所表示的意义就是某一棋格是否位于某个获胜组合之中。

如果某一棋格是位于某个获胜组合中时，就设置为 true。假设棋格[3][2]位于编号为 1、99、111 的获胜组合中，那么玩家的获胜表所列这些元素的值将会是 true：

```
ptab[3][2][1]        =  true;
ptab[3][2][99]       =  true;
ptab[3][2][111]      =  true;
```

此外在棋局进行时，上面这些获胜表元素为 true 的条件必须是棋格[3][2]为空或者是玩家的棋子，这样才表示玩家有可能在[3][2]这个位置上由编号为 1、99、111 的这些获胜组合中的一个。

反之，若棋格[3][2]被计算机（人工智能）的棋子占了，玩家就无法在[3][2]这个位置上落子，因此各个获胜表元素的值将会被设置为 false：

```
ptab[3][2][1]        =  false;
ptab[3][2][99]       =  false;
ptab[3][2][111]      =  false;
```

相反地，计算机获胜表中对应元素的值会是 true：

```
ctab[3][2][1]        = true;
ctab[3][2][99]       = true;
ctab[3][2][111]      = true;
```

总的来说，在棋局进行时，程序是用玩家与计算机共两份获胜表来记录双方所下的棋子是否能够在某些获胜组合上实现五子连线，其中的值也是用来计算出最佳落子位置的依据。

在棋局刚开始时，程序会按照每个棋格位置所属的获胜组合来设置获胜表的初始值，由于刚开始时棋盘上并没有任何棋子，因此玩家与计算机获胜表中的初值是一样的，之后随着棋局的进行，两者获胜表数组中的元素值就随着所下棋子位置以上述方式来设置。

此外，在程序中还将利用一个数组来记录玩家与计算机在192种获胜组合中各填入了几颗棋子：

```
int     win[2][192];
```

在这个win二维数组中，第1个索引值用于区分玩家或计算机，我们以0代表玩家，1代表计算机，至于第2个索引值是获胜组合编号，每个数组元素值用来记录玩家或计算机在各个获胜组合中填入了几颗棋子。

例如，当玩家在[3][2]这个位置上放置了一颗棋子之后，那就等于是玩家在包含[3][2]这个位置编号为 1、99、111 的获胜组合中填入了一颗棋子，因此在 win 数组中记录的玩家在这些获胜组合填入棋子总数的元素必须累加 1，执行的程序代码如下所示：

```
win[0][1]++;          //玩家在编号 1 的获胜组合中的棋子数目累加 1
win[0][99]++;         //玩家在编号 99 的获胜组合中的棋子数目累加 1
win[0][111]++;        //玩家在编号 111 的获胜组合中的棋子数目累加 1
```

win数组元素值在正常情况下为0~6，代表一方在各个获胜组合中填入了多少颗棋子，当元素值等于5或6时，就表示有一方已经完成了某一获胜组合的五子连线而赢得棋局。当某一方获胜组合中的位置被对方棋子占据了，那么就无法在包含被占据位置的获胜组合上完成五子连线，这种情况下对应的元素值会直接设置为7。

例如，当玩家在[3][2]这个位置上下了一颗棋子之后，除了必须将win数组里代表玩家获胜组合中包含位置[3][2]的元素值累加1外，还必须将代表计算机获胜组合中包含位置[3][2]的元素值设为7：

```
win[1][1] = 7;            //计算机已无法从编号 1 的获胜组合上赢得棋局
win[1][99] = 7;           //计算机已无法从编号 99 的获胜组合上赢得棋局
win[1][111] = 7;          //计算机已无法从编号 111 的获胜组合上赢得棋局
```

接下来我们将继续说明整个五子棋游戏中计算机决策人工智能的设计重点，也就是关于棋格获胜分数的计算方式及运用。

7.4.3　计算棋格获胜分数

在五子棋游戏中，计算机决策人工智能的设计思路是：在每次落子之前先计算所有空白棋格上的获胜分数，再根据获胜分数高低来决定哪一个空白棋格是最佳的落子位置。通常获胜分数越高的棋格就表示在这个棋格落子将会有较高的获胜概率。

至于获胜分数的计算规则，是将包含棋格所在位置的获胜组合中数目与当前盘面上这些获胜组合中已存在的棋子数的多寡来累加棋格的获胜分数。下面以几个例子来说明获胜分数的计算规则。

■ **在可连线获胜组合上拥有越多棋子的棋格，其分数越高**

就单个获胜组合而言，棋格的获胜分数是以可连线的获胜组合上已放置的棋子数来设置，例如在图 7-28 到图 7-30 中，假设当某一获胜组合中已放置 2、3、4 颗棋子时，其上空棋格的获胜分数分别为 20、50、1000：

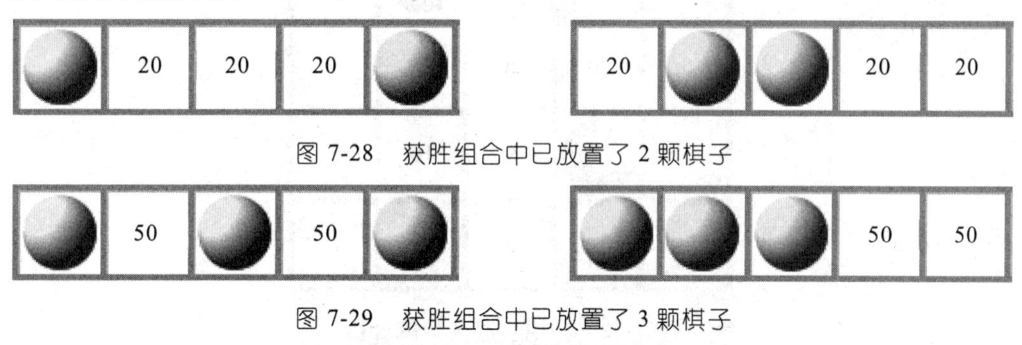

图 7-28　获胜组合中已放置了 2 颗棋子

图 7-29　获胜组合中已放置了 3 颗棋子

图 7-30　获胜组合中已放置了 4 颗棋子

从以上图中可知，当可连线获胜组合中已放置的棋子数越多，那么在这个获胜组合上的空棋格落子赢得棋局的机会就越大，尤其是当已放置了 4 颗棋子时，必须在第 5 个空棋格上设置高值的分数。

除了上面所介绍的棋格分数的基本设置方式外，还必须考虑当获胜组合上有部分的位置被对手棋格占据了，而无法让五子连线的情况。当发生这种情况时，获胜组合上空棋格的获胜分数可直接设置为 0。图 7-31 就是当获胜组合中已填入两颗棋子，未被对手占据棋格位置以及被对手占据棋格位置的两种情况。

图 7-31　未被对手占据棋格位置以及被对手占据棋格位置的两种情况

在图 7-31 所示的右图中，当获胜组合中有任一位置被对手棋子占据，那么所有空白棋格的获胜分数直接设置为 0（这是在单个获胜组合情况下）。事实上，由于棋盘上的每一棋格有可能会位于多种获胜组合之中，因此棋格上获胜总分会通过累加得出。

■ **按照棋格所在的位置，将可连线获胜组合的分数进行求和**

10 × 10 棋盘上共有 192 种的获胜组合，而棋格的获胜分数则是在所有单个获胜组合分数的求和，求和后的分数越高，就表示在分数越高的棋格上落子会有较高的获胜率。下面我们使用一个 5 × 5 大小的棋盘来简单解释这样的计算方式（见图 7-32）。

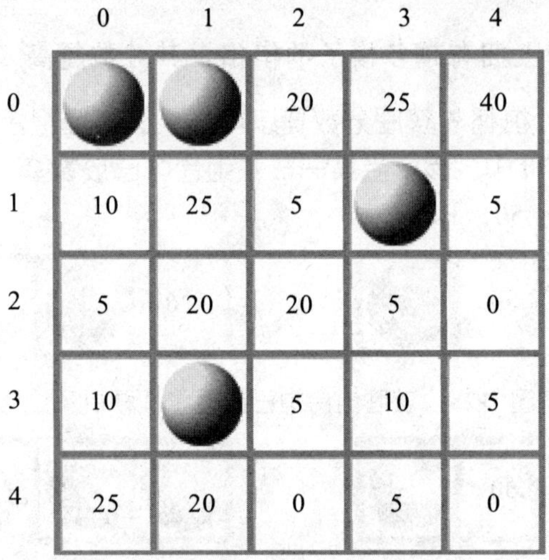

	0	1	2	3	4
0			20	25	40
1	10	25	5		5
2	5	20	20	5	0
3	10		5	10	5
4	25	20	0	5	0

图 7-32　棋格获胜分数的计算

图 7-32 中空白棋格中的数字就是棋格求和后的获胜分数，在此仅以每一获胜组合中最多两颗棋子为例来进行说明。当棋格落在已放置一颗棋子的获胜组合，分数则为 5，而落在已放置两颗棋子的获胜组合，分数则为 20。

就以盘面上所标识的最佳下棋子的位置[0][4]来说，由于它所在的水平方向与反对角方向上的获胜组合中都包含了两颗棋子，因此从单个获胜组合来看，该位置获胜分数都为 20，而分数累加的结果就是 40。

接着我们再考虑图 7-32 中[3][0]位置，它所在的水平方面与垂直方向的获胜组合中各包含了一颗棋子，而单个获胜组合中包含一颗棋子获胜，该位置获胜分数为 5，因此[3][0]这个位置上的获胜总分数为 10。

以此类推，我们可以推算出其他棋格上的获胜分数，而在游戏进行时的实际计算中，还必须去判断各个单个获胜组合中是否有某些棋格位置被对手的棋子占据而无法连线，并按照获胜组合中已填人的棋子数来增减获胜分数的比重，最后累加所有单个获胜组合上棋格的获胜分数，累加结果便是棋格真正的获胜分数。

【课后习题】

1. 请结合游戏人工智能的应用来说明有限状态机的概念。
2. 请阐述人工神经网络。
3. 游戏人工智能通常具有哪几种模式?
4. 什么是人工生命?
5. 请简单说明模糊逻辑的概念与应用。
6. 什么是遗传算法，试举例说明它在游戏中的应用。
7. 请简述机器学习（Machine Learning，ML）的发展与应用。
8. 请说明深度学习（Deep Learning，DL）的发展与应用。

第 8 章 游戏数学、游戏物理与数据结构

游戏设计可谓是集现代科学与计算机科学之大全，其中包括了数学、物理、二维与三维图形学等诸多知识，例如碰撞处理、反射与折射、二维转三维的坐标变换、近景与远景三维坐标变换等。计算机科学中的算法与数据结构知识同样应用于游戏的整个设计过程中。将真实世界中的自然现象于游戏中呈现，对于游戏设计来说是相当重要的一个课题。对于一款游戏来说，程序设计人员对数学和物理相关知识的熟悉度（见图 8-1），往往成为游戏开发和设计过程能否顺利与成功的关键所在。

图 8-1 游戏中的人物移动速度可以通过物理公式来计算

许多程序设计人员或许对程序设计语言的运用功力十足，但是对游戏中的数学和物理原理的理解稍显不足，所设计出来的游戏常有一些不自然的动作，这些缺失往往会成为游戏的硬伤。此外，对于许多动作、即时战略、网络对战或是第一人称射击等类型的游戏来说，为了在不大量占用系统内存（System Memory）的前提下维持游戏画面的高刷新率，借助好的算法与数据结构往往是提高程序性能的最佳途径之一。因此，作为一名优秀的游戏程序设计人员，要会使用较佳的算法来节省系统资源，优化重复执行次数高的程序部分，以便制作出更令人惊艳的游戏（见图 8-2）。

图 8-2 精致的 3D 模型与大型游戏场景

本章收集各种经常被应用于游戏制作中的数学、物理以及与数据结构相关的算法，用容易理解的方式讲述，让大家熟悉这些知识和算法，并能灵活运用它们。

8.1　游戏数学

在二维或三维系统中，经常会用到数学公式来计算物体的运动与移动，本节将重点介绍与距离相关的公式、三角函数、向量、矩阵以及其他可能用到的数学公式（见图 8-3）。

图 8-3　数学中度量衡的关系与游戏设计息息相关

8.1.1　三角函数

三角函数是一种用于计算角度与长度的函数，除了日常生活中的应用外，在游戏中也可以运用三角函数制作旗帜飘动的效果和互动的三维效果。另外，三角函数结合向量也经常被应用在游戏中，例如物体间的碰撞与反弹运动。在这些应用中，除了可以借助三角函数表示碰撞后物理的反弹力道，也可以精确计算出其碰撞或反弹后的移动角度。三角函数共定义了 6 种函数：正弦、余弦、正切、余切、正割、余割。以图 8-4 为例来介绍各种三角函数。

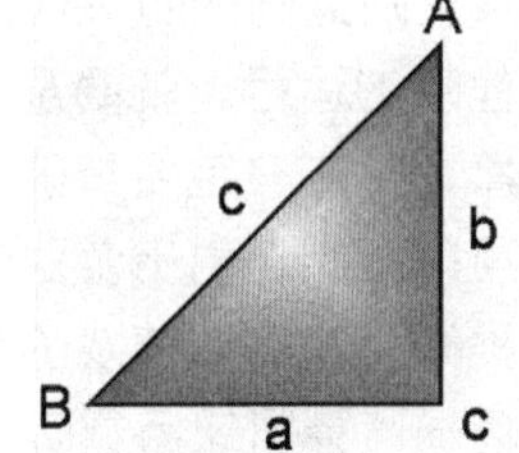

图 8-4　直角三角形，角 C 为直角

下面列出几个三角函数的常见公式：

（1）$\frac{1}{\sin\theta}=\csc\theta$，$\frac{1}{\cos\theta}=\sec\theta$

（2）$\frac{1}{\tan\theta}=\cot\theta$，$\frac{1}{\cot\theta}=\tan\theta$

（3）$\frac{1}{\sec\theta}=\cos\theta$，$\frac{1}{\csc\theta}=\sin\theta$

（4）$\tan\theta=\frac{\sin\theta}{\cos\theta}$，$\cot\theta=\frac{\cos\theta}{\sin\theta}$

（5）$\sin^2\theta+\cos^2\theta=\frac{a^2}{c^2}+\frac{b^2}{c^2}=\frac{a^2+b^2}{c^2}=\frac{c^2}{c^2}=1$

（6）$1+\tan^2\theta=1+\frac{b^2}{a^2}=\frac{a^2+b^2}{a^2}=\frac{c^2}{a^2}=\left(\frac{c}{a}\right)^2=\sec^2\theta$

（7）$1+\cot^2\theta = 1+\dfrac{a^2}{b^2} = \dfrac{b^2+a^2}{b^2} = \dfrac{c^2}{b^2} = \left(\dfrac{c}{b}\right)^2 = \csc^2\theta$

8.1.2 两点间距离的计算

在二维系统中，定义如图 8-5 所示的两棵树，这两棵树的坐标分别为(x_1, y_1)与(x_2, y_2)，两棵树之间距离的计算方法为：x 轴坐标差的平方与 y 轴坐标差的平方之和的平方根。计算公式如下：

$$x = x_2 - x_1$$
$$y = y_2 - y_1$$

两点距离 $=\sqrt{x^2+y^2} = \sqrt{(x_2-x_2)^2+(y_2-y_1)^2}$

图 8-5　测量两棵树之间的距离

通常求两点间的距离会使用到平方根的计算，这样会耗费计算机极大的运算资源，为了加速程序的运行，就要避免平方根运算。例如，球体间碰撞的测试，由于只要判断是否发生碰撞，并不一定要精确计算出碰撞的范围大小，因此可以省略平方根的计算。两点间距离也可以应用在射击游戏中，借助对射程距离远近的判断，来决定子弹呈现的外观。另外，在类似高尔夫球游戏的制作过程中，也常会使用到距离的运算，借助两点间距离的计算可以精确计算出球与洞口的距离。

同理，在三维系统中定义两个点 A 和 B，坐标分别为（x_1, y_1, z_1）与（x_2, y_2, z_2）。两点之间距离的计算方法为：x 轴坐标差的平方与 y 轴坐标差的平方与 z 轴坐标差的平方之和的平方根。计算公式如下：

$x = x_2 - x_1$
$y = y_2 - y_1$
$z = z_2 - z_1$
两点距离 $= \sqrt{x^2+y^2+z^2} = \sqrt{(x_2-x_1)^2+(y_2-y_1)^2+(z_2-z_1)^2}$

8.1.3　向量

几何向量在专业游戏开发领域的应用非常广泛，因此几何向量是程序设计必备的知识之一。对于程序设计人员而言，游戏场景中的任何物体都必须在计算机的坐标系中显示。例如，角色或物体的移动轨迹，可能都属于一种直线运动或曲线运动，而要描述这种运动必须要借助向量来实现。另外，从其他游戏中的人工智能或物理行为也可以看到向量应用的痕迹。

例如，撞球类游戏在描述其行进的路径及碰到墙壁后该往哪一个方向反弹，都必须使用向量来描述。从几何（Geometry）的概念来看，向量是有方向的线段。在三维空间中，向量以（a, b, c）表示，其中 a、b、c 分别表示向量在 x、y、z 轴的分量（见图 8-6）。

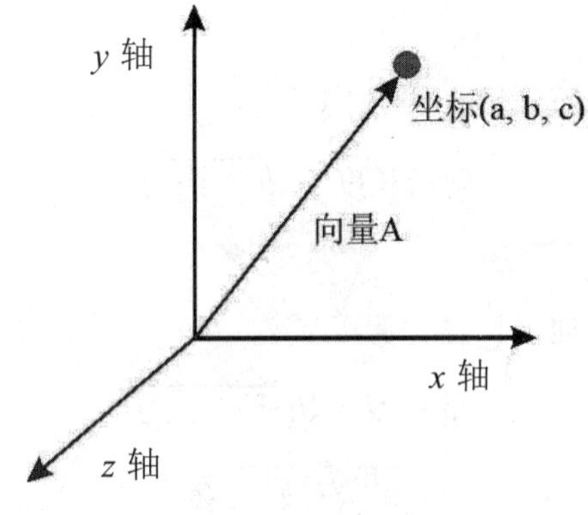

图 8-6　几何坐标系

在图 8-6 中，向量 A 由原点出发，指向三维空间中的一个点（a, b, c），它同时包含了大小和方向两种属性。在计算向量时，为了降低计算上的复杂度，通常会以单位向量（Unit Vector）来进行计算。

由于向量具备方向和大小两种属性，所以使用向量表示法就可以指明变量的大小与方向。尤其在游戏开发中模拟球体与墙壁碰撞或物体间的碰撞时，如果使用向量则可以简化许多不必要的复杂运算。例如，在游戏中要表现某一角色或物体行进的方向及速度，只要使用向量表示法就可以同时表示其 x 轴方向与 y 轴方向的速度。

8.1.4　法向量

在三维空间中，任意两个向量都可以构成一个平面，而与该平面垂直的向量称为法向量（Normal Vector 或 Normal）。法向量的用途很多，除了可以用作背面剔除（Back-face Culling）的依据外，还可以进行 LOD（Levels Of Detail，多层次细节）运算、卡通渲染（Cartoon Rendering）以及用于物理引擎的制作。LOD 运算指的是调整模型的精细程度，也就是用多少个三角面来构成物体。好的 LOD 算法可以让模型在使用较少三角面的情况下，仍非常接近原始的模型。除此之外，在绘制三维画面时，也需要用到法向量来决定光源与模型面的关系。另外，还有就是关于点的法向量的取得，可以通过对所有包含了这个点的平面法向量总和求平均值，为的是产生较佳的着色效果。

8.1.5 向量内积

向量内积（也称为点乘）是力学与三维图形学中的知识。在三维图形学中，内积用于计算两个向量之间角度的余弦，如图 8-7 所示。

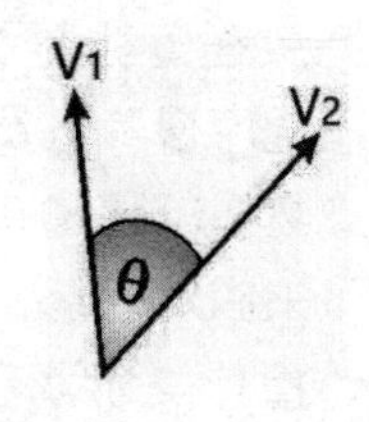

图 8-7 两个向量之间角度的余弦

在求向量内积之前，我们首先应该了解如何计算向量的长度（已知向量的大小）。这个问题的关键在于如何计算两点之间的距离，下面将它分成二维和三维两种系统来求向量的长度。

二维系统

定义向量 V（x, y），则其长度计算公式为：

$$向量长度=\sqrt{(x^2+y^2)}$$

三维系统

定义向量 V（x, y, z），则其长度计算公式为：

$$向量长度=\sqrt{(x^2+y^2+z^2)}$$

计算出向量的长度之后，接下来便可以开始计算两个向量之间的内积。

二维系统

先定义二维系统中的向量 $A(x_1, y_1)$和向量 $B(x_2, y_2)$，其内积计算公式如下：

$$A \cdot B=(x_1,y_1)\times(x_2,y_2)=(x_1x_2+y_1y_2)$$

三维系统先定义三维系统中的空间向量 $A(x_1, y_1, z_1)$和向量 $B(x_2, y_2, z_2)$，其内积计算公式如下：

$$A \cdot B=(x_1,y_1,z_1)\times(x_2,y_2,z_2)=(x_1x_2+y_1y_2+z_1z_2)$$

从以上计算公式可以看出，向量内积运算的结果是一个标量（即一个数值）而不是向量，因而不具有方向性。另外，内积值可以用来计算两个向量之间夹角的余弦，其计算公式如下：

$$\cos(\theta)=(v_1 \cdot v_2)/(v_1向量长度 \cdot v_2向量长度)$$

在编写三维游戏时，通常不需要求得 θ 值，一般只用到 $\cos(\theta)$值。通过内积的计算，我们只用加法与乘法就能得到两个单位向量之间夹角的余弦值。例如，判断一个多边形是否面向摄像机时，必须要取得多边形中两个重要的向量，一个是该多边形的法线向量，另一个是从摄像机到该多边形的顶点向量。如果这两个向量的内积小于 0，就表示此多边形正对摄像机，也就是说玩家面对的是该多边形的正面；如果内积值大于 0，就表示该多边形是背对摄像机，玩家看到的是多边形的背面。

向量内积也可以应用于计算光线的照射量，例如有一光源照射到某个平面，如果平面的法向量与代表光源的向量的内积值为 0，即 $\cos(\theta) = 0$，$\theta = 90°$，表示光源的向量方向与平面的法向量垂直，也就是表示光源与平面平行，因此该平面受光量为 0。当平面的法向量与代表光源的向量的内积的绝对值越大，则该平面受光量越大。

8.1.6　向量外积

介绍完向量内积之后，接下来熟悉一下用于三维系统中的“外积”（Cross Product，也称为叉乘）。

在图 8-8 中，把 v_1 和 v_2 作为输入向量，把 U 作为输出向量，输出向量 U 的方向垂直于输入向量 v_1 与 v_2 构成的平面，输出向量的长度等于输入向量 v_1 和 v_2 的长度和它们之间夹角正弦值的乘积。空间向量 $u(u_1, u_2, u_3)$与 $v(v_1, v_2, v_3)$的向量外积的计算公式如下：

$$u \times v = \left((u_2v_3 - u_3v_2),\ -(u_1v_3 - u_3v_1),\ (u_1v_2 - u_2v_1) \right)$$

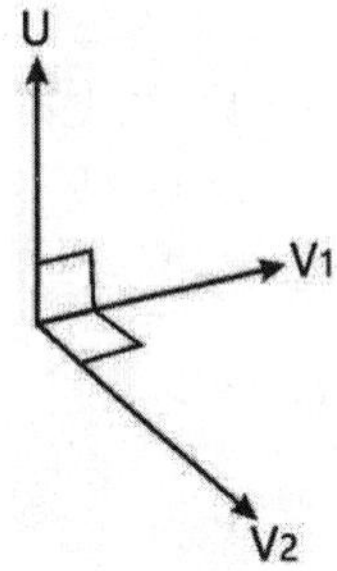

图 8-8　三维系统的坐标系

在三维图形学中，我们经常需要计算一个多边形的法向量。在三维空间中，从一个点出发的两条线段，只要不在同一条直线上，就可以确定唯一的一个平面，对于多边形来说，同一个顶点的两条边就可以确定该多边形的平面，如图 8-9 所示。

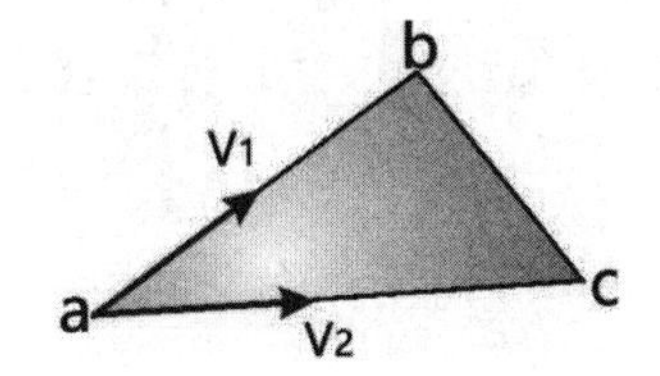

图 8-9　从同一点出发的两条线段只要不共线就可以确定唯一的一个平面

在图形学中也可以看到外积的应用，例如凸面体隐藏面的判断，可以利用向量外积求出一个平面的法向量。假设位于 z 轴的正方向往负方向看过去，若平面法向量的 z 分量为正，则平面朝向自己，为可视平面；若 z 分量为负，则平面朝向另一面，我们就看不到这个平面。

8.2　游戏中的物理原理

在各种各样的电子游戏中都可以看到物理的运用，例如赛车游戏速度与加速度的运算、车子相互之间追撞以及赛车跑道中离心力的计算等。又如球类游戏中球体的反弹角度行进方向及反弹力道，或者棒球游戏中挥棒的角度及球体在空中飞行时重力、风力等物理因素对球的飞行距离及飞行方向的影响。在表现这些游戏的效果时，如果没有配合真实世界中的物理原理，可能会造成游戏中不自然的表现，自然会降低游戏的逼真性。本节中将介绍物理学在游戏上的各种应用。

8.2.1 匀速运动

所谓“速度”，就是指单位时间内物体移动的距离。物体会移动，那么这个物体一定具有“速度”，速度是物体在各个方向上“速度分量”的合成。例如描述一个人跑步每小时 10 公里，我们就称该人的跑步速度为时速 10 公里。在游戏中表现速度时，只要在物体坐标位置上加上一个速度常量，这个物体就会在游戏中匀速朝指定方向移动。

以一个在二维平面上移动的物体为例，假设它的移动速度为 V，x 轴方向上的速度分量为 Vx，y 轴方向上的速度分量为 Vy，那么 V 与 Vx、Vy 之间的关系如图 8-10 所示。

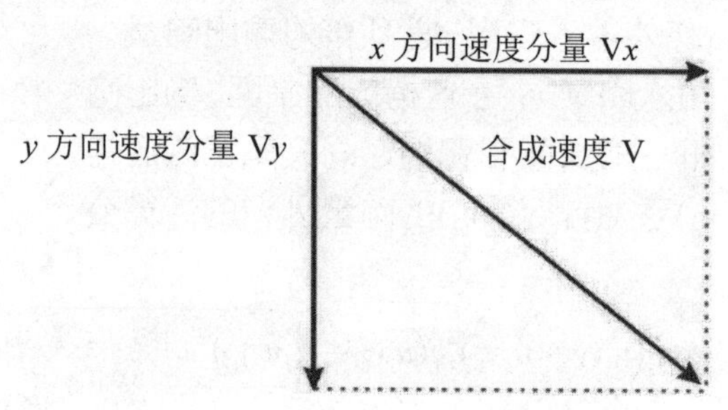

图 8-10　坐标轴上的合成速度 V

匀速运动是指物体在每个时刻的速度都相同，即 Vx 与 Vy 都保持不变。二维平面上的物体如果做匀速运动，我们就可以利用物体速度分量 Vx 与 Vy 来计算下次物体出现的位置，这样在每次画面更新时就会产生物体移动的效果，计算公式如下：

下次 x 轴位置 ＝ 现在 x 轴位置 ＋x 轴上速度分量
下次 y 轴位置 ＝ 现在 y 轴位置 ＋y 轴上速度分量

图 8-11 所示为笔者设计的小球匀速运动的程序执行结果。

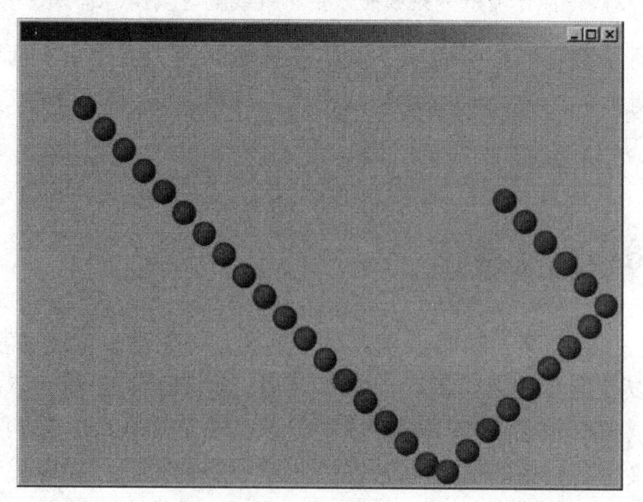

图 8-11　小球在做匀速运动

8.2.2　加速运动

从物理学的角度来说，凡是物体移动时的速度或方向会随着时间而改变，那么该物体的运动就是属于加速运动。加速度是指单位时间内速度改变的速率，平均加速度为单位时间内物体速度的变化量，单位 m/s^2（米每平方秒）。例如，当我们踩下车子的刹车时，速度会递减，直到车子减速到静止状态。加速运动不同于匀速运动，因为物体运动速度是变量，当物体移动的速度越来越快或是越来越慢时，我们要用加速度这个变量来确定与计算物体的运动速度（见图 8-12）。

图 8-12　高铁行驶与进出站时的运动都与加速度有关

加速度通常被应用在设计二维游戏中的物体移动，物体移动速度或者方向的改变是受加速度的影响。加速度与速度的关系如下：

$$V = V_0 + A \times t$$

在上面的公式中，A 表示每一时间间隔加速度的量，t 表示物体运动从开始到要计算的时间点为止所经过的时间间隔，V_0 为物体原来所具有的速度，而 V 是由以上公式所计算出的某一时间点物体的运动速度。

作用于物体上的加速度，同样是各个方向上“加速度分量”的合成，加速度作用于物体上时会影响物体原有的移动速度。而在二维平面上运动的物体，根据上面的公式，考虑 x、y 轴上加速度分量对于速度分量的改变，那么其下一时刻（前一时刻与下一时刻的时间间隔 t=1）x、y 轴上的速度分量 V_{x1} 与 V_{y1} 的计算公式如下：

$$V_{x1} = V_{x0} + A_x$$
$$V_{y1} = V_{y0} + A_y$$

其中，V_{x0} 与 V_{y0} 为物体前一时刻在 x 轴、y 轴的速度分量，A_x 与 A_y 分别为物体在 x 轴、y 轴方向上的加速度。在求出物体下一时刻的移动速度后，便可依此推算出加入加速度后，物体下一时刻所在的位置：

$$S_{x1} = S_{x0} + V_{x1}$$
$$S_{y1} = S_{y0} + V_{y1}$$

其中，S_{x0} 与 S_{y0} 分别表示物体前一时刻在 x、y 轴的坐标位置，V_{x1} 与 V_{y1} 是加入加速度后下一时刻物体的移动速度，由此求出的 S_{x1} 与 S_{y1} 便是下一时刻物体的位置。

8.2.3 动量

物理学不只是物质科学的一部分，它可以说是所有科学的基础。在游戏程序设计的过程中，如果不了解物理的规则，所展现的游戏行为可能会和真实世界的现象产生落差。例如，物理学中的能量守恒定律在物理力学与游戏实战开发中就扮演了相当重要的角色。

在电子游戏中，经常需要模仿汽车、导弹、飞行器或其他现实生活中的物体。这些物体在现实生活中是由各种材料制造而成的，它们具有一定的质量（物理中的概念，质量并不能代表重量），物体的质量与受力后的加速度有关。为了在游戏中体现物体运动的真实感，这些物体就应该具有某种虚拟的质量。

另外，当这些物体运动的时候，具有一定的动量。动量是物体运动时的量能，其值等于物体的质量乘以物体的运动速度，公式如下：

动量＝质量 × 速度

当某个物体以一定的速度运动时，要想把它停下来就必须花费很大力气。例如，想让一列以每小时 2 千米速度前进的火车停下来要比让每小时 1000 千米速度飞行的子弹停下来困难许多，因为一列火车的质量远远大于一颗子弹的质量。

在游戏中，我们可以随心所欲地给物体赋予质量，但如果想建立一个真实度很高的游戏，就应该参考现实生活的原型来设置这些物体的质量，只有这样游戏中物体的运动才有真实感。在物理学中，与动量相关的定律是“动量守恒定律”。这个守恒反映的是两点规律：一是牛顿定律中的作用力与反作用力的关系；二是时间的一致性。由于力的作用是相互的，作用力与反作用力大小相等、方向相反，又因为作用的时间是相同的，因此施力方所损失的动量也必然与受力方所获得的动量相同，故而碰撞前后系统的总动量是不变的，即守恒。

在游戏中，动量守恒定律主要影响的是两物体碰撞后的运动方式。当一个物体碰撞另一个物体时，使用如下动量守恒公式：

$$M_1 \times V_1 = M_2 \times V_2$$

其中，M_1 是第一个物体的质量，M_2 是第二个物体的质量，V_1 与 V_2 是它们各自的相对速度。

在了解动量守恒定律后，在进行游戏设计时，我们虽然不能精确遵循这条定律，却可以使游戏的碰撞结果尽可能接近真实。

8.2.4 重力

在地球上存在着一股很大的力量，这股力量可使我们不会从地球上飘流到太空中，而是稳稳当当地站在地表上，这个力量称为“重力”。公元 1590 年，科学家伽利略提出在地球上所有的物体都受到重力的影响，并指出不同密度的物体从高空自由落下，在理想状况下（如果可以忽略空气阻力），相同时间内物体所落下的距离是一样的（虽然这个过程是加速度运动）。重力加速度由重力对物体施力而产生，当物体下落时，下落速度会越来越快。在游戏的虚拟世界里，为了拥有现实的真实感，就要给这个虚拟世界里的所有物体添加重力的影响。

重力是一个向下的力量，地球上的物体无论往什么方向运动，物体所受到的重力都指向地心，在垂直方向（y 轴方向），加速度的值大约为 9.8m/s^2（米每平方秒）。例如，将球由 A 地抛向 B 地的时候，因为球的运动方向与重力方向不在一条直线上，所以球的运动轨迹会形成一条抛物线，如图 8-13 所示。

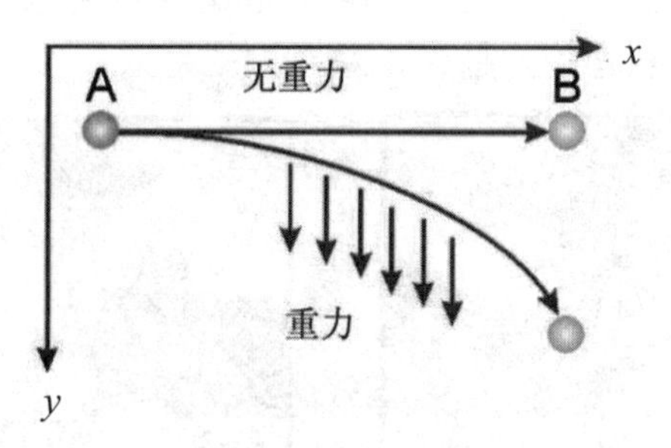

图 8-13　球的运动方向和重力不在一条直线上时，球的运动轨迹就会形成一条抛物线

既然重力会产生重力加速度，当物体从高处落下时，那么它的运动速度与坐标位置的计算就采用前面小节中介绍的物体加速度运动的计算公式。由于重力对物体运动的影响仅在垂直方面（*y* 轴方向）的速度分量，因此不会影响物体在 *x* 轴方向上的速度分量。

图 8-14 是笔者设计的小球下坠与弹跳的程序执行结果。

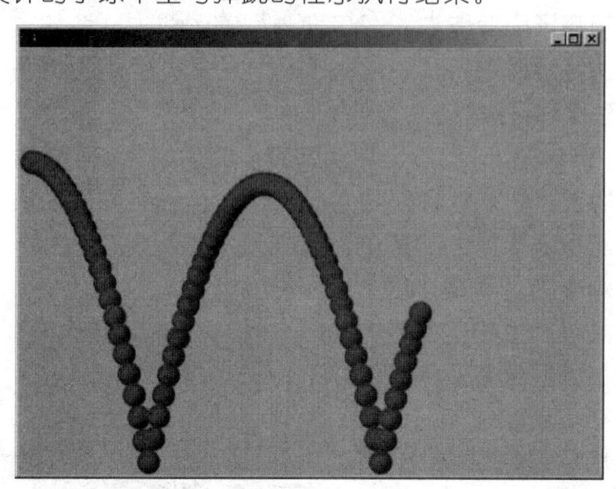

图 8-14　用程序模拟小球下坠与弹跳的运动过程

从这个画面可以看出，小球受到重力影响从高处向下坠，与地面撞击后反弹至原先的高度，这是理想情况下遵循物理中能量守恒定律的结果。但是，在现实生活中，物体下坠会受到各种外力的影响，如空气阻力、摩擦力等，使得物体在下坠或者弹跳的过程中渐渐失去了自身的能量，最后变成静止状态。

8.2.5 摩擦力

两物体之间的接触面，常有一种阻止物体运动的作用力，这种力被称为摩擦力（见图 8-15）。摩擦力是一种作用于运动物体上的负向力，摩擦力作用于运动物体上，会产生一个与物体运动方向相反的加速度，使得物体的运动越来越慢直至静止不动。例如摩擦力会使得滚动的球体越来越慢，直至静止不动。又如开车时遇到红灯踩刹车，车会减速直至完全停止。影响摩擦力的因素包括接触面的性质，也就是接触面粗糙则摩擦力大，接触面光滑则摩擦力小，如粗糙地面的摩擦力比光滑地面的摩擦力大。另一个影响因素是垂直作用于接触面的力，作用于接触面的力越大，摩擦力就越大。

图 8-15　滑冰或滑旱冰都会受到地面摩擦力的影响

对于程序设计人员而言，充分了解摩擦力的计算绝对有助于赛车类型游戏的制作。一般在赛车游戏中会有各种游戏机制，就以单一赛事来说，某些路段会以变化赛车路面性质来测试赛车手对场地的临场应变能力。在这种类型的游戏中，往往为了呈现逼真的效果、展现各种不同路况的速度及行进方式，就必须将各种不同的路面材质列人程序中，并使用算法来实现相应的赛车程序逻辑。

在 8.2.4 小节的例子中，小球的下坠与反弹并没有考虑摩擦力的影响，如果要让小球的运动符合真实世界的情况，那么就必须加入小球运动过程中受到摩擦力影响的效果。下面将在小球与地面接触时考虑摩擦力的影响，加入使小球运动速度减慢的负向加速度，并忽略小球与空气摩擦所产生的空气阻力。图 8-16 为小球落地接触地面时其运动方向及作用于球上摩擦力的示意图。

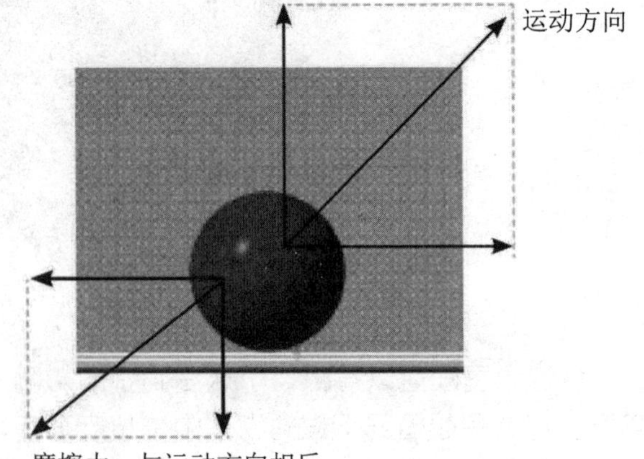

图 8-16　小球接触地面时受到的摩擦力

从图 8-16 可以看出，小球弹向右上方，摩擦力的作用方向是左下方，而此摩擦力产生的是水平与垂直方向上的反向加速度，会使小球在弹跳的过程中在 x、y 轴方向上的移动速度逐渐减慢，直到最后小球静止不动。摩擦力后程序的执行结果如图 8-17 所示。

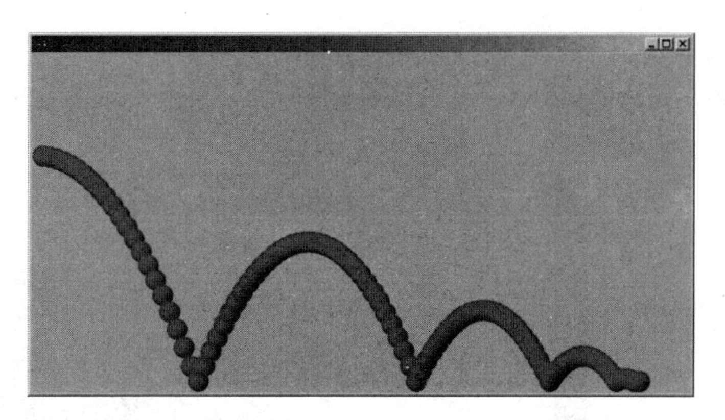

图 8-17 受摩擦力影响的小球的运动轨迹

8.2.6 反射

在现实生活中，当一个物体碰撞到另外一个物体时会做出相应的反射运动，例如球碰撞到墙壁的时候，球的运动方向会因为墙壁而改变，如图 8-18 所示。

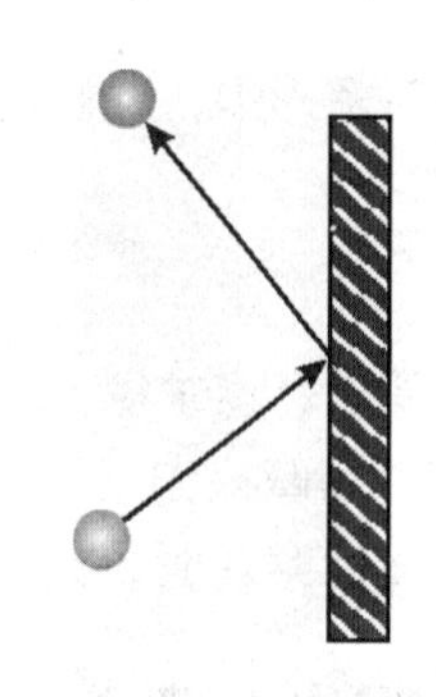

图 8-18 小球碰撞墙壁后运动方向改变了

这种反射运动有一定的规律可循，在这里笔者要深入讨论这种物理现象。游戏中我们经常会看到这种物理反射运动，例如撞球游戏，当用户将母球推向桌边的时候，母球在碰撞到桌边后会做出一定的反弹运动。

事实上，当物体碰撞到墙壁的时候，会做出一种特定的反射运动，我们可以先在物体运动方向与墙壁的交点上画出一条垂直于墙壁的法线，如图 8-19 所示。

然后将物体的运动方向反射到这条法线的另一侧，如图 8-20 所示。

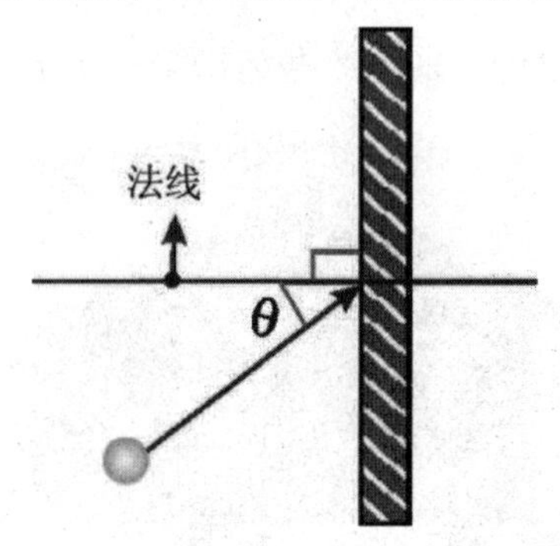

图 8-19 垂直于墙壁的法线

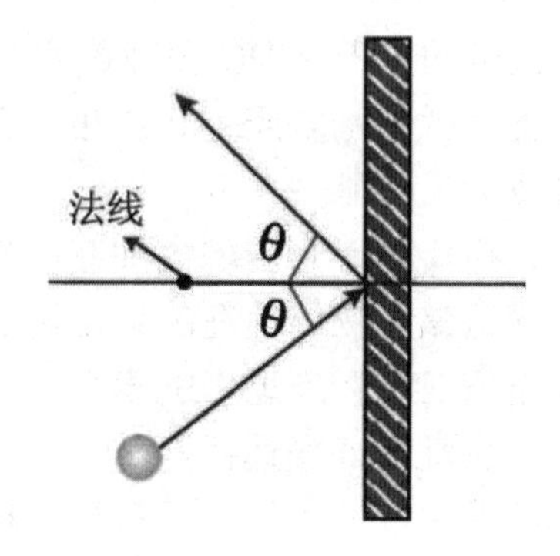

图 8-20 物体沿法线的另一侧反射运动

不难发现，如果要计算物体碰撞到墙壁后的运动方向，只要得到这条法线与物体运动方向的夹角，就可以求出反射后的运动方向了。现在考虑一下如何计算夹角 θ。如图 8-21 所示，小球从 A(x_1, y_1)点开始运动，向墙壁撞击。

虽然我们知道了 A 点的坐标值(x_1, y_1)，但是这个坐标值似乎对物体运动的作用不大。我们要求的是 θ 值，它才是对物体运动过程有用的数值。在图 8-21 的下半部分添加线段将其看成一个三角形（见图 8-22）。

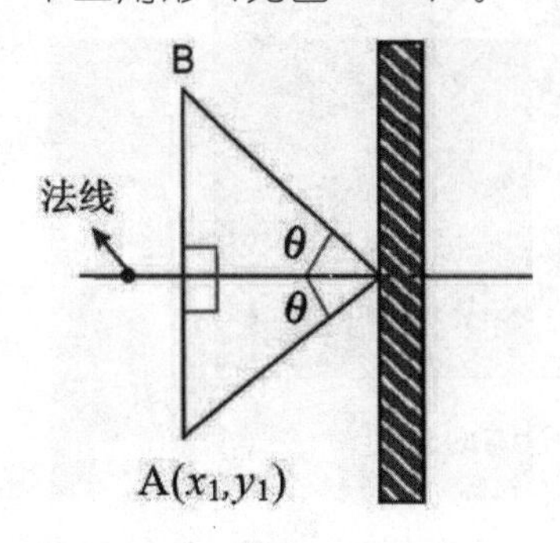

图 8-21　计算 θ 的角度

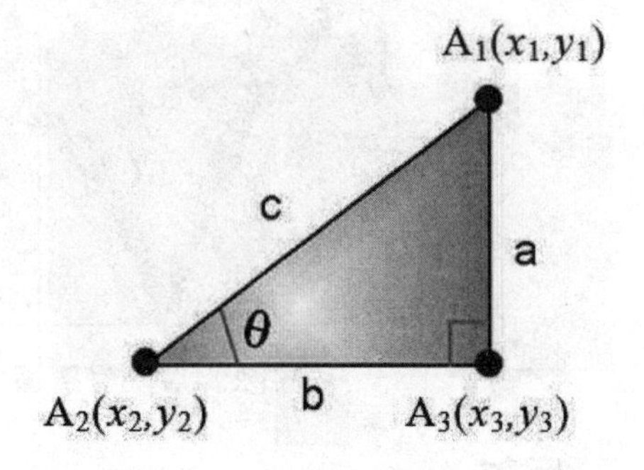

图 8-22　已知三点坐标求 θ 值

在这个三角形中，我们根据三角函数的定义可以得出：

$$\tan\theta = \frac{a}{b} = (y_1 - y_2)/(x_3 - x_2)$$

这样就可以轻易求得 $\tan\theta$ 的值了。在反射运动过程中，为了求得真实感，还可以进一步考虑加速度与摩擦力（与作用力方向相反的力）。因为之前已经讲过了，这里就不再加以介绍。在设计游戏时，请用户自行加入这些物理常量。

8.3　游戏中的数据结构

数据结构理论主要包含两部分内容：算法（Algorithm）和数据存储结构，其中算法包括排序、查找等，而数据存储结构包含堆栈（Stack）、队列（Queue）、表格（Table）、链表（Linked List）、树（Tree）等。如果从设计的角度来看，现在的游戏越来越复杂，因此设计出来的程序和其中的游戏数据变得越来越难以管理。采用数据结构中模块化的设计，增加游戏程序代码的复用性，减少了游戏设计和开发的工作量。

例如，在年轻人喜爱的大型在线游戏中，需要获取某些物体所在的地形信息，如果程序是依次从构成地形的模型三角面寻找，往往会耗费许多运行时间，非常低效。因此，程序设计人员一般会使用树形结构中的二叉空间分割树（BSP tree）、四叉树（Quadtree）、八叉树（Octree）等来分割场景的数据，如图 8-23 所示。

图 8-23　网络游戏中场景可借助树形结构来分割

8.3.1　数组

“数组”结构在计算机内部就是一排紧密相邻的可数内存空间，并提供一个能够直接访问单个数据内容的计算方法。我们可以想象一下自家的信箱，每个信箱都有地址，其中街道名就是名称，而信箱号码就是数组的下标（也称为“索引”），如图 8-24 所示。

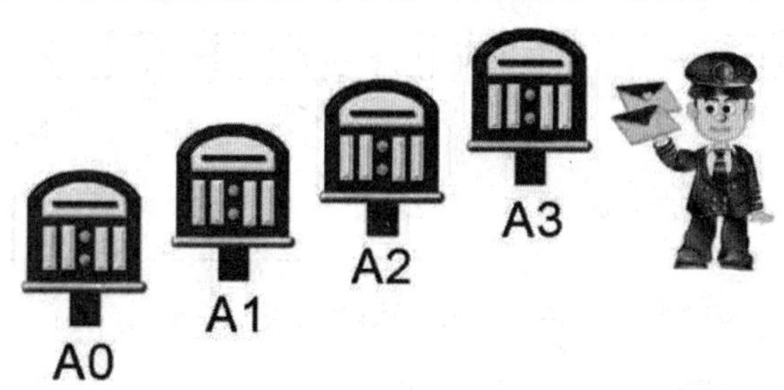

图 8-24　数组结构与邮递信箱系统类似

邮递员可以按照信件上的地址把信件直接投递到指定的信箱中，这就好比程序设计语言中数组的名称表示一块紧密相邻的内存空间的起始位置，而数组的下标（或索引）用来表示从此内存起始位置开始后的第几个内存区块。通常数组的使用可以分为一维数组、二维数组与多维数组等，其基本的工作原理都相同。

8.3.2　链表

链表（Linked List）是由许多相同数据类型的数据项按特定顺序排列而成的线性表。可以把链表想象成火车，有多少人就挂多少节车厢，当假日人多、需要较多车厢时就多挂些车厢，平日里人少时就把车厢的数量减少，这种做法非常有弹性，如图 8-25 所示。链表也是一样的，有多少数据就用多少内存空间，有新数据加入就向系统申请一块内存空间，数据删除后，就把这块内存空间归还给系统。

图 8-25　单向链表类似于火车及其挂接的车厢

单向链表（Single Linked List）是最常使用的链表之一，它就像火车的车厢一样，链表的所有节点串成一列。一个单向链表节点基本上是由数据字段和指针两个元素所组成的，指针将会指向下一个元素在内存中的地址，如图 8-26 所示。

1	数据字段
2	指针

图 8-26　单向链表的节点示意图

在单向链表中第一个节点是“链表头指针”，指向最后一个节点的指针设为 NULL，表示“链表尾”，不指向任何地方。例如，列表 A={a, b, c, d, x}，其单向链表的数据结构如图 8-27 所示。

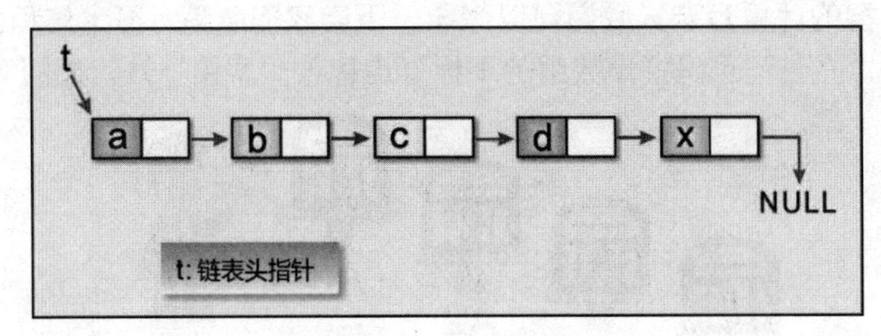

图 8-27　单向链表示意图

表 8-1 是使用链表处理游戏人物的战斗力设计。

表8-1　使用链表处理游戏人物的战斗力设计

代号	角色名称	战斗力指数
01	巴冷公主	85
02	百步蛇王	95
03	鬼族战士	58
04	智长老	72
05	骷髅怪	69

首先必须声明节点数据类型，让每一个节点包含一组数据，并且指向下一组数据，使所有数据能串在一起而形成一个单向链表，如图 8-28 所示。

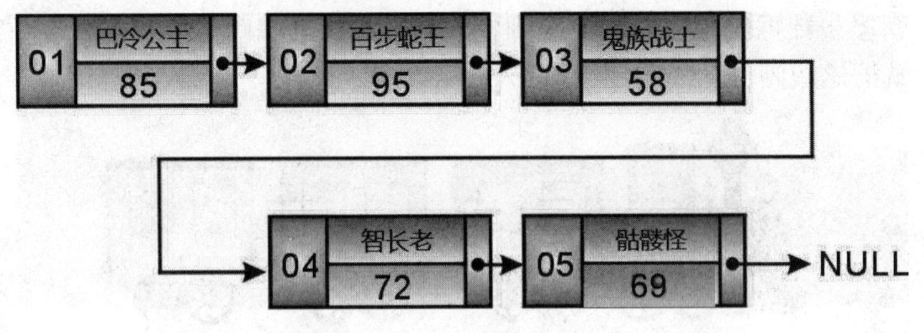

图 8-28　所有数据串在一起形成一个单向链表

8.3.3　堆栈

堆栈（Stack）是一组相同数据类型的组合，所有的操作均在堆栈顶端进行，具有“后进先出”的特性。所谓后进先出，其实就如同自助餐中餐盘在桌面上一个一个往上叠放，在取用时先拿最上面的餐盘，这是典型的堆栈概念的应用，如图 8-29 所示。

图 8-29 自助餐中餐盘存取就是一种堆栈的应用

堆栈是一种抽象数据结构（Abstract Data Type，ADT），具有下列特性：

（1）只能从堆栈的顶端存取数据。
（2）数据的存取符合“后进先出”的原则。

堆栈压入和弹出的操作过程如图 8-30 所示。

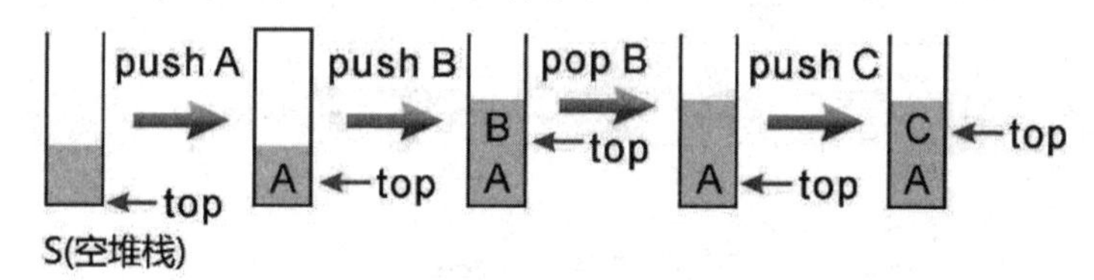

图 8-30 堆栈压入和弹出操作的过程

堆栈的基本运算如表 8-2 所示。

表8-2 堆栈的基本运算

运算	说明
create	创建一个空堆栈
push	把数据存压入堆栈顶端，并返回新堆栈
pop	从堆栈顶端弹出数据，并返回新堆栈
empty	判断堆栈是否为空堆栈，是则返回 true，否则返回 false
full	判断堆栈是否已满，是则返回 true，否则返回 false

8.3.4 队列

队列（Queue）和堆栈都是有序列表，也属于抽象型数据类型（ADT），所有加入与删除的动作都发生在不同的两端，并且符合“First In First Out”（先进先出）的特性。队列的概念就好比乘坐火车时买票的队伍，先到的人自然可以优先买票，买完票后就从前端离去准备乘坐火车，而队伍的后端又陆续有新的乘客加入，如图 8-31 所示。

图 8-31　高铁买票的队伍就是队列原理的应用

队列在计算机领域的应用也相当广泛，如计算机的模拟（Simulation）、CPU 的作业调度（Job Scheduling）、外围设备联机并发处理系统（Spooling）的应用与图遍历的广度优先搜索法（BFS）。堆栈只需一个顶端 top，指针指向堆栈顶端；而队列必须使用 front 和 rear 两个指针分别指向队列前端和队列末尾，如图 8-32 所示。

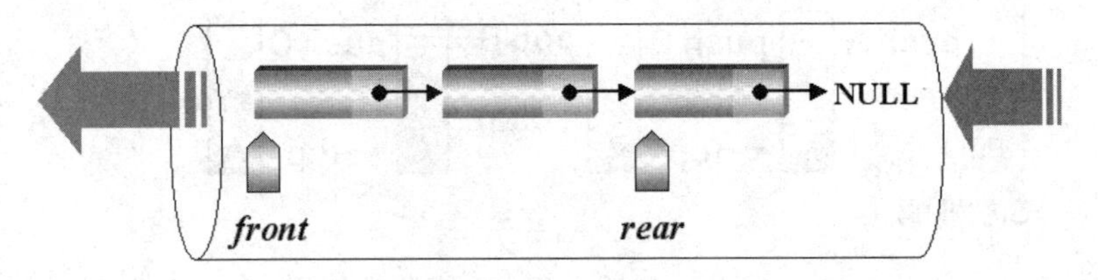

图 8-32　队列结构示意图

队列是一种抽象数据结构，有下列特性：

（1）具有先进先出的特性。

（2）拥有加入与删除两种基本操作，使用 front 与 rear 两个指针分别指向队列的前端与末尾。

队列的基本运算有表 8-3 所示的 5 种。

表8-3　队列的基本运算

运算	说明
create	创建空队列
add	将新数据加入队列的末尾，返回新队列
delete	删除队列前端的数据，返回新队列
front	返回队列前端的值
empty	若队列为空，则返回 true，否则返回 false

8.4　树形结构

树形结构（或称为树结构）是一种日常生活中应用相当广泛的非线性结构，包括企业内的组织结构、家族的族谱、篮球赛程等。另外，在计算机领域中的操作系统与数据库管理系统都是树结构的应用。

8.4.1　树与二叉树

树（Tree）是由一个或一个以上的节点（Node）组成的。树中存在一个特殊的节点，称为树根（Root）。每个节点都是一些数据和指针组合而成的记录。除了树根，其余节点可分为 n≥0 个互斥的集合，即 $T_1, T_2, T_3, \ldots, T_n$，其中每一个子集合本身也是一种树结构，即此根节点的子树。在图 8-33 中，A 为根节点，B、C、D、E 均为 A 的子节点。

一棵合法的树，节点间可以互相连接，但不能形成无出口的循环。例如，图 8-34 就是一棵不合法的树。

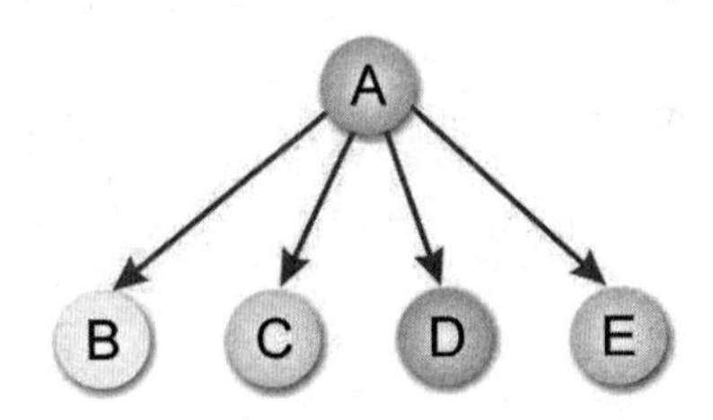

图 8-33　A 为根节点，B、C、D、E 均为 A 的子节点

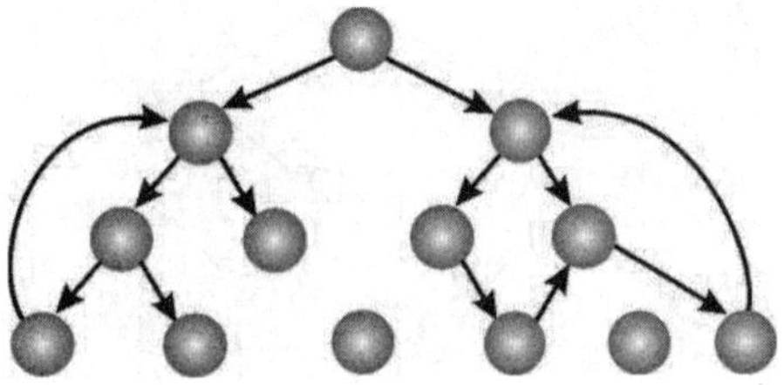

图 8-34　不合法的树

“二叉树”是计算机科学中最重要的概念之一，“二叉树”与“树”，尽管名称相近，但是概念不同，至于用途更是天差地远。二叉树（又称为 Knuth 树）是一个由有限节点所组成的集合。此集合可以为空集合，或者由一个树根及其左右两个子树所组成。简单来说，二叉树最多只能有两个子节点，就是度数小于或等于 2。它在计算机中的数据结构如图 8-35 所示。

LLINK	Data	RLINK

图 8-35　二叉树节点的数据结构

二叉树和一般树的不同之处如下：

（1）树不可为空集合，但是二叉树可以。

（2）树的度数为 d≥0，但二叉树的节点度数为 0≤d≤2。

（3）树的子树间没有次序关系，二叉树则有。

下面我们来看一棵实际的二叉树（见图 8-36）。

图 8-36 是以 A 为根节点的二叉树，且包含了以 B、D 为根节点的两棵互斥的左子树和右子树。

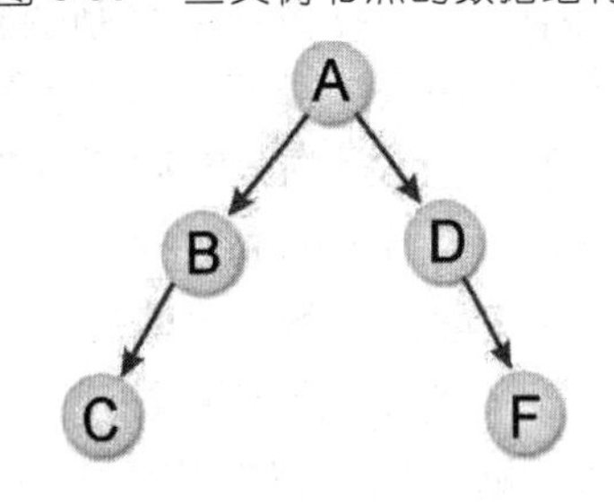

图 8-36　二叉树

8.4.2 平衡树

平衡树（Balanced Binary Tree），又称为 AVL 树（是由 Adelson-Velskii 和 Landis 两人所发明的），它本身也是一棵二叉查找树，如图 8-37（a）。在 AVL 树中，每次在插入数据和删除数据后，必要的时候会对二叉树做一些高度的调整，而这些调整就是要让二叉查找树的高度随时维持平衡。

平衡树的正式定义为 T 是一个非空的二叉树，T_l 和 T_r 分别是它的左右子树，若符合下列两个条件，则称 T 是个高度平衡树：

（1）T1 和 Tr 也是高度平衡树。

（2）$|h_l - h_r| \leqslant 1$，h1 和 hr 分别为 T1 和 Tr 的高度，也就是所有内部节点的左右子树高度相差必定小于或等于 1。

图 8-37 所示为平衡树和非平衡树的对比。

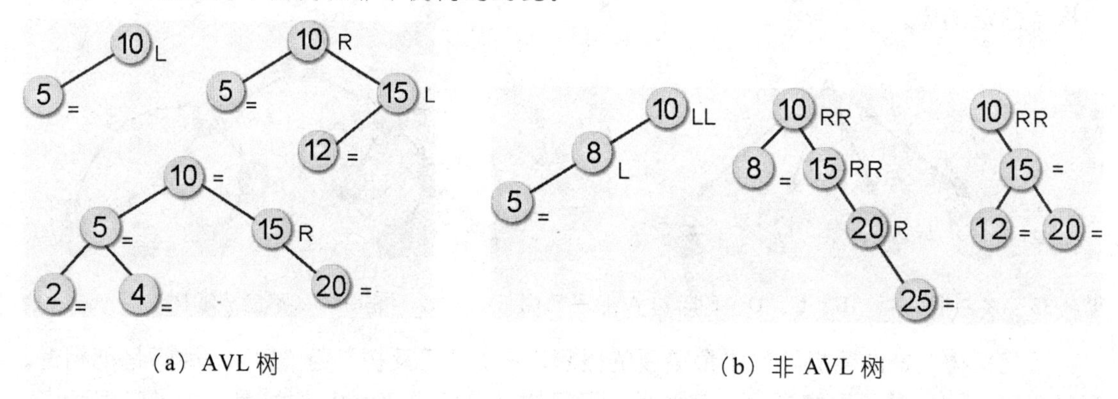

（a）AVL 树　　（b）非 AVL 树

图 8-37　平衡树和非平衡树的对比

8.4.3 二叉空间分割树

二叉空间分割树（Binary Space Partitioning Tree，BSP Tree）也是一种二叉树，其特点是每个节点都有两个子节点。这是一种游戏空间常用的分割方法，通常被使用在平面绘图应用中。如果在游戏中绘制画面时，要通过运算来决定输入的数据是否要显示在屏幕上，那么即便输入的模型数据不会出现在屏幕上，但是这些数据经过运算仍会耗费部分系统资源，采用二叉空间分割树可以避免这种情况。因为物体与物体之间有位置上的关联性，所以每一次重绘平面时，都必须先考虑平面上的各个物体的位置关系，然后加以绘制。

二叉空间分割树采取的方法是在开始将数据文件读进来的时候就将整个数据文件中的数据建成一个二叉树的数据结构，因为二叉空间分割树通常对图素排序是预先计算好的而不是在运行时才进行计算，如图 8-38 所示。

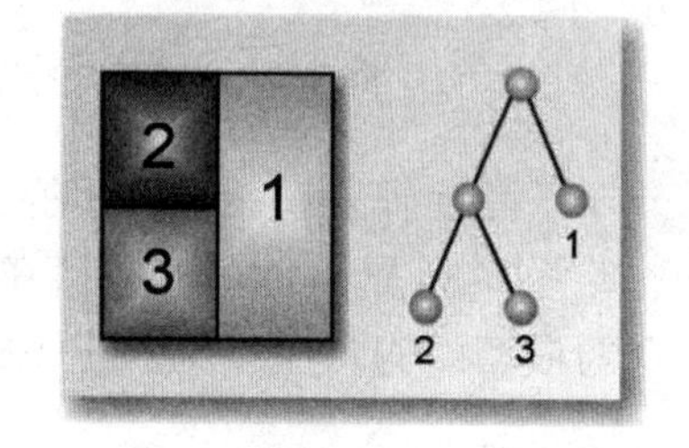

图 8-38　二叉空间分割树

二叉空间分割树节点里的数据结构以平面方式分割场景，多应用于开放式空间。场景中会有许多物体，在处理的时候把每个物体的每个多边形当成一个平面，而每个平面会有正反两个面，这样就可以把场景分成两部分，先从第一个平面开始分，再对分出的两部分按同样的方式细分，以此类推。当地形数据被读进来的时候，二叉空间分割树也会同时被建立起来，这棵树的叶节点保存了分割室内空间所得到的像素集合。当视点开始移动时，平面中的物体就必须重新绘制，而重绘的方法就是以视点为中心，对此二叉空间分割树加以分析，只要在二叉空间分割树中且位于此视点前方，就会被存放在一个表中，只要依照表的顺序一个一个地将它们绘制在平面上即可。

实际上，二叉空间分割树通常用来处理游戏中室内场景模型的分割，不仅可用来加速位于视锥（Viewing Frustum）中物体的查找，也可以加速场景中各种碰撞检测的处理，例如《雷神之锤》游戏引擎和《毁灭战士》系列游戏就是用这种方式开发的，也使得二叉空间分割树技术称为游戏室内渲染技术的工业标准。不过有一点需要注意，在使用二叉空间分割树时最好把它转换成平衡二叉树（Balanced Binary Tree），树的左右两边子树的深度相差小于等于 1，这样可以减少查询时间。

Tips 视锥可看成是场景中的一个三维空间，这个空间决定了模型将如何投影到屏幕上，如图 8-39 所示。

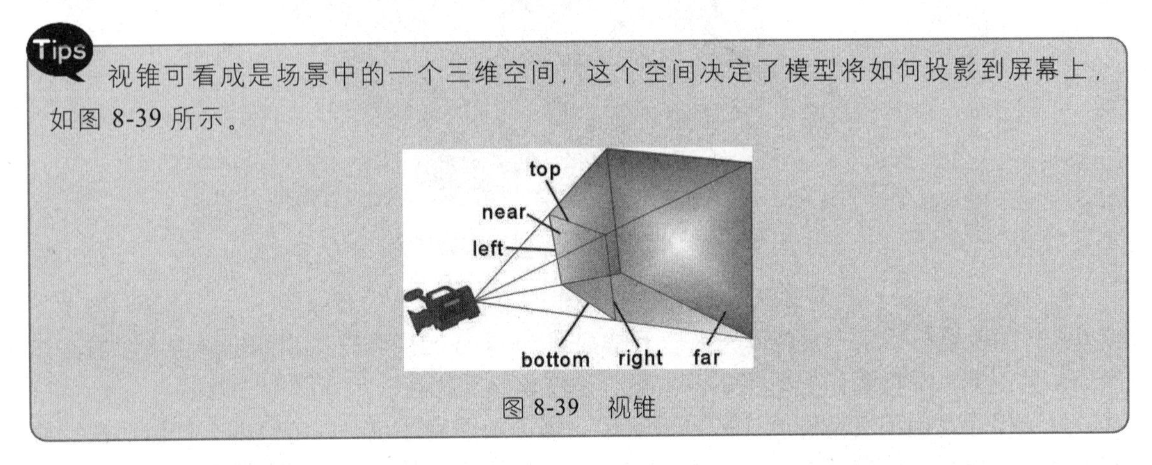

图 8-39　视锥

8.4.4　四叉树与八叉树

使用二叉树可以帮助数据分类，当然更多的分支自然有更好的分类能力，如四叉树与八叉树，这些也都属于二叉空间分割树概念的延伸。我们可以用四叉树和八叉树来加速计算游戏世界画面中的可见区域，也可以把它们用作图像处理技术有关的数据压缩方法。

在制作游戏中绵延起伏、一望无际的地形时，如果依次从构成地形的模型三角面去寻找，往往会耗费许多运行时间，所以会采用更精简有效的方式来存储地形。四叉树（Quadtree）就是树的每个节点拥有 4 个子节点。多游戏场景的地面（Terrain）就是以四叉树来进行划分的，以递归的方式并以轴心一致为原则将地形按 4 个象限分成 4 个子区域，每个区块都有节点容量，越分越细，数据放在树叶节点。当节点达到最大容量时，节点就进行分裂，这也就是四叉树源于将正方形区域分成较小正方形的原理。当沿着四叉树向下移动时，每个正方形被分成 4 个较小的正方形，如图 8-40 所示。

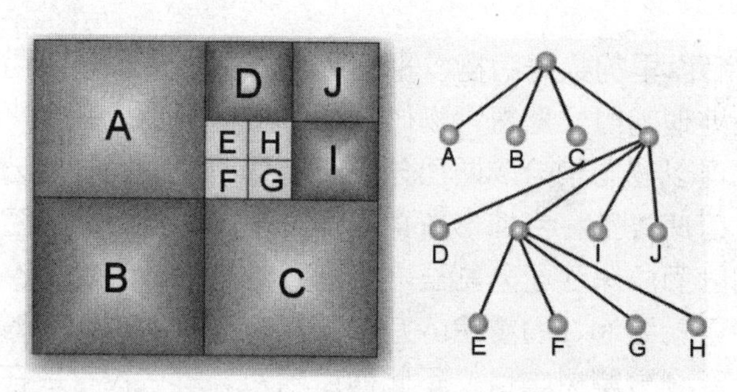

图 8-40 四叉树生成示意图

许多游戏都需要碰撞检测来判断两物体的碰撞，但许多碰撞检测算法通常会大幅降低游戏执行的速度，这时四叉树非常适用于在二维平面与碰撞检测，特别是在单层的地面场景广、大的情况。图 8-41 中的图形是对应的三维地形，分割的方式是以地形面的斜率（利用平面法向量来比较）来作为依据。

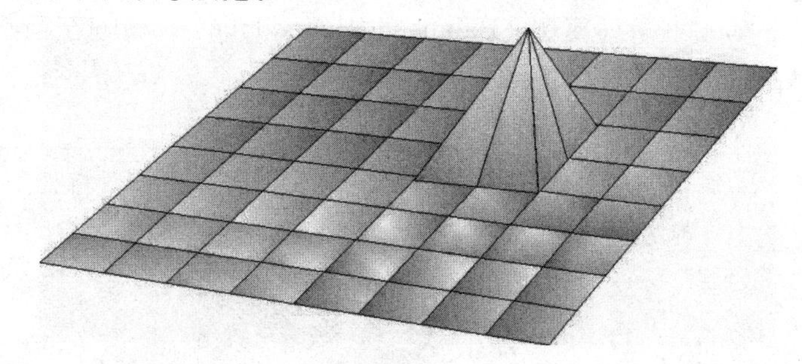

图 8-41 地形与四叉树的对应关系

八叉树（Octree）的定义就是如果不为空树，树中任何一个节点的子节点恰好只有 8 个或 0 个，也就是子节点不会有 0 与 8 以外的数目，8 个子节点将这个空间细分为 8 个象限或区域。可以把八叉树看作是双层的四叉树，也就是四叉树在三维空间中的对应。

八叉树通常用于三维空间中的场景管理，多适用于密闭或有限的空间，可以很快计算出物体在三维场景中的位置，或检测到是否有物体碰撞的情况发生，并将空间作阶梯式的分割，形成一棵八叉树。这种以线性八叉树来表示三维空间中的物体，在三维图形学、三维游戏引擎等领域有很多应用。例如使用二叉空间分割树来切割的话，会有太多细小的碎片。在分割的过程中，假如有一子空间中的物体数小于某个值，则不再分割下去。也就是说，八叉树的处理规则用的是递归结构的方式来进行的，在每个细分的层次上都有同样规则的属性。因此，在每个层次上我们可以利用同样的编排规则，获得整个结构元素由后到前的顺序，这样可以有效避免空间太过细碎的分割。

8.5 图结构

图结构（即图形结构）与树形结构的最大不同是描述节点与节点之间“层次”的关系，图结构讨论的是两个顶点之间“相连与否”的关系。图结构除了被应用在数据结构中最短路径搜索、拓扑排序外，还能应用在系统分析中以时间为评审标准的性能评审技术（Performance Evaluation and Review Technique，PERT），或者像“IC 电路设计”“交通网络规划”（见图 8-42）等关于图结构的应用。当然，游戏世界更少不了图结构的应用（见图 8-43）。

图 8-42　高铁与地铁路线的规划也是图结构的应用

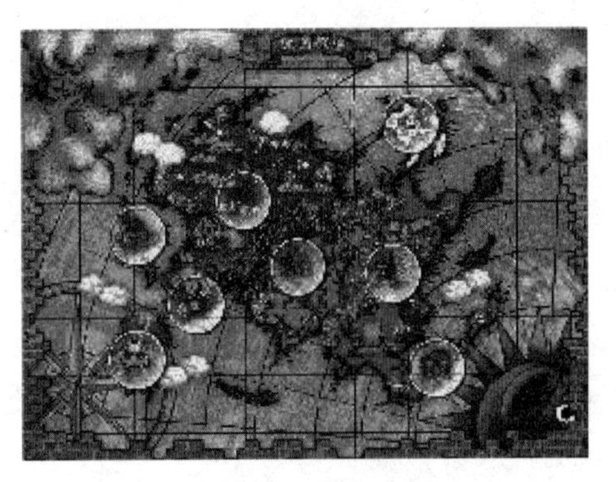

图 8-43　游戏世界中各大城市的航线图

8.5.1　Prim 算法

Prim 算法又称 P 氏法，对一个加权图 G = (V, E)，设 V = {1, 2, …, n}，假设 U = {1}，也就是说，U 与 V 是两个顶点的集合。然后从 U − V 差集所产生的集合中找出一个顶点 x，该顶点 x 能与 U 集合中的某点形成最小成本的边，且不会造成循环（或称为环路），然后将顶点 x 加入 U 集合中，反复执行同样的步骤，一直到 U 集合等于 V 集合（即 U = V）为止。

接下来，我们将实际利用 P 氏法求出如图 8-44 所示的最小生成树。

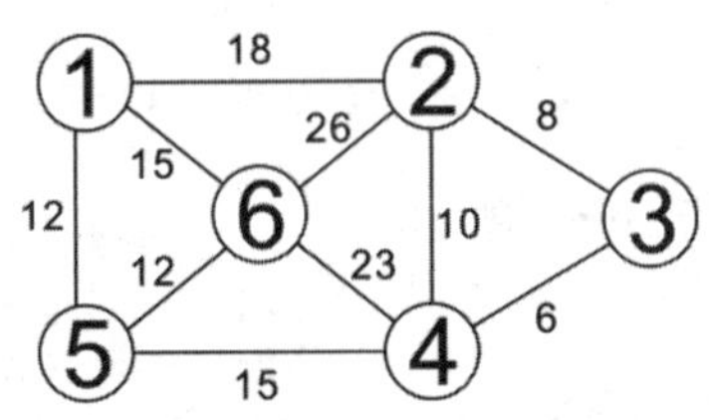

图 8-44　示例图

从此图中可得 V = {1,2,3,4,5,6}，U = 1。

从 V − U = {2, 3, 4, 5, 6}中找一个顶点与 U 顶点能形成最小成本的边，结果如图 8-45 所示。

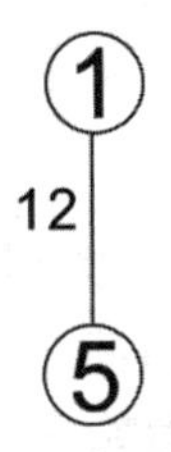

图 8-45　与 U 顶点形成最小成本的边

V − U = {2, 3, 4, 6}，U = {1, 5}。

从 V − U 中找出一个顶点与 U 顶点能形成最小成本的边，结果如图 8-46 所示。

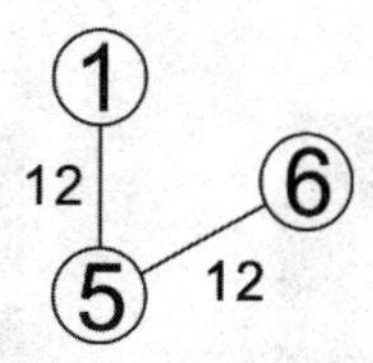

图 8-46　继续找与 U 顶点形成最小成本的边

且 U = {1, 5, 6}，V − U = {2, 3, 4}。

同理，找到顶点 4。

U = {1, 5, 6, 4}，V − U = {2, 3}，结果如图 8-47 所示。

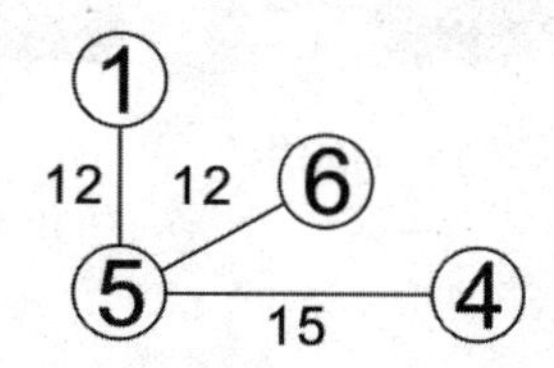

图 8-47　找到顶点 4

同理，找到顶点 3，结果如图 8-48 所示。

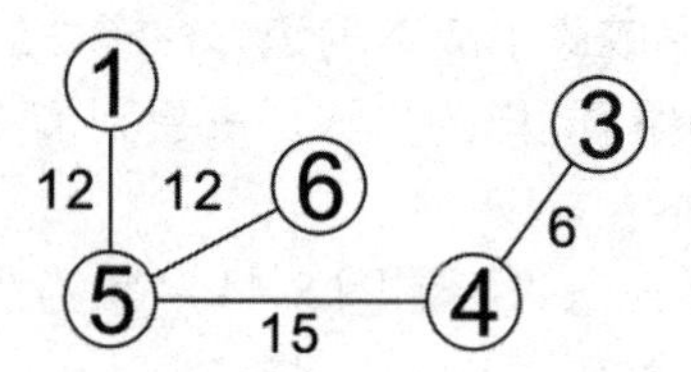

图 8-48　找到顶点 3

同理，找到顶点 2，结果如图 8-49 所示。

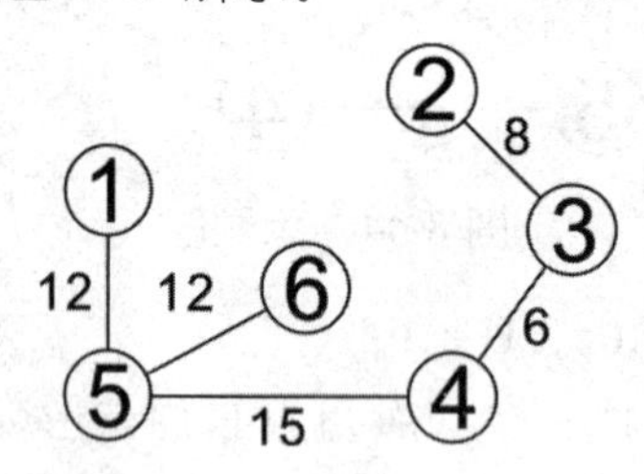

图 8-49　找到顶点 2

8.5.2　Kruskal 算法

Kruskal 算法是将各边按权值大小从小到大排列，接着从权值最低的边开始建立最小成本生成树，如果加入的边会造成循环则舍弃不用，直到加入了 n − 1 个边为止。

这种方法看起来不难，我们直接来看看如何以 K 氏法得到图 8-50 所示例图的最小成本生成树。

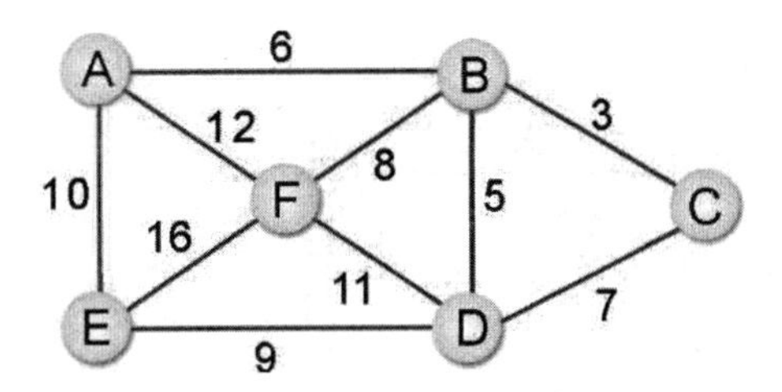

图 8-50　以此加权图为例使用 Kruskal 算法来生成最小成本生成树

步骤 1：把所有边线的成本列出并由小到大排序（见表 8-4）。

表8-4　所有边线的成本由小到大排序

起始顶点	终止顶点	成　　本
B	C	3
B	D	5
A	B	6
C	D	7
B	F	8
D	E	9
A	E	10
D	F	11
A	F	12
E	F	16

步骤 2：选择成本最低的一条边线作为架构最小生成树的起点（见图 8-51）。

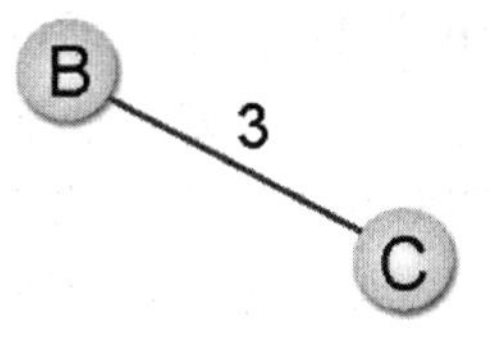

图 8-51　步骤 2

步骤 3：按照步骤 1 所建立的表格，依序加入边线（见图 8-52）。

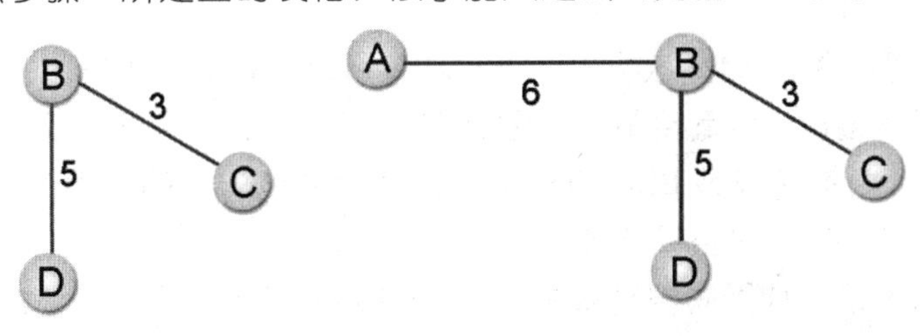

图 8-52　步骤 3

步骤 4：C-D 加入会形成循环，所以直接跳过（见图 8-53）。

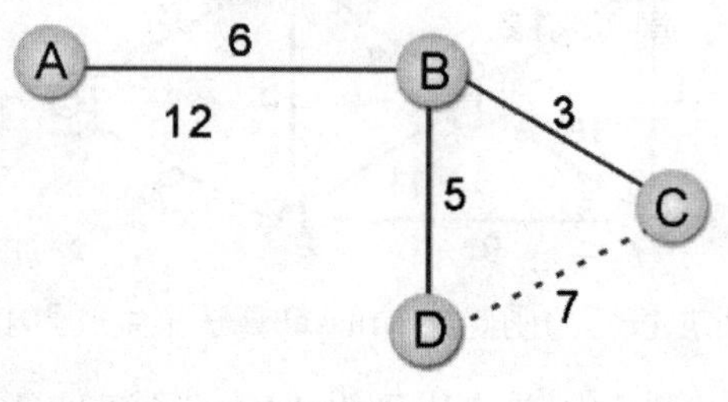

图 8-53　步骤 4

最终完成图如图 8-54 所示。

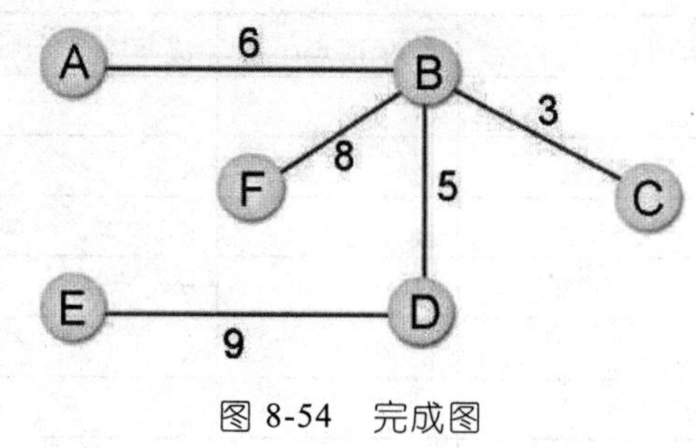

图 8-54　完成图

8.5.3　A*算法

Dijkstra 算法在寻找最短路径的过程中算是一个效率不高的算法，这是因为这个算法在寻找起点到各个顶点的距离的过程中，无论哪一个顶点，都要实际去计算起点与各个顶点间的距离，以便获得最后的一个判断：到底哪一个顶点距离起点最近。

也就是说，Dijkstra 算法在带有权重值（Cost Value，或成本值）的有向图间的最短路径的寻找方式，只是简单地使用广度优先进行查找，完全忽略了许多有用的信息，这种查找算法会消耗许多系统资源，包括 CPU 的时间与内存空间。其实如果能有更好的方式帮助我们预估从各个顶点到终点的距离，善加利用这些信息，就可以预先判断图上有哪些顶点离终点的距离较远，以便直接略过这些顶点的查找，这种更有效率的查找算法，绝对有助于程序以更快的方式找到最短路径（本书并没有讲解 Dijkstra 算法的细节，有兴趣的读者可以参考相关书籍或资料）。

在这种需求的考虑下，A*算法可以说是一种 Dijkstra 算法的改进版，如图 8-55 所示，它结合了在路径查找过程中从起点到各个顶点的“实际权重”及各个顶点预估到达终点的“推测权重”（或称为推测权重 heuristic cost）两个因素，这个算法可以有效减少不必要的查找操作，从而提高查找最短路径的效率。

因此，A*算法也是一种最短路径算法，与 Dijkstra 算法不同的是，A*算法会预先设置一个“推测权重”，并在查找最短路径的过程中，将“推测权重”一并纳入决定最短路径的考虑因素。所谓“推测权重”就是根据事先知道的信息来给定一个预估值，结合这个预估值，A*算法可以更有效地查找最短路径。

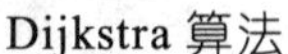
Dijkstra 算法

A*算法（Dijkstra 算法的改进版）

图 8-55　Dijkstra 算法与 A*算法

例如，在寻找一个已知“起点位置”与“终点位置”的迷宫的最短路径问题中，因为事先知道迷宫的终点位置，所以可以采用顶点和终点的欧氏几何平面直线距离（Euclidean distance，即数学定义中的平面两点间的距离：$D=\sqrt{(x_1-x_2)^2+(y_1-y_2)^2}$）作为该顶点的推测权重。

A*算法在计算从起点到各个顶点的权重，会同步考虑从起点到这个顶点的实际权重，再加上该顶点到终点的推测权重，以推估出该顶点从起点到终点的权重。再从其中选出一个权重最小的顶点，并将该顶点标示为已查找完毕。接着再计算从查找完毕的顶点出发到各个顶点的权重，并再从其中选出一个权重最小的顶点，遵循前面同样的做法，并将该顶点标示为已查找完毕的顶点，以此类推……，反复进行同样的步骤，一直到抵达终点，才结束查找的工作，最终可以得到最短路径的最优解答。

实现 A*算法的主要步骤如下：

步骤 1：首先确定各个顶点到终点的“推测权重”。“推测权重”的计算方法可以采用各个顶点和终点之间的直线距离（四舍五入后的值），直线距离的计算函数，可从上述三种距离的计算方式中择一即可。

步骤 2：分别计算从起点可抵达的各个顶点的权重，其计算方法是由起点到该顶点的“实际权重”，加上该顶点抵达终点的“推测权重”。计算完毕后，选出权重最小的点，并标示为查找完毕的点。

步骤 3：接着计算从查找完毕的顶点出发到各个顶点的权重，并再从其中选出一个权重最小的顶点，将其标示为查找完毕的顶点。以此类推……，反复进行同样的计算过程，一直到抵达最后的终点。

A*算法适用于可以事先获得或预估各个顶点到终点距离的情况，但是万一无法获得各个顶点到目的地终点的距离信息时，就无法使用 A*算法。因此 A*算法常被应用在游戏软件开发中的玩家与怪物这两种角色间的追逐行为，或是引导玩家以更有效率的路径及更便捷的方式，快速突破游戏关卡（见图 8-56）。

图 8-56　A*算法常被应用在游戏中角色追逐与快速突破关卡的设计

【课后习题】

1. 动量与游戏的关系是什么？
2. 试列举三角函数在游戏中的应用。
3. 请说明向量内积的意义与应用。
4. 什么是加速运动？什么是动量？
5. 试述重力与游戏的关系。
6. 什么是摩擦力？
7. 试简单说明二叉空间分割树在平面绘图中的应用。
8. 请阐述四叉树与八叉树的基本原理。

第 9 章
2D贴图制作技巧

随着近年来各种软硬件技术上的突破，游戏厂商无不使出浑身解数制作标榜着高清晰、高质量与高精细游戏画面的各种类型的游戏。在游戏中最吸引玩家眼球的是千奇百怪的画面，只有抓住了玩家的视觉爱好，开发的游戏才能更容易被接受。在 2D 游戏中，要做到哪种程度才能被接受呢？其实最笨的方法就是在平面图片上下功夫。但是这样做可能会引发更多问题，一来会累垮所有的美术设计人员，二来会使游戏画面没有动态变化，看起来非常单调乏味，挑剔的玩家很难从游戏中得到乐趣。

本章将重点介绍在游戏开发过程中经常用到的贴图技巧，例如基本贴图、动画贴图、横向滚动条移动、前景背景移动等。通过贴图技巧提高 2D 图片的可变性，展现游戏画面的制作技术及动态效果。

9.1 2D 基本贴图简介

2D 贴图在游戏开发过程中是非常重要的一环，主画面的菜单选项、战斗场景、游戏环境设置、角色互换、动画展现等方面都可以使用适当的贴图技巧，将美术设计人员精心设计好的图案充分展现在需要出现的地方（见图 9-1）。

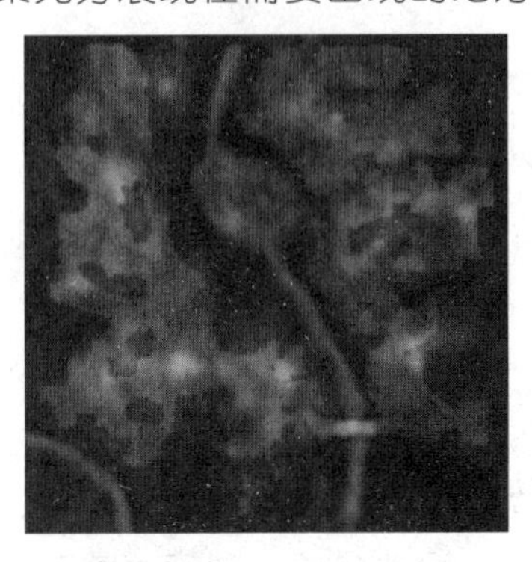

图 9-1　战斗场景原始地图与制作完成的战斗场景地图

在 2D 贴图过程中，如果善加利用某些算法功能，能使 2D 贴图的效果更具多变性，甚至还可以产生动态视觉效果，同时也可以大量降低美术设计人员的工作量。接着再由 2D 美术设计人员设计几种不同性质的基本图案，例如草地、沙地、水泥地、湖泊、树林等，再通过 2D 贴图的方式，由策划人员及美术设计人员合作制作各种关卡等相关场景。

9.1.1 2D 坐标系统

在真正开始讨论游戏制作过程贴图的各种技巧前，我们先来认识一下绘图中的相关坐标系统。首先可以从两个角度来探讨 2D 坐标系统，一种是数学中的坐标系统，另一种是计算机屏幕的坐标系统。在数学的坐标系统中，x 坐标代表的是象限中的横向坐标轴（x 轴），坐标值向右递增；y 坐标代表的是象限中的纵向坐标轴（y 轴），坐标值向上递增，如图 9-2 所示。

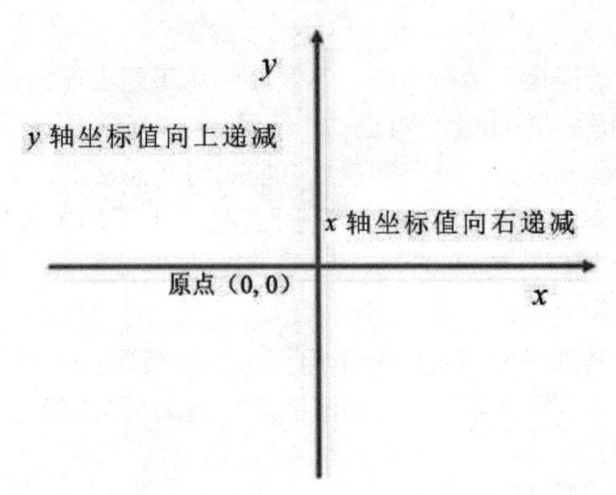

图 9-2　数学中的坐标系统

显示器的屏幕由一堆像素（Pixel）组成，所谓的像素就是屏幕上的点。一般我们说的屏幕（或画面）分辨率为 1024×768，指的就是屏幕或画面在宽度方向可以显示 1024 个点，在高度方向可以显示 768 个点。屏幕上的显示方式如图 9-3 所示。

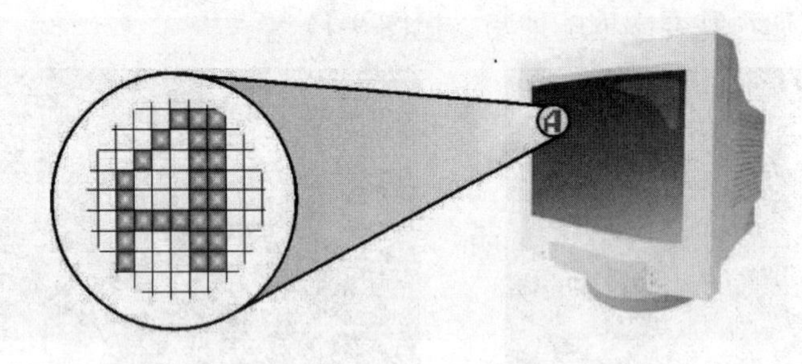

图 9-3　显示器屏幕上的点是由像素组成

屏幕上的坐标系统也可以接受负值（小于 0），如果 x 坐标或 y 坐标为负值，那么对应点就位于屏幕外。也就是说，如果 x、y 坐标中的任何一个为负值，对应点就不会被显示在屏幕上，屏幕坐标系的示意图如图 9-4 所示。

屏幕中坐标系统的大小由显示器的分辨率来决定，而屏幕分辨率的高或低通常要看显卡或显示器是否支持。我们经常用到的屏幕分辨率有 320×200、640×480、800×600、1024×768 和 1280×1024 等，而颜色数主要以 65536（2^{16}）、16777216（2^{24}）和 4294967296（2^{32}）等为主，颜色数值越高，所能展现的色彩越丰富。

x 轴坐标值向右递增

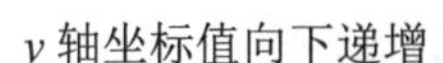

图 9-4　屏幕坐标系的 x 轴和 y 轴的坐标值递增方向

屏幕上所显示的图像是一个点矩阵的图像文件，也叫作“屏幕区域”，为了让屏幕的图像显示能快速地随用户的操作而变动或更新，“屏幕区域”这个图像文件其实不是存储在用户的硬盘中，而是直接存储在显卡的内存（VRAM，即显存）中。

无论是 2D 或 3D 游戏的制作，都可以使用贴图技巧来展现游戏画面。所谓的贴图操作，就是一种将图片贴在显卡内存中，再通过显卡显示在屏幕上的过程，如图 9-5 所示，我们可以使用 GDI、Windows API、DirectX 或 OpenGL 等工具来进行游戏的贴图操作。

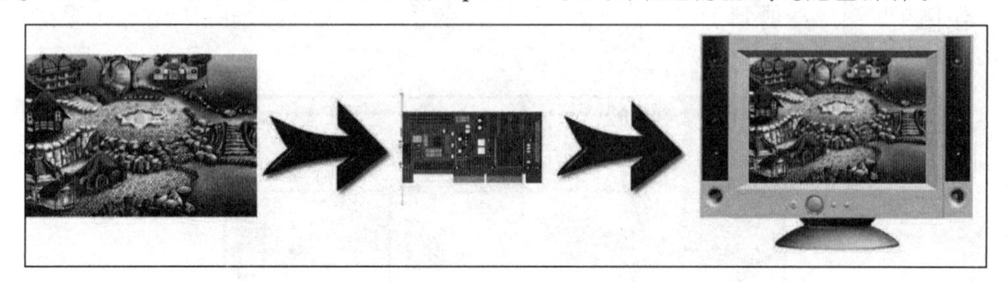

图 9-5　游戏贴图过程

我们知道，屏幕上有 x 与 y 坐标点，而图片本身也有长与宽，并且所有的图片都是以矩形来表示的。如果要在一张纸上画出一个矩形图，只要知道这个矩形在纸上的左上角坐标以及矩形的长和宽，就能画出一个矩形来，如图 9-6 所示。

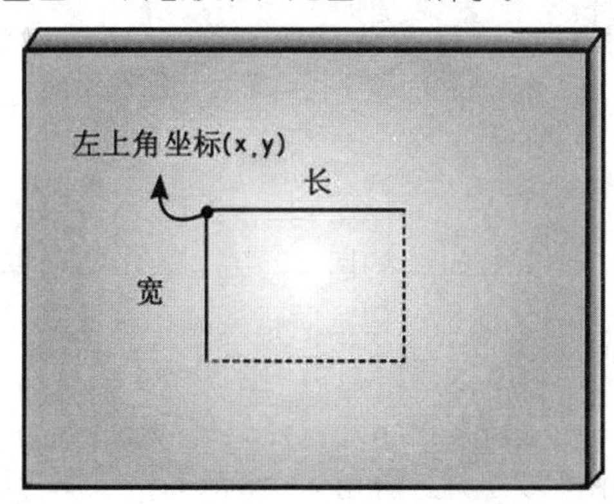

图 9-6　已知矩形的左上角坐标及长和宽就能画出矩形图来

同样，如果我们知道图片左上角在屏幕上的坐标（x, y）及图片本身的长和宽，就可以将图片贴在屏幕上了。只要图片左上角的 x 或 y 坐标发生变化，图片在屏幕上显示的位置也会随着变化，如图 9-7 所示。

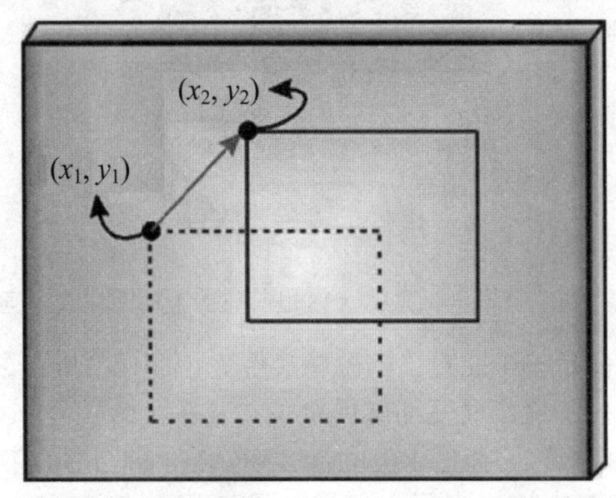

图 9-7　改变图片左上角的 x 或 y 坐标就会改变图片显示的位置

例如，要将图片从屏幕的左边慢慢移动到右边，可以利用程序代码编写一个循环，这个循环用来改变图片在屏幕上的 x 点坐标，让这种效果看起来就像是图片自己在移动一样，如图 9-8 所示。

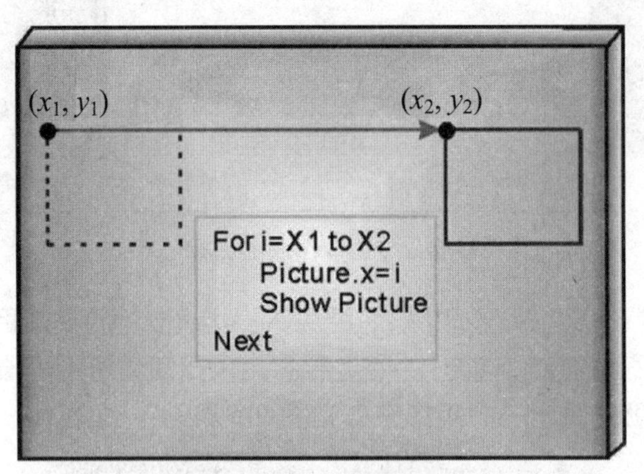

图 9-8　利用程序代码来控制图片移动

9.1.2　图形设备接口

GDI 是 Graphics Device Interface 的首字母缩写，中文可译为“图形设备接口”，是 Windows API 中相当重要的一个成员，包括所有视频和图像的显示输出功能，要想了解游戏中的视频和图像的显示功能，就必须对 GDI 有所认识。

一款游戏程序无论是采用全屏幕显示方式还是采用窗口显示方式，都必须先创建一个窗口，然后将屏幕上的显示区域划分为屏幕区（Screen）、窗口区（Window）与内部窗口区（Client）3 种，如图 9-9 所示。

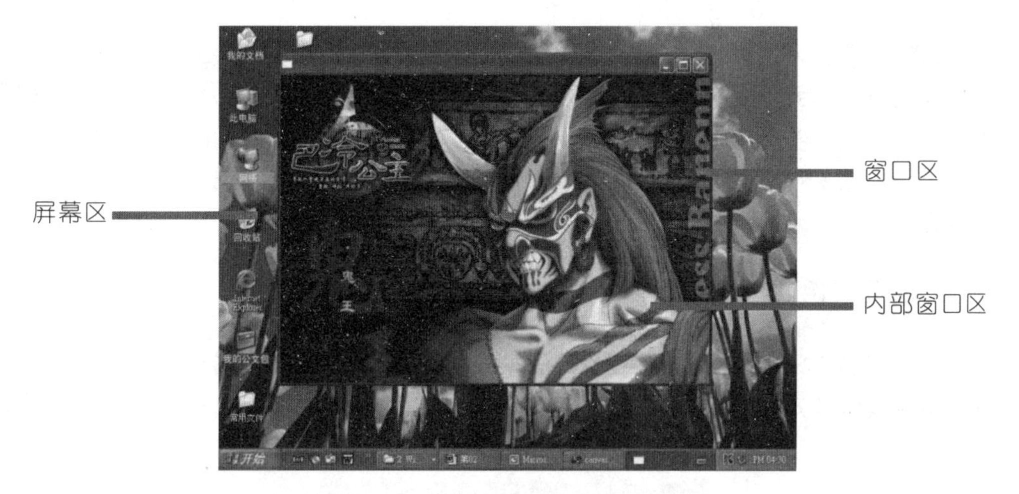

图 9-9　屏幕上的各个显示区域

在接着介绍之前，必须先了解一个名词：设备描述表（Device Context，DC），它指的就是屏幕上程序可以绘图的地方。如果要在整个屏幕区绘图，那么设备就是屏幕，这时设备描述表就是屏幕区的绘图层。如果要在窗口区中绘图，那么设备就是窗口区，这时设备描述表就是窗口区可以绘图的地方，也就是内部窗口区。如图 9-10 所示。

图 9-10　窗口区内部可以绘图的地方就是设备描述表

9.2　游戏地图的制作

游戏地图是游戏中不可缺少的画面。要制作游戏地图，简单的办法就是直接使用绘制好的地图，但对于一些画面简单且具有重复性质的地图或场景，有一个比较聪明的解决办法，就是利用地图拼接的方式把各个小地图组合起来，拼成更大型的地图。

游戏中的场景地图（Map）是由一定数量的图块（Tile）拼接而成的，就和铺设地板的瓷砖一样。在 2D 游戏中所采用的场景图块形状可分成两种：一种是“平面地图”，另一种是“斜角地图”。因此在编写场景游戏引擎的时候就应该依照图块形状的不同而编写不同的拼接算法。

使用少量的图块来构造一个较大的场景，这样做的优点是可以减少内存的消耗，方便计算游戏角色从一处走到另一处所要消耗的时间或体力（通过率）、物体间的遮掩以及实现动态场景等。地图拼接的优点在于节省系统资源，因为一张大型地图会占用较多的系统内存空间，且加载速度较慢，如果游戏中使用了较多的大型地图，那么在游戏运行时的效率肯定会降低。

9.2.1 平面地图的贴图

首先来谈谈基本的平面地图的贴图，这种贴图方式相当直观，就是利用一张张正方形的小图块来组成同样是正方形的大地图，图 9-11 是一张由 3 种不同颜色的图块所组合成的平面地图。

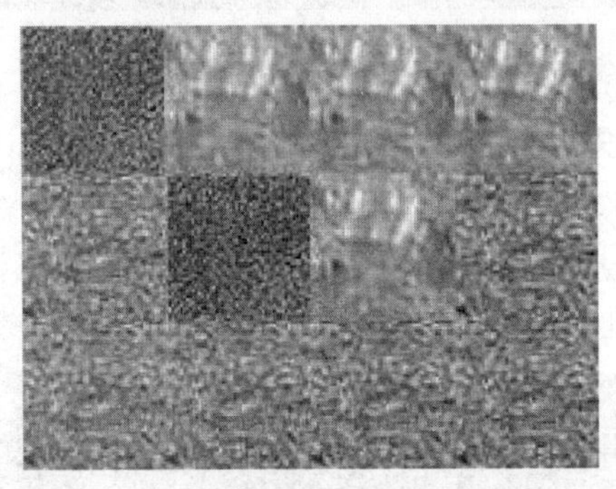

图 9-11 由小图块组合成的平面地图

图 9-11 中的地图由 4×3 张小图块组成，每行有 4 张图块，每列有 3 张图块，在这里使用行与列来描述是因为要使用数组来定义地图中出现图块的内容。可以看到一共出现了 3 种不一样的图块，这是因为程序会先以数组来定义哪个位置上要出现哪一种图块，使拼接出来的地图能符合游戏的需求。假设图 9-11 中 3 种不同图块的编号分别为 0、1、2，这个一维数组以行列的方式排列，那么用户将看到每一个数组元素对应到图 9-11 中的图块位置，可以利用下面的一维数组来定义这个地图。

```
int mapIndex[12] = {0,1,1,1,        //第 1 行
                    2,0,1,2,        //第 2 行
                    2,2,2,2 };      //第 3 行
```

在这里需要注意的是，由于是使用一维数组来定义地图的内容，因此上面数组中的每个元素的索引值是[0...11]，因为程序里计算图块贴图的位置或者计算整张地图的长宽尺寸都是以行列来进行换算的，所以必须将数组的索引值转换成对应的列编号与行编号，转换的公式如下：

```
行编号 = 索引值 / 每一行的图块个数（行数）；
列编号 = 索引值 % 每一行的图块个数（列数）；
```

以图 9-12 来验证上面的公式，方格中的编号是一维数组各个元素的索引值。

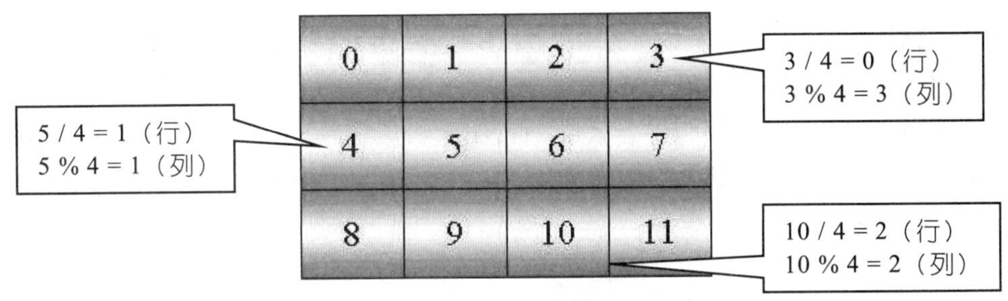

图 9-12　一维数组各个元素的索引值

图 9-13 是运用不同的小图块拼接出一张简单的地图，只要更改数组的行数与列数值，并重新定义 mapIndex[]数组中的值，就可以组合出大小尺寸以及内容都不尽相同的平面地图。

图 9-13　运用多种小图块拼接出的简单地图

9.2.2　斜角地图的贴图

斜角地图是平面地图的一种变化，它将拼接地图的图块内容，由原先的正方形改变成仿佛由 45°角俯视正方形时的菱形图案，这些菱形图案所拼接完成后的地图就是一张从 45°俯视的斜角地图。斜角视觉的场景效果在 2D 游戏中倍受好评，它使 2D 平面游戏具有 3D 立体的效果，PC 机游戏中较为有名的这类游戏有《仙剑奇侠传》，它就是以这种斜角视觉的场景效果掳获了不少玩家的心。

基本上，斜角地图的拼接同样也使用和平面地图一样的行与列的概念，由于地图拼接时只使用位图中的菱形部分，因此在贴图坐标的计算上会有所不同。图 9-14 所示说明菱形图块与方形图块在贴图时的差异，其中数字部分是图块编号。

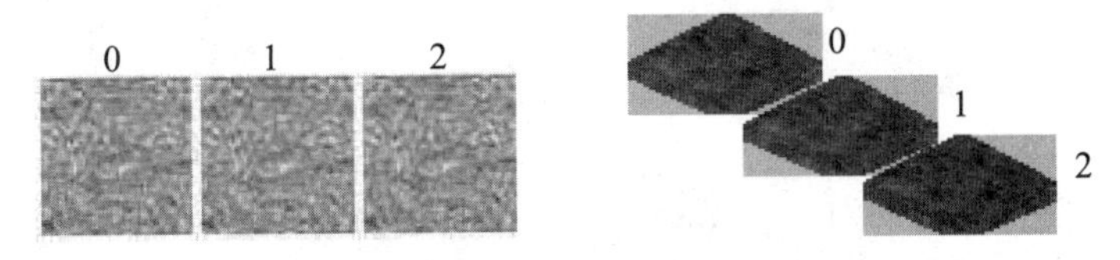

图 9-14　方形图块与菱形图块的差异

图 9-14 中左边的图是正方形图块的拼接，而右边的图则是菱形图块的拼接，正方形图块拼接是由图块编号换算成行编号与列编号再换算成贴图坐标。对于斜角地图拼接来说，

在换算贴图坐标时，由于只要呈现图块中的菱形部分，因此在贴图排列的方式上会有不同，因而贴图坐标的计算公式就会不一样。

另外，在每个图块拼接的时候，还必须要加上一道镂空的手续，假如直接按照求得的贴图坐标来进行贴图，可能会产生如图 9-15 所示的结果，未去背景的图块的一部分会遮盖到前一张图块中要显示的菱形部分。

图 9-15　未去背景的部分会遮盖到前一张图块中要显示的菱形部分

在斜角地图拼接时，各个图块编号与实际排列的情况如图 9-16 所示。

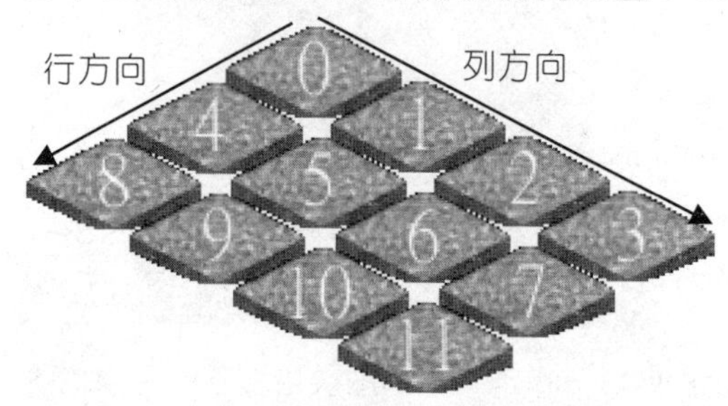

图 9-16　图块编号与实际排列的情况

图 9-16 同样是一张由 4×3 个小图块所拼接而成的地图，其中的数字是图块编号，对于每一个图块，必须先算出它的行号与列号才能计算它实际的贴图坐标，行、列号的算法与上一小节所使用的公式一样。

行号 = 索引值 / 每一行的图块个数（行数）；
列号 = 索引值 % 每一行的图块个数（列数）；

求出了行号和列号（行号和列号都是从 0 开始），然后就可以计算出图块贴图时左上角的坐标。除此之外，我们还必须要知道图块中菱形部分的宽和高，假设图块中菱形的宽和高分别是 w 和 h，如图 9-17 所示。

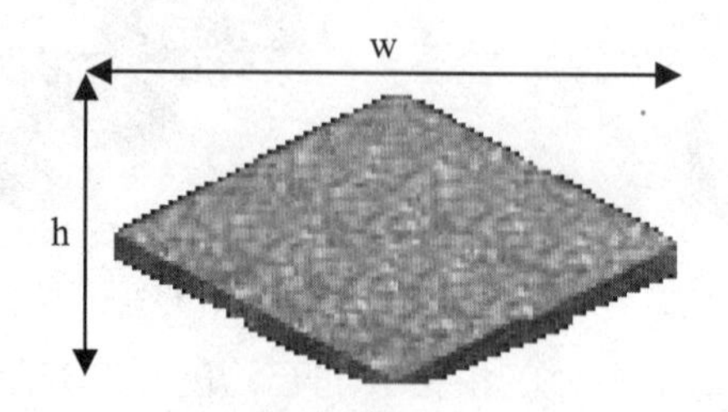

图 9-17　已知图块中菱形部分的宽和高

那么图块左上角贴图坐标的计算公式如下：

左上角 x 坐标 = xstart - 行号 * w/2 + 列号 * w/2；
左上角 y 坐标 = ystart + 行号 * h/2 + 列号 * h/2；

上面公式中的 xstart 与 ystart 代表第一张图块左上角贴图坐标的位置，我们以图 9-18 为例来说明这个公式的具体使用。

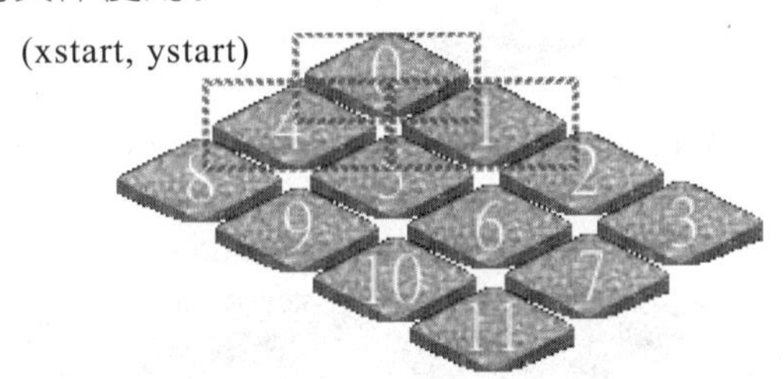

图 9-18　利用虚线框标识图块的范围

在图 9-18 中，利用虚线框来标识图块真正的矩形范围，进行贴图时会自定义第 1 张图块的贴图位置，然后其他图块的贴图坐标再由此向下延伸。假设图块 0 左上角贴图坐标是（xstart, ystart），然后考虑图块 1 的矩形范围，因为它的行号和列号分别为 0 和 1（即第 0 行第 1 列），所以它左上角贴图的坐标是（xstart – 0×w/2 + 1×w/2, ystart + 0×h/2 + 1×h/2），化简后为（xstart + w/2, ystart + h/2），然后是图块 2 的矩形范围，它的行号和列号为 0 和 2，所以它左上角贴图坐标为（xstart – 0×w/2 + 2×w/2, ystart + 0×h/2 + 2×h/2），化简后为（xstart + 2×w/2, ystart + 2×h/2），以此类推，可以得到第 0 行的图块的贴图坐标公式，如下所示：

左上角 X 坐标 = xstart + 列号×w/2；
左上角 Y 坐标 = ystart + 行号×h/2；

现在我们来考虑下一行的图块 4，图块 4 的行号和列号分别为 1 和 0，因此图块 4 左上角贴图坐标是（xstart – 1×w/2 + 0×w/2, ystart + 1×h/2 + 0×h/2），化简后为（xstart – w/2, ystart + h/2）。而图块 5 的行号和列号分别为 1 和 1，左上角贴图坐标是（xstart – 1×w/2 + 1×w/2, ystart + 1×h/2 + 1×h/2），化简后为（xstart, ystart + 2×h/2），以此类推，可以计算出图块 6 左上角贴图坐标为（xstart + w/2, ystart + 3×h/2），从上述计算的结果可以看出，同一行上坐标变化都是一样的，贴图坐标都是往右下方递增半个图块的宽与高的单位。

如果在同一列（图块 0、4、8）上的坐标变化，则是往左下方递减半个图块的宽（x 轴坐标方向）以及递增半个图块的高（y 轴坐标方向），因此利用图块的行号与列号可以计算出每个图块左上角的贴图坐标，并完成斜角地图的拼接，计算的方式如图 9-19 所示。

由图 9-19 中可以很容易地计算出整张地图的宽与高，计算公式如下：

地图宽=(行数+列数)×w/2；
地图高=(行数+列数)×h/2；

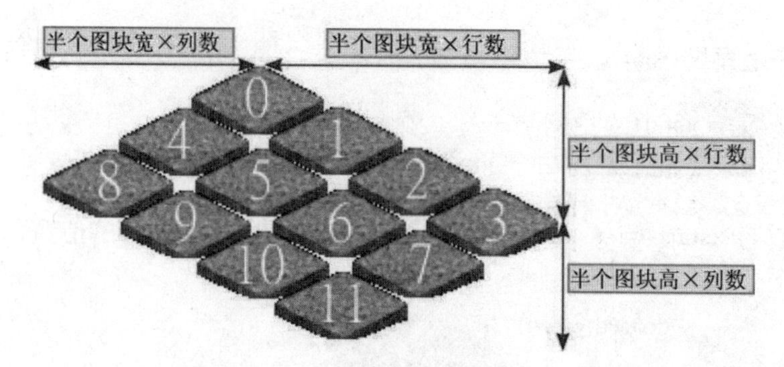

图 9-19　利用图块的行号与列号可以计算出每个图块左上角的贴图坐标

将上面例子中的平面拼接地图以 45°俯视的斜角地图呈现，执行结果如图 9-20 所示。

图 9-20　平面拼接地图以 45°俯视的斜角地图呈现

9.2.3 景物贴图

学会了游戏地图的拼接技巧，就要懂得如何在地图上布置景物，例如花草树木、房子等。景物的点缀将使游戏地图更具多样化。

当完成了地图拼接后，景物部分就容易多了。这时同样可以使用一个与地图数组相同大小的数组来定义哪个图块位置上要出现哪些景物，因为景物图大小与图块大小并不相同，因此还要将景物贴图的坐标稍作修正，使这些景物可以出现在正确的位置上。下面以在 64×32 的斜角图块上贴上一张 50×60 的树木图来进行说明（见图 9-21）。

从图 9-21 可以看出，若斜角图块的贴图坐标是（x, y），那么树木图的 x 轴坐标必须向右移动 32 – 25 = 7 个单位，y 轴坐标则必须向上移动 60 – 16 = 44 个单位，则树木图的贴图坐标为（x+7, x–44）。按照这样的方法，再对其他景物的实际贴图坐标进行修正，最后得到的贴图就是所需要的游戏地图场景了。

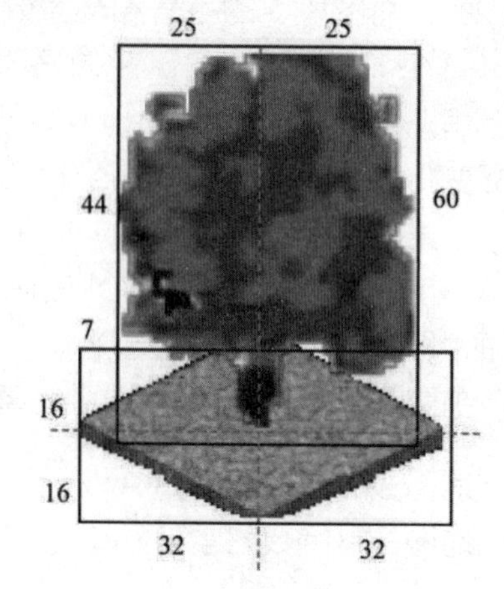

图 9-21　在斜角图块贴上一张树木图

接下来我们将在上一个范例中的斜角地图中加入两个不同景物，展现不同的游戏地图全貌，如图 9-22 所示。

图 9-22　在斜角地图上加入不同景物后的地图全貌

9.2.4　角色遮掩

角色遮掩可以分成两种情况，一种是角色与角色之间的遮掩，另一种是角色与地图中的建筑、树木等障碍物之间的遮掩。第一种情况的解决办法可以在一个具有位置属性的基础图块上再衍生出其他的图块，这样就可以在视觉方向上对角色的位置进行排序，从远到近分别画出各图块与角色，这样就可以实现角色的遮掩效果。当然，排序算法的选择就依照个人的喜好了。

至于第二种情况，每一个图块都是有高度的，那么图块高度如何来定义呢？参考图 9-23。

一般建筑物图块的高度是与现实一致的，图 9-23 中的房子从墙角往上的高度依次分别为 1、2、3，这些在编辑场景时就必须定义好。角色也是有高度的，它的高度是从下往上依次递增，如图 9-24 所示。

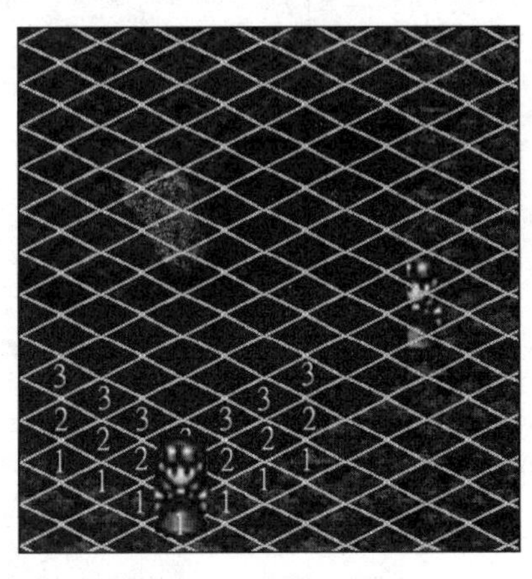

图 9-23　定义出图块的高度

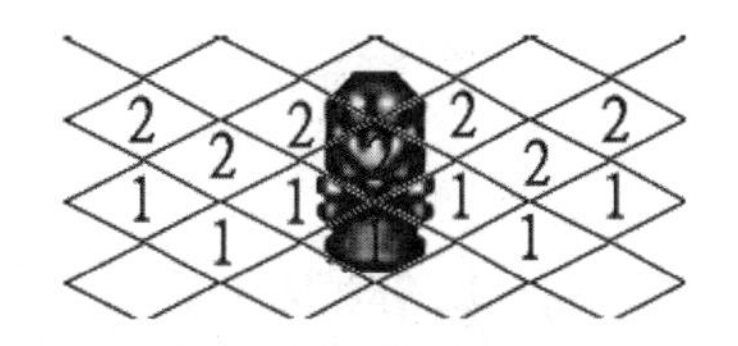

图 9-24　角色的高度从下往上递增

这些编号与地图中图块的编号有些类似，只不过是上下颠倒过来的。这些高度是为了确定图块的遮掩而定义的，当设计者想显示一个场景时，一般会先画地图，然后画角色，因为角色有可能会被建筑物遮住，所以这时就要重画角色位置的部分地图场景。也就是说，从下往上按照顺序比较角色与图块的高度，如果图块的高度大于角色的高度则图块就会遮住角色，所以此图块要重画，如果是角色遮住了图块，则图块就不需要重画。

9.2.5 高级斜角地图的贴图

前面已经介绍过斜角地图与镂空图的制作原理，例如，使用一整张地图来制作斜角地图，可能需要为每个场景制作地图。下面介绍如何采用重复贴图的方式制作斜角地图，这样的方式可以减少图片文件的运用并增加场景的可变性，不过必须额外编写程序代码进行贴图的判断。

由于地图必须重叠拼接，因此在使用贴图的方式制作斜角地图时，必须先了解前面谈到的镂空图做法。也就是在贴图时，图片的背景透明，如此重复贴图才不至于使背景覆盖了其他的图片，我们可以从图 9-25 中比较出两者的不同，右边的图就是处理后的镂空图。

图 9-25　无镂空图与经镂空处理后的图

因为拼接时必须使用镂空图，所以地图中每个小方格的制作都必须经过两次贴图操作，我们把地图方格图片的大小设置为 32×16 像素，但贴图时会将其贴为 64×32 的大小，也就是原图的两倍，这样地图中的方格才不至于过小，使用的方格放大图如图 9-26 所示。

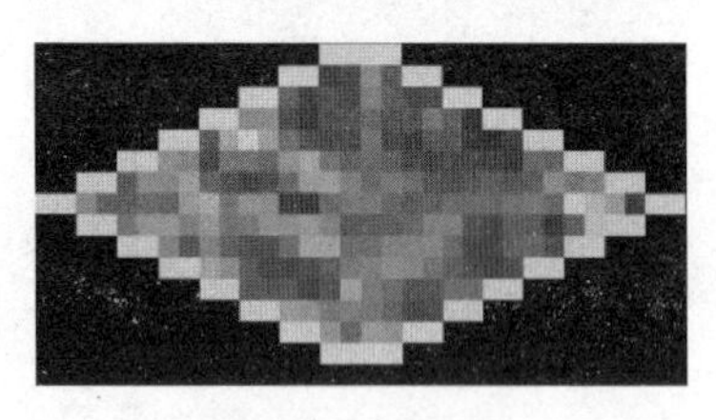

地图方格

屏蔽图

图 9-26　地图方格与屏蔽图

为了让读者看出拼接时的边界，因而地图方格原图中先将周围较明显的绿色加以标识。在实际游戏制作中则要去除边界颜色，这样看起来就如同大型地图一样。在此笔者使用了循环来进行地图的贴图与拼接操作，并加上了角色的移动效果，我们使用键盘来控制角色的移动。这张地图看来很大，其实是只用了两张小图片而已，角色移动的方式与结果如图 9-27 所示。

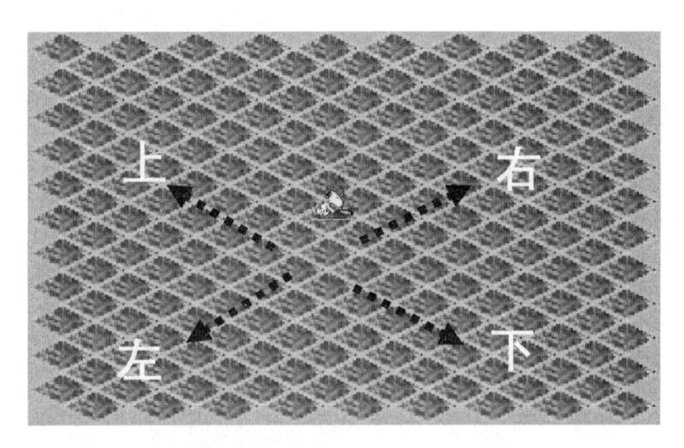

图 9-27　使用了循环进行贴图与拼接操作后生成的地图

仔细观察这个地图，会发现地图拼接时的问题——周围会出现锯齿状，我们可以在周围补贴上一些地图方格以解决这个问题，甚至可以采用更简便的方法，就是从窗口外围开始贴图，让地图超过窗口可显示的范围，这样就不用额外花费时间在周围方格的贴图操作上了，图 9-28 是将方格周围的边界线去除后生成的地图。

图 9-28　无锯齿、无边界线的斜角地图

当斜角地图中有障碍物时，如何绘制地图就成为关键问题了。当使用数组来制作障碍物地图时，数组元素值为 0 表示没有障碍物，大于 0 表示有障碍物，我们可以为每个不同种类的障碍物进行编码，这样只要改变数组中的元素值就可以改变地图上的景物配置。

首先要解决坐标定位的问题，必须将绘图坐标中的每一个点与数组中的元素索引相配合，这样才不至于有移动判断上的问题，完成的成果与坐标定位方式如图 9-29 所示。

简单来说，场景中只有两种障碍物，数组元素值设置为 1 表示骷髅头，设置为 2 表示树木，在实际游戏制作中我们可以设置更多种类的障碍物。在进行角色的移动判断时，只要对数组的元素值进行检查即可，如果不为 0 就表示有障碍物，所以画面上的角色就不能向此方格移动，图 9-30 所示为更换了无边界背景之后的执行结果。

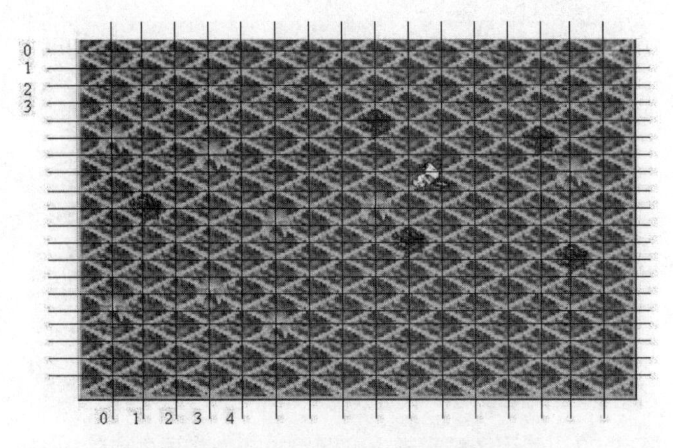

图 9-29　坐标定位与数组索引的对应

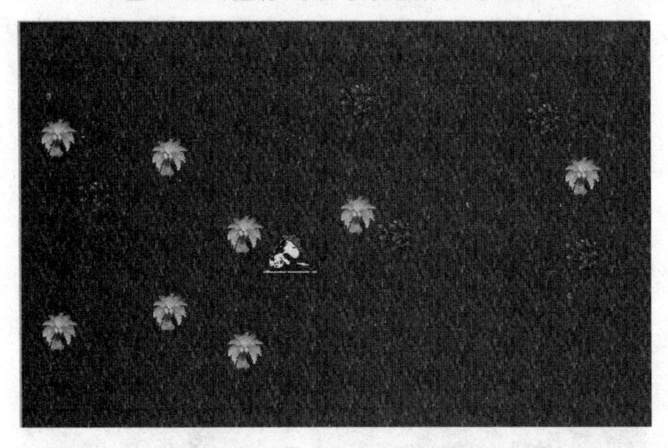

图 9-30　少了方格线，看起来已有游戏的感觉了

这样的设计方法虽然简单，可以简化程序设计的逻辑，但是存在一个潜在的问题，使用数组来标识障碍物的存在。当某些场景中障碍物不多时，数组中大多数元素值都会是 0，这就形成所谓的“稀疏数组”。这些内容为 0 的元素相当于没有存储任何的信息，但仍占用一定的内存空间，尤其是在地图越来越大时，这个情况可能会更严重。特别是设计时需要考虑内存空间占用量时，就需要使用数据结构的知识来解决稀疏数组的存储问题。

9.3　2D 画面绘图特效

相信读者对屏幕绘图的基本概念与技巧大概有了初步的了解，下面要介绍的是在设计 2D 游戏画面时，我们经常会用到的相关绘图特效。

9.3.1　半透明效果

半透明在游戏中常用来呈现若隐若现的特殊效果。事实上，这种效果的运用相当频繁，例如薄雾、鬼魂、隐形人物等都会以半透明的手法来呈现。半透明效果就是前景图案与背景图案像素颜色进行混合的结果。图 9-31 是经过半透明处理后显示在背景上图片的样子。

要呈现半透明效果，必须将前景图与背景图在对应像素点上对颜色按某一比例进行调配，这个比例叫作“不透明度”。假如没有进行半透明处理，单纯地将一张前景图贴到背景图上的一块区域，前景图的不透明度是 100%，而背景图在这一区域上的不透明度则是 0%，前景图完全不透明，看不见任何背景，也就是说，在这块区域上背影图的色彩完全派不上用场。

如果想要有半透明的效果，让前景图看起来稍微透明一点，就必须先决定不透明度的值，假如不透明度是70%，也就是说前景图的像素颜色在显示位置上的比例是70%，剩下的30%就是取用背景图的像素颜色。如果把要显示区域内的每一个像素颜色按一定的不透明度进行合成，那么最后整个区域所呈现出来的就是半透明效果。综上所述，可以整理出一个制作半透明效果的简单公式：

半透明图的颜色 = 前景图的颜色 × 不透明度+背景图的颜色 × (1 − 不透明度)

以前景图的不透明度30%和背景图的不透明度70%进行半透明处理，制作出的图片效果如图9-32所示。

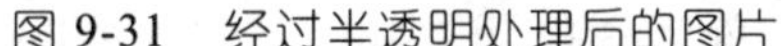

图 9-31　经过半透明处理后的图片

图 9-32　经过半透明处理后制作的图片示例 1

图9-33是通过取得前景图与背景图的颜色值，然后以前景图的不透明度50%和背景图的不透明度50%进行半透明处理，制作出的半透明效果的结果图。

图 9-33　经过半透明处理后制作的图片示例 2

9.3.2 镂空半透明效果

在9.3.1小节的范例里说明了半透明效果，从中不难发现，在结果图中似乎能看到前景图四周还留着原来位图的矩形轮廓，感觉有点美中不足。如果要解决这一问题，可以先做镂空处理后再进行半透明处理，这样就可以制作出更完美的镂空半透明效果图。

镂空处理是利用贴图函数直接与已经贴在窗口中的背景图进行两个Raster（栅格）运算。镂空半透明效果则必须多使用一个内存设备描述表（DC，或称为设备上下文）与位图对象，先在内存DC中完成镂空，再取出内存DC中的位图内容来进行半透明处理。图9-34所示为一张需要用来进行镂空半透明处理的位图。

在程序设计中，必须先在内存DC中完成图案的镂空，再取出其内容与背景图进行半透明处理，最后展示镂空半透明效果。程序最终执行结果如图9-35所示。

图9-34 用来制作前景图镂空的位图

图9-35 经过处理后制作的最终图片效果

9.3.3 镂空效果

由于所有的图片文档都是以矩形方式来存储的，而且在贴图时我们有可能会把一张怪物图片贴到窗口的背景图上。在这种情况下，如果直接进行贴图就会出现如图9-36所示的结果。

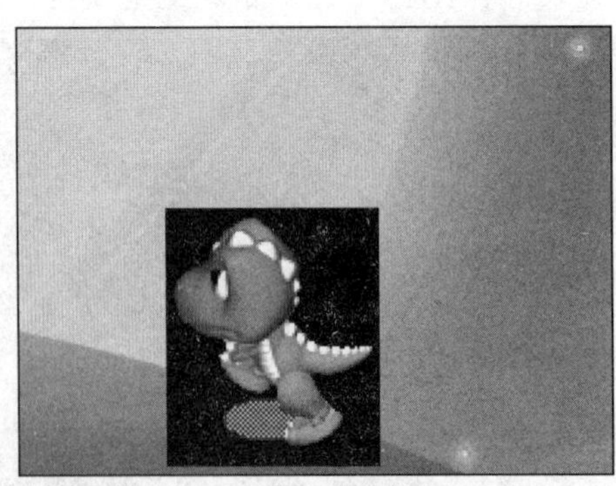

图9-36 直接贴图后的图片效果

如果希望前景图与背景图完全融合，就必须将前景图原有的黑色背景去掉，这项操作就称为镂空处理，或称为去背、去除背景或消除背景。这时可调用GDI的BitBlt()贴图函数以及 Raster 值的运算来将图片中不必要的部分消除掉，使图片中的主题可以与新的背景图完全融合。下面以恐龙图片的镂空为例来介绍镂空效果的制作过程。

在图 9-37 中左边的图就是要去除背景再贴到背景上的前景图，右边的黑白图称为“屏蔽图”，在去背的过程中会用到它。接着把要去背的位图与屏蔽图合并成同一张图，镂空时再按照需要进行裁剪。

图 9-37　需要进行镂空处理的图片

有了屏蔽图，就可以调用贴图函数来生成镂空效果，屏蔽图和原始贴图中各个像素点的颜色值分布如图 9-38 所示。

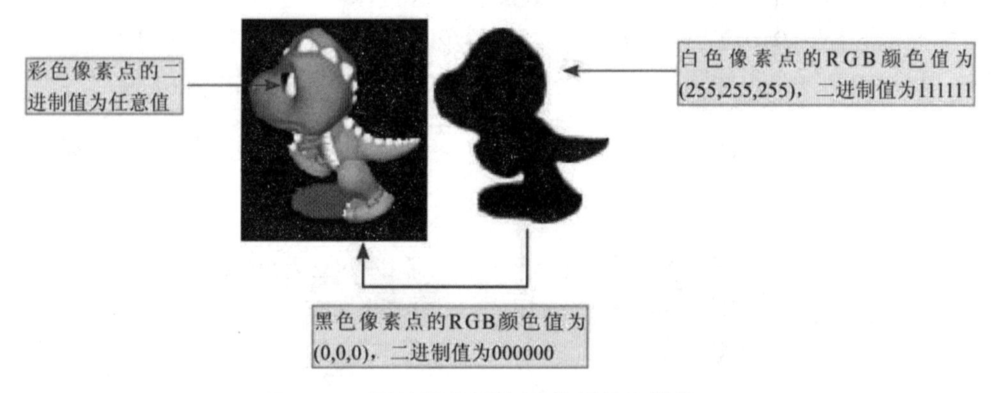

图 9-38　屏蔽图和原始图的颜色取值情况

步骤 1：将屏蔽图与背景图进行 AND（与运算，Raster 值为 SRCAND）运算，再将运算结果贴到目标设备描述表中，对图像各部分的计算结果分析如下。

（1）屏蔽图中的黑色部分，与背景图进行 AND 运算：

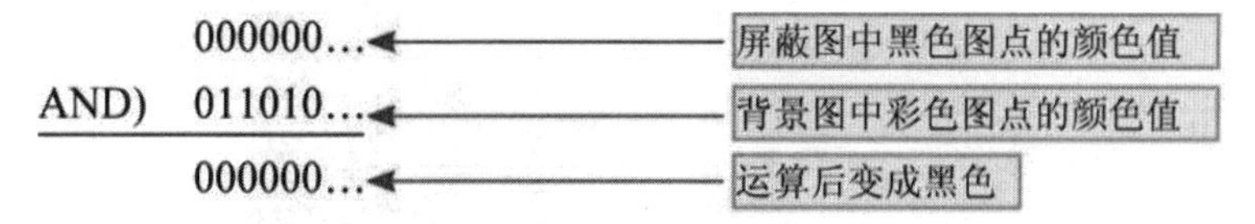

（2）屏蔽图中的白色部分，与背景图进行 AND 运算：

111111… ← 屏蔽图中黑色图点的颜色值
AND)　101010… ← 背景图中彩色图点的颜色值
101010… ← 运算后还是原来背景图的色彩

经过上述运算所产生的结果如图 9-39 所示。

图 9-39　经过步骤 1 后生成的图片

步骤 2：将前景图与背景图进行 OR（或运算，Raster 值为 SRCPAINT）运算，然后将运算结果贴到设备描述表中。对图像各部分的计算结果分析如下。

（1）前景图中的彩色部分，与上一张图进行 OR 运算：

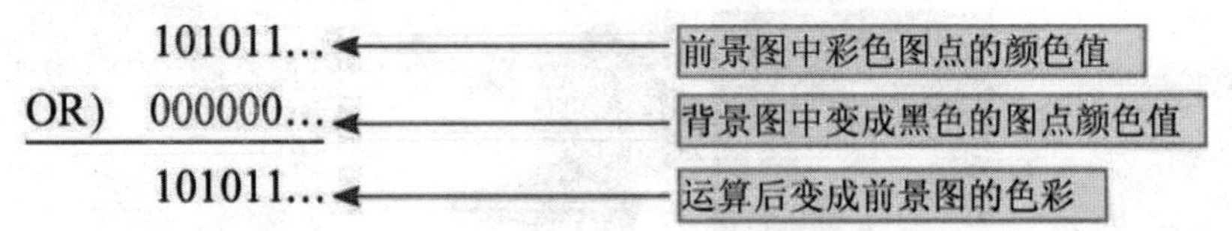

（2）前景图中的黑色部分，与上一张图进行 OR 运算：

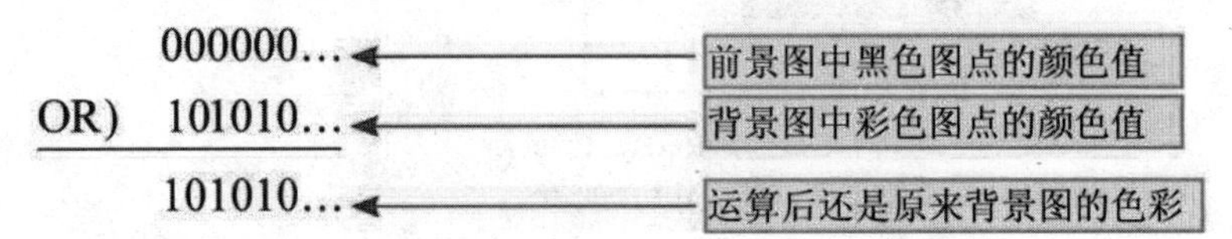

经过这个步骤后，生成的画面就是我们所要的镂空图，如图 9-40 所示。调用 BitBlt() 贴图函数以及 Raster 运算值的设置，我们可以很容易做出所要的镂空效果，这种方法在设计 2D 游戏的画面时使用相当频繁，所以用户必须要学会。

图 9-40　生成的镂空图

9.4　游戏中的碰撞处理

在游戏世界里，碰撞算法是基本的算法，不同的碰撞有不同的算法，例如人物与敌人的碰撞、飞机与子弹的碰撞或者是为了某些特殊的事件而产生的碰撞等（见图 9-41）。事实上，游戏中检测碰撞的方法不止一种，有的是用范围来检测碰撞，有的是用颜色来检测碰撞，有的是用行进路线是否交叉来检测碰撞。

图 9-41　日常生活中的车祸事件就是一种碰撞处理

9.4.1　用行进路线来检测碰撞

以行进路线来检测是否发生碰撞是最容易的一种方法，这种方法主要用于检测两个移动的物体或者移动物体与平面间是否发生了碰撞（参考图 9-42）。

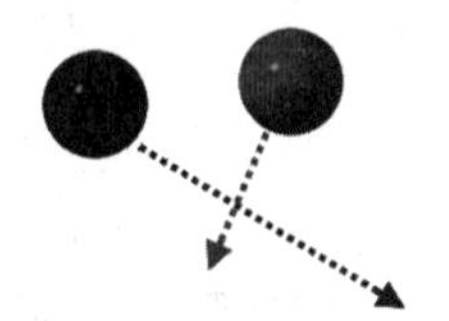

两个球行进路线交叉则可能产生碰撞

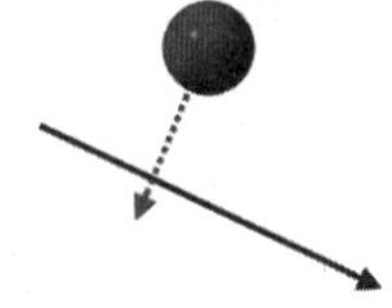

球行进路线与平面交叉则可能产生碰撞

图 9-42　用行进路线来检测是否发生碰撞

无论两个球的行进方向是否在同一平面上，给它们各自都加上了一个箭头，表示向量。下面用向量来判断一个具有速度值的小球是否会与斜面（非水平方向与垂直方向）发生碰撞，先假设小球当前位置与下一时刻的圆心位置分别为 P_3 与 P_4，而斜面的起点与终点分别为 P_1 与 P_2，原点为 O，若小球与斜面发生碰撞则碰撞点为 C，如图 9-43 所示。

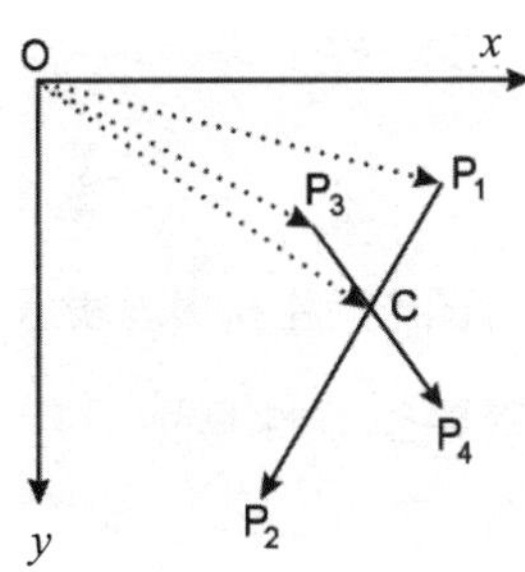

图 9-43　球与斜面是否发生碰撞的分析图

由图 9-42 可推导出如下的公式：

OP_1C 中：$OC = OP_1 + P_1C = OP_1 + mP_1P_2$

OP_3C 中：$OC = OP_3 + P_3C = OP_3 + nP_3P_4$

推导出 $OP_1 + mP_1P_2 = OP_3 + nP_3P_4$

若交点 C 在两向量之间，则上面式子中的 m 与 n 的值会介于 0～1 之间，其值代表球与斜面是否发生碰撞。

假设斜面的起点坐标为 $P_1(a, b)$，而向量 $P_2 - P_1$ 可得(L_x, L_y)，小球圆心的坐标为(c, d)，速度向量为(V_x, V_y)，代入上式得：

$$(a,b) + m(L_x,L_y) = (c,d) + n(V_x,V_y)$$

推导出 x 轴方向的向量：$a + mL_x = c + nV_x$

y 轴方向的向量：$b + mL_y = d + nV_y$

推导出 $m = \left[V_x(b-d) + V_y(c-a)\right] / \left(L_xV_y - L_yV_x\right)$

$n = \left[L_x(d-b) + L_y(a-c)\right] / \left(V_xL_y - V_yL_x\right)$

推导出了 m 与 n 的结果后，若要在程序中判断小球与斜面是否会发生碰撞，只要将其移动的路径和斜面的向量与起点坐标代入上面的方程式中，然后判断 m 与 n 是否都介于 0～1 之间，即可得知是否发生碰撞。

9.4.2 用范围来检测碰撞

用范围来检测碰撞其实是最简单快捷的方法。在制作游戏程序时，经常会用到规则的图形，如果情况允许，最好使用范围检测碰撞的方法来判断物体是否发生了碰撞，这样会节省很多的计算时间。用范围来检测碰撞的方法非常适用于形状规则且容易取得范围的几何图形，如图 9-44 所示。

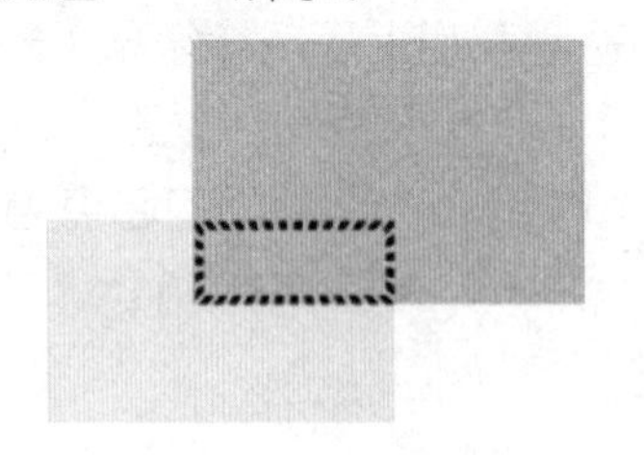

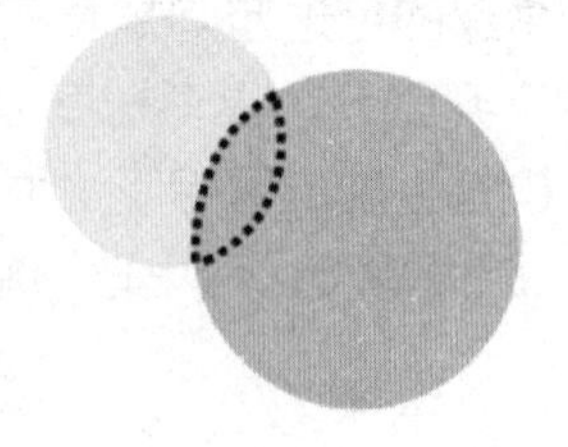

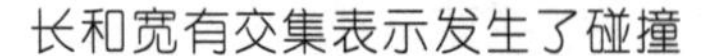

长和宽有交集表示发生了碰撞　　两个圆半径有交集表示发生了碰撞

图 9-44　两个图形产生交集后表示发生了碰撞

如果以矩形范围来检测碰撞，首要的条件是取得矩形左上角的坐标和右下角的坐标，如图 9-45 所示。

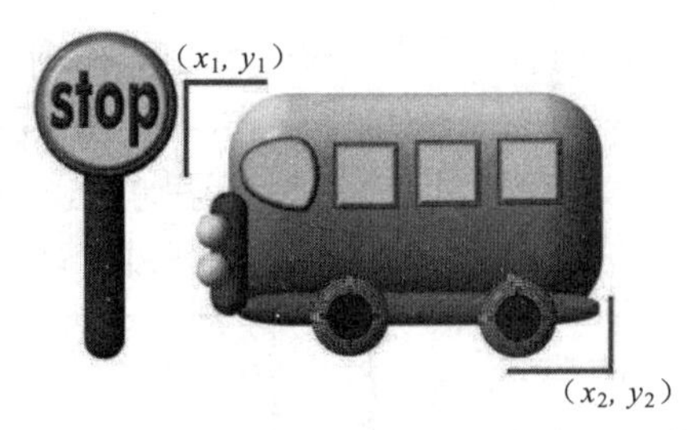

图 9-45　取得汽车所在矩形左上角和右下角的坐标

这时如果要判断一个不定变量是否碰撞到矩形图，只要判断这个不定变量坐标的 x 值是否在 x_1、x_2之间，y 值是否在 y_1、y_2之间即可，如图 9-46 所示。

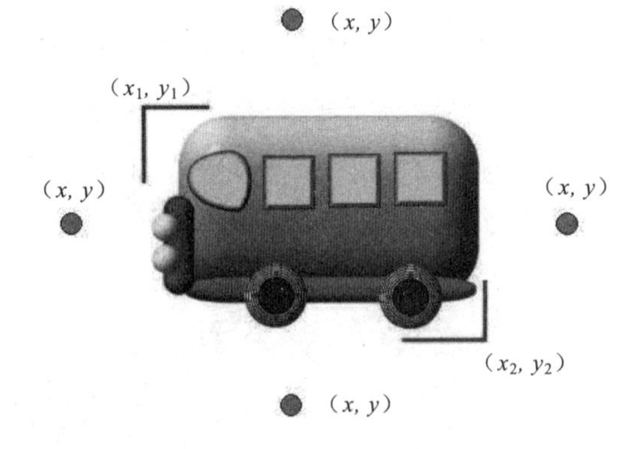

图 9-46　知道 x、y 值就能知道是否发生碰撞

例如，当 2 辆不规则形状的汽车在同样的高度上移动时，要检测 2 辆车是否碰撞，只需要判断这 2 辆汽车的图片是否产生交集，如图 9-47 所示。

图 9-47　2 辆车图示的长已产生了交集表示 2 辆车发生了碰撞

当 2 辆车在不同高度上移动时，就必须利用图片的宽度和高度来检测是否发生了碰撞，但是这种检测碰撞的方法会产生一定的误差，如图 9-48 所示。

图 9-48　未真正碰撞但已检测到碰撞

在 2D 游戏中，矩形图的碰撞判断是属于较简单但不精确的方法，因为这种方法的运算速度较快，且程序代码比较简单。在下面的程序中，笔者用了两张图片，分别为两张汽车图片和发生碰撞时所要显示的提示图片，将汽车的移动设置在等高的位置上，利用汽车的两个矩形图片，以两者在长度是否产生交集来判断是否发生碰撞，执行结果如图 9-49 所示。

图 9-49　利用 2 辆车的长度是否产生交集来判断是否发生碰撞

另外，还有一种球面范围检测碰撞的方法，这种方法与矩形范围检测碰撞的差别是它不利用四角的坐标来判断待测点的坐标是否在球面之内。如果坚持使用四角坐标进行判断，那么将会产生如图 9-50 所示的情况。

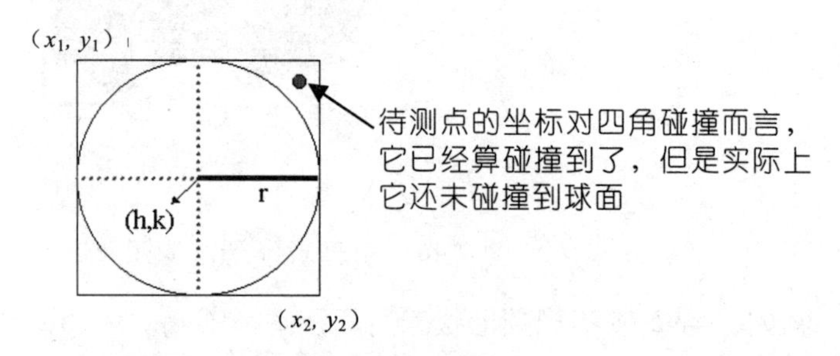

图 9-50　判断待测坐标是否与球面发生碰撞

此时，可以利用数学中解析几何的“圆方程”来求出待测点的坐标在球面的哪一个位置。若圆心为（h, k），半径为 r，则可得方程式如下：

$$(x-h)^2 + (y-k)^2 = r^2$$

例如，有一个球面的圆心为（2, 1），半径为 2，其方程式如下：

$$(x-2)^2 + (y-1)^2 = 2^2\text{，推出}(x-2)^2 + (y-1)^2 = 4$$

用球面检测方法判断待测点的坐标是否碰撞的程序代码如下：

```
void CheckCircle(int x,int y)
{
    int point,r2;
    r2 = 4;
    point = sqr(x-2) + sqr(y-1);
    if ( point == r2)
```

```
        {
            //待测点在球面边缘上
        }else if ( point > r2)
        {
            //待测点在球面外
        }else if ( point < r2)
        {
            //待测点在球面内
        }
    }
```

9.4.3　用颜色来检测碰撞

9.4.2 小节所说的碰撞判断法都是把数学公式当成碰撞的基础条件。在游戏中，无论是主角、敌人或宝物，都是没有规则的形状，如图 9-51 所示。

图 9-51　不规则的人物图形

如果想精确地判断不规则形状的物体是否产生碰撞，常用的方法还是利用颜色来判断。用颜色来检测碰撞的方法虽然比较麻烦，但是却可以精确地判断两个不规则形状的物体是否真的发生了碰撞，假设会发生碰撞的情况如图 9-52 所示。

检测汽车是否进入树林中，其实就是检测汽车是否与树林发生碰撞，如何利用颜色来判断汽车是否与树林发生了碰撞呢？仅凭图 9-52 是看不出任何蛛丝马迹的，因为它无法以任何颜色为基准点计算是否发生碰撞，下面换图 9-53 所示的图片来试试。

图 9-52　检测汽车是否进入树林中

图 9-53　利用颜色来检测碰撞的“屏蔽图”

在图 9-53 中，黑色部分与前一个树林一模一样，之所以要将树林改成黑色，是因为我们需要把它当作是一张“屏蔽图”，以便于利用颜色来判断是否发生碰撞。当汽车与树林发生碰撞时，车头部分就被黑色挡住了。

此时，判断二者是否碰撞的标准就变成了黑色部分与汽车是否会产生交集，而判断汽车是否与黑色部分有交集的方法其实很简单。因为黑色与任何颜色做 AND 运算的结果还是黑色，所以用汽车颜色来与目前所在位置上的“屏蔽图”进行 AND 运算，如果结果为黑色，就表示汽车与树林发生了碰撞，但前提是汽车图案中不可以有纯黑色。

接下来我们就以颜色判断的方式来检测汽车是否与树林发生碰撞，其过程如图 9-54 所示。

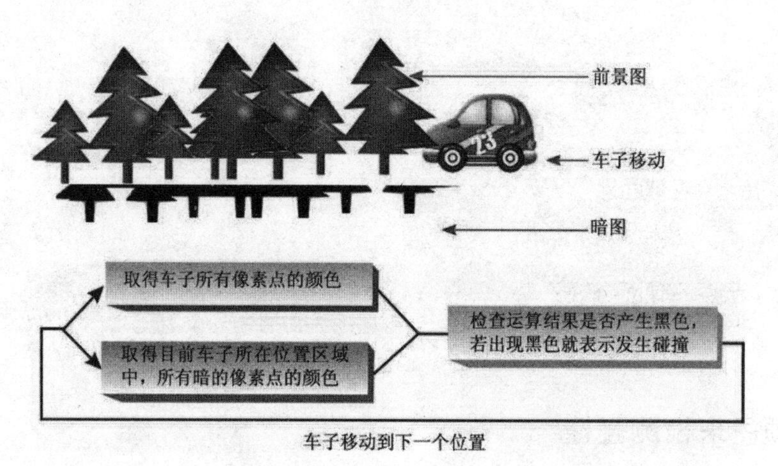

图 9-54　用颜色判断的方式来检测是否发生碰撞

在下面设计的程序中，每次汽车发生移动时都必须重新进行镂空处理，并取得所有像素的颜色值，然后进行 AND 运算，根据运算结果再判断有无发生碰撞，执行结果如图 9-55 所示。

汽车在树林中

汽车开出树林

图 9-55　用颜色来判断是否发生碰撞

【课后习题】

1. 半透明在游戏中应用的场合是什么？
2. 试说明角色遮掩的情况。
3. 2D 坐标系统有哪几种？
4. 什么是 GDI 与设备描述表？
5. 在 2D 游戏中所采用的场景图块形状可分成哪两种？
6. 什么是斜角地图？

第 10 章
2D游戏动画

大部分比较精致的游戏都会在游戏中加入开场动画，有时为了游戏关卡与关卡间的转场，常常也需要运用一些动画的表现手法来间接提升游戏的质感，并借助动画中剧情的展现为游戏加入一些令人感动的元素（见图 10-1）。不论在影视媒体、网站画面或广告画面的开场中都可以看见它的踪影。游戏中展现动画的方式有两种：一种是直接播放影片文件（如 AVI、MPEG），常用在游戏的片头与片尾；另一种是游戏进行时利用连续贴图的方式制造动画的效果。

图 10-1　《巴冷公主》游戏的开场动画

10.1　2D 动画的原理与制作

2D 动画主要是以手绘的方式呈现，在平面的舞台区域范围内，分别设置不同层次的背景、前景或角色的移动，通过对象前后堆栈的关系来呈现画面的丰富度，或称为平面动画。简单来说，动画的基本原理就是由连续数张图片依照时间顺序显示所造成的视觉效果，其原理与卡通影片相同，可以自行设置每张图片停滞的时间来造成不同的显示动画速度。也就是以一种连续贴图的方式快速播放，再加上人类“视觉暂留”的因素，从而产生动画效果。

所谓“视觉暂留”现象，指的就是眼睛和大脑联合起来欺骗自己所产生的幻觉。当有一连串的静态图片在面前快速地循序播放时，只要每张图片的变化够小、播放的速度够快，就会因为视觉暂留而产生图片中各个元素移动的错觉。而连续贴图就是利用这个原理，在相框中一直不断地更换里面的图片，这些图片会按照动作的顺序依次播放，从而产生动画。

10.1.1 一维连续贴图

贴图包含两部分，一个是放置图片的框，如同日常生活中的相框一样；另一个是图片，也就像放在相框里的照片一样（见图 10-2）。

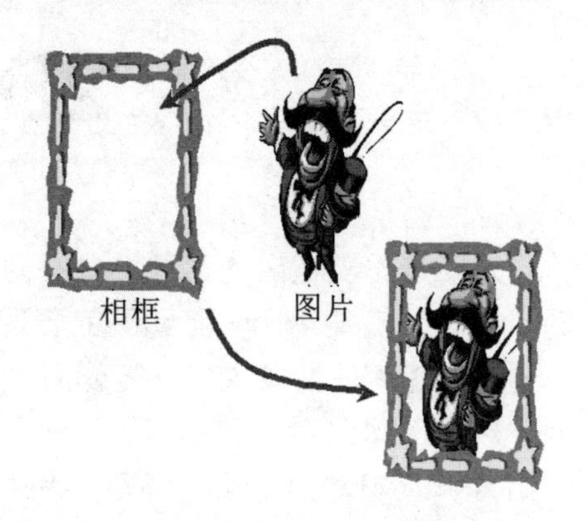

图 10-2 贴图的过程

我们先来看如图 10-3 所示的 6 张图片，每一张图片的不同之处在于动作的细微变化，如果能够快速的循序播放这 6 张图片，那么我们就会因为视觉暂留所造成的幻觉而认为图片在运动了，由此可见，动画效果只不过是快速播放图片罢了。

图 10-3 连续的贴图所产生的动画效果

然而在此有一个关键性问题值得思考，就是到底该以多快的速度来播放动画？也就是说，何种播放速度下会产生人类最佳的视觉暂留现象？电影播放的速度为每秒 24 张静态图片，这样的速度已经足够让大家产生视觉暂留，而且会令观看者觉得画面非常流畅（没有延迟现象）。由于衡量视频播放速度的单位为 FPS（Frame Per Second），也就是每秒可播放的帧（Frame）数，一帧即是指一张静态图片。

如图 10-3 所示，将人物的跑步动作分成 6 个，假设一个动作图片的长为“W”、宽为“H”，且每一张图片的长与宽都一样，那么就可以利用数学中“等差数列”的公式计算出某一张图片的位置，等差数列的公式如下所示：

$$a_n = a_1 + (n-1) * d$$

其中，a_1 为首项

a_n 为第 n 项

n 为项次

d 为公差

由于第一张人物操作图片的 x 轴坐标为"0"，所以 a_1 就为 0，不过，笔者还是建议读者将这个值也填上去，因为以后可能不会将物体连续动作的图片放在框内的(0, 0)坐标上，所以最好是自动补上这个值，以识别第一项的值。

例如，要算出第 3 张图片在 x 轴坐标上的位置，可以将已知的值代人等差数列的公式中，得到我们所需要的值。如下列公式所示：

$$a_3 = a_1 + (3-1)*W$$
$$a_3 = 0 + 2W \Rightarrow a_3 = 2W$$

在上述公式中，a_3 就是第 3 张图片在 x 轴的偏移坐标，而第 3 张图片在 y 轴的偏移坐标是 0，所以可以很轻易地取得第 3 张人物的动作图片，如图 10-4 所示。

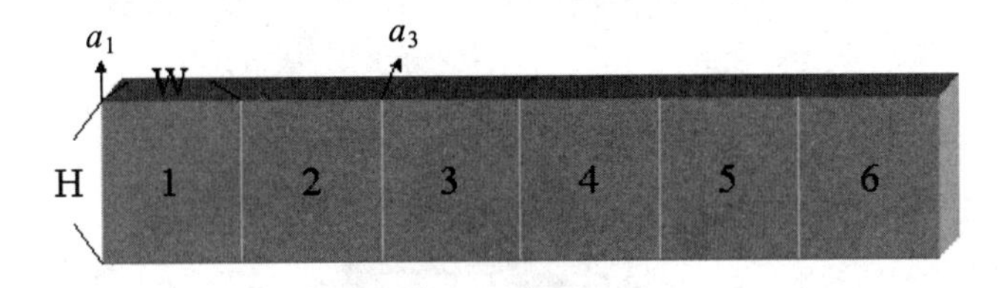

图 10-4　求得第 3 张人物的动作图片

以此类推，如果人物动作要从第一张图片播放到第 6 张图片，我们就可以编写一个循环分别求出这几张图片的等差数列坐标（x、y 坐标值）。如此一来，图片框内就能播放人物的连续动画了，程序代码如下：

```
For i=1 to 6
srcPicture.X = 0 +(i-1)*W
srcPicture.Y = 0
Delay(1)  '暂停1秒
Next
```

以上的方式是介绍图片帧在一维方向的移动，我们是利用 For 循环来达到动画的效果的。其实也可以利用 Windows API 来制作游戏的动态效果。其中 Windows API 的 SetTimer()函数可以为窗口创建一个定时器，并且每隔一段时间就发出 WM_TIMER 信息，这种特性可以用来播放静态的连续图片，从而产生动画的效果。此函数的使用语法如下：

```
UINT SetTimer(   HWND          接收定时器信息的窗口
                 UINT          定时器代号
                 UINT          时间间隔
                 TIMERPROC     处理回调函数)
```

例如，设置每隔 0.5 秒发出 WM_TIMER 信息定时器的程序代码如下所示：

```
SetTimer(1,500,NULL);
```

了解了定时器的使用方式之后，将图 10-5 中几张人物连续摆动的图片运用定时器来定时播放使其产生动画效果。

图 10-5　人物摆动的图片

执行结果如图 10-6 所示，我们可以看到一个左右摇摆的娃娃。

图 10-6　左右摇摆的娃娃

在动画的表现上，定时器的使用虽然简单方便，但是这种方法仅适用于显示简易动画以及小型游戏程序中。如果要显示顺畅的游戏画面，使玩家感觉不到延迟，那么游戏画面就必须在一秒钟内更新至少 25 次以上，这一秒钟内程序还必须进行信息的处理和大量数学运算，甚至包括音效的输出等操作，而使用定时器来驱动这些操作，往往达不到我们要求的标准，这样就会产生画面显示不顺畅或游戏响应时间太长的情况。

■ **游戏循环的作用**

在这里要介绍“游戏循环”的概念，游戏循环是将原有程序中的信息进行循环并加以修改，判断其中是否有要处理的信息，若有则进行处理，否则就按设置的时间间隔来重绘画面。由于循环的执行速度远比定时器发出的时间信号快，因此使用游戏循环可以更精准地控制程序执行的速度并提升每秒钟画面重绘的次数。下面是笔者所率团队设计的游戏循环程序代码：

```
    //游戏循环
while( msg.message!=WM_QUIT )
{
```

```
    if( PeekMessage( &msg, NULL, 0,0 ,PM_REMOVE) )  //检测信息
    {
        TranslateMessage( &msg );
        DispatchMessage( &msg );
    }
        else
        {
            tNow = GetTickCount();                          //获取当前时间
            if(tNow-tPre >= 40)
                MyPaint(hdc);
}
}
```

然后以游戏循环的方式进行窗口的连续贴图，更精确地制作游戏动画效果，并在窗口左上角显示每秒画面更新次数，如图 10-7 所示。

图 10-7　每秒更新 10 次的画面

10.1.2　2D 连续贴图动画

本节还要介绍另一种动画排列方式——2D 连续贴图动画，如图 10-8 所示。

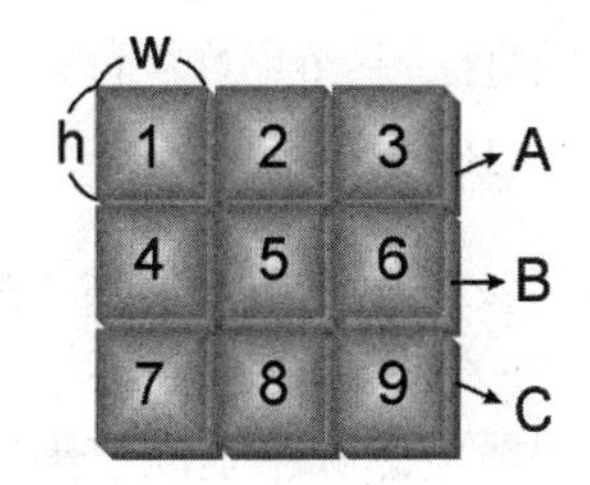

图 10-8　2D 连续贴图动画的排列方式

这种排列是将物体的操作串成一张大图，而大图又分成三行，分别是 A、B、C，看起来像二维数组的排列。如果只计算 A 排中的某一个子图片，对我们来说已经不是什么难事了，只要使用等差数列便可以得知 1、2 或 3 的子图片坐标了。

如果现在要读取 B 排与 C 排的子图片坐标，就必须分别计算出它的偏移 w 值与 h 值，假设我们要在图片文件中读取 5 号子图片的 x、y 坐标值，其方法如下所示：

```
W5=w            '此为第 5 号子图片的左上角 x 坐标
H5=h            '此为第 5 号子图片的左上角 y 坐标
```

上述公式是利用肉眼从图示中看出的，如果子图片数量较多，再用肉眼去辨别势必会很辛苦。这时建议读者使用公式来解决这个问题。从图 10-8 中可知，横向总子图片的张数为 3，纵向总子图片的张数为 3，而以横向坐标（x 坐标）来说，可以取 5 除以 3 的余数来当作是第 5 张横向的子图片张数；同理，也可以取 5 除以 3 的余数来当作是第 5 张纵向的子图片张数，计算公式如下：

$W_n = A_{x1} + [(n \text{ MOD } \text{横向总张数}) - 1] \times \text{单张宽度}$

推出 $W_5 = 0 + [(5 \text{ MOD } 3) - 1] \times w$

$H_n = A_{y1} + [(n \text{ MOD } \text{纵向总张数}) - 1] \times \text{单张长度}$

推出 $H_5 = 0 + [(5 \text{ MOD } 3) - 1] \times h$

- A_{x1}：第一张子图片左上角的 x 坐标值。
- A_{y1}：第一张子图片左上角的 y 坐标值。
- MOD：取得余数的函数。

也可以将公式编写成如下形式：

$W_n = A_{x1} + (n / \text{横向总张数}) \times \text{单张宽度}$

推出 $W_5 = 0 + (5/3) \times w$

$H_n = A_{y1} + (n/\text{纵向总张数}) \times \text{单张长度}$

推出 $H_5 = 0 + (5/3) \times h$

因为以除法而言，不管是横向或纵向都能够取得当前张数减 1 的值，所以不必自行减去 1。现在我们以上述的公式来算出第 5 张子图片的位置坐标，如下列所示：

$W_5 = 0 + [(5 \text{ MOD } 3) - 1] \times w$

推出 $W_5 = 0 + [1 - 1] \times w$

推出 $W_5 = w$

$H_5 = 0 + [(5 \text{ MOD } 3) - 1] \times h$

推出 $H_5 = 0 + [1 - 1] \times h$

推出 $H_5 = h$

看完以上说明，将其应用到实现 2D 游戏内帧的贴图算法中，使用的示例图片如图 10-9 所示。

假如播放的顺序是从左到右、自上而下的，为了指定播放的帧为图片中的哪一块区域，必须使用绘图函数协助计算帧播放的位置，假如我们使用的是 Visual Basic，那么就可调用 PaintPicture()函数，参数的指定说明如下所示：

```
PaintPicture(source, dx, dy, dwidth, dheight, sx, sy, swidth, sheight, opcode)
source：绘图来源对象
(dx, dy)：目标区坐标
(dwidth, dheight)：目标区绘图区域大小
```

```
(sx, sy)：来源区坐标
(swidth, sheight)：来源区绘图区域大小
opcode：vb 句柄
```

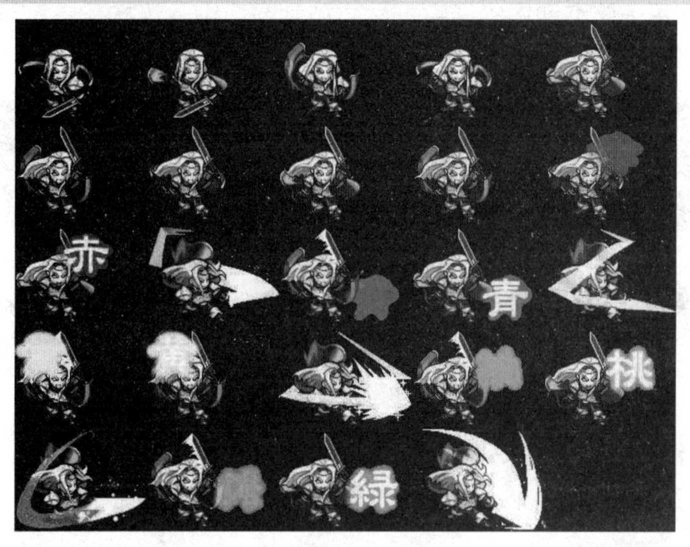

图 10-9　使用的示例图片

在程序实现时会先将图片加载到 Visual Basic 的 PictureBox 组件中，并预先将之设置为“不可视”，然后调用 PaintPicture()函数进行绘图区域的计算并绘制至窗体上。当然，我们可以使用 Timer 组件来控制动画播放的速度，图 10-10 为在窗体上显示的组件。

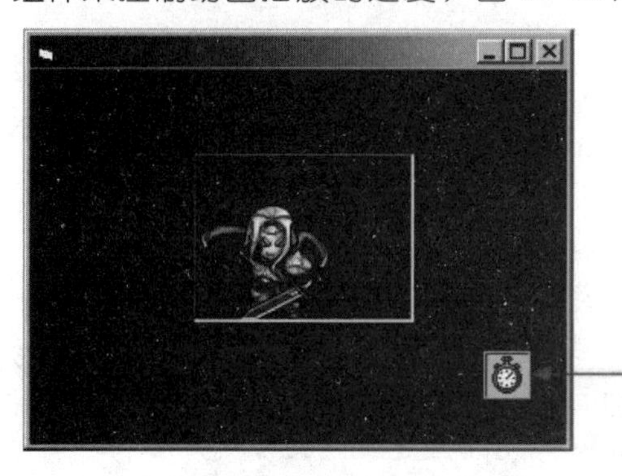

图 10-10　在窗体上显示的组件

这种方式也有额外负担的时间成本，因为必须额外花费时间计算绘图来源区域，不过优点是可以直接加载整张图片。当然也可以将图片切割成数个图片文件，播放时再按序加载，这样做虽然可以省去计算绘图来源区域的时间，但却必须花费时间在图片的加载上。

10.1.3　镂空动画贴图

“镂空动画”是制作游戏动画时一定会运用到的基本技巧，它结合了图片的连续显示及镂空来产生背景图中的动画效果。然后用程序设计来显示连续动态的前景图片，并在显

示之前进行镂空，从而产生镂空动画效果。在下面的范例中使用了图 10-11 中的恐龙连续跑动图片，每一张跑动图片的宽和高为 95×99。镂空动画制作的前提是必须在一个暂存的内存设备描述表上完成每一张跑动图的镂空，然后贴到窗口中，这样在更新时才不会出现因为镂空贴图过程而出现的闪烁现象。

图 10-11　恐龙连续跑动的图片

以下是笔者所在团队设计的一段自定义绘图函数的程序代码。

```
//****自定义绘图函数**********************************
// 1.恐龙跑动图片镂空
// 2.更新贴图坐标
void MyPaint(HDC hdc)
{
    if(num == 8)
        num = 0;

    //在 mdc 中贴上背景图
    SelectObject(bufdc,bg);
    BitBlt(mdc,0,0,640,480,bufdc,0,0,SRCCOPY);

    //在 mdc 上进行镂空处理
    SelectObject(bufdc,dra);
    BitBlt(mdc,x,y,95,99,bufdc,num*95,99,SRCAND);
    BitBlt(mdc,x,y,95,99,bufdc,num*95,0,SRCPAINT);

    //将处理好的画面显示在窗口中
    BitBlt(hdc,0,0,640,480,mdc,0,0,SRCCOPY);

    tPre = GetTickCount();         //记录此次绘图时间
    num++;

    x-=20;                         //计算下次贴图坐标
    if(x<=-95)
        x = 640;
}
```

图 10-12 为镂空动画的执行结果。

图 10-12　镂空处理后的动画效果图

10.1.4　动画贴图坐标的修正

动画制作需要多张连续的图片，如果这些连续图片规格不一，那么贴图时就还要进行贴图坐标的修正，否则就可能产生动画晃动、不顺畅的情况。如图 10-13 左右跑动的连续图片就必须在游戏程序中进行贴图坐标修正的操作。

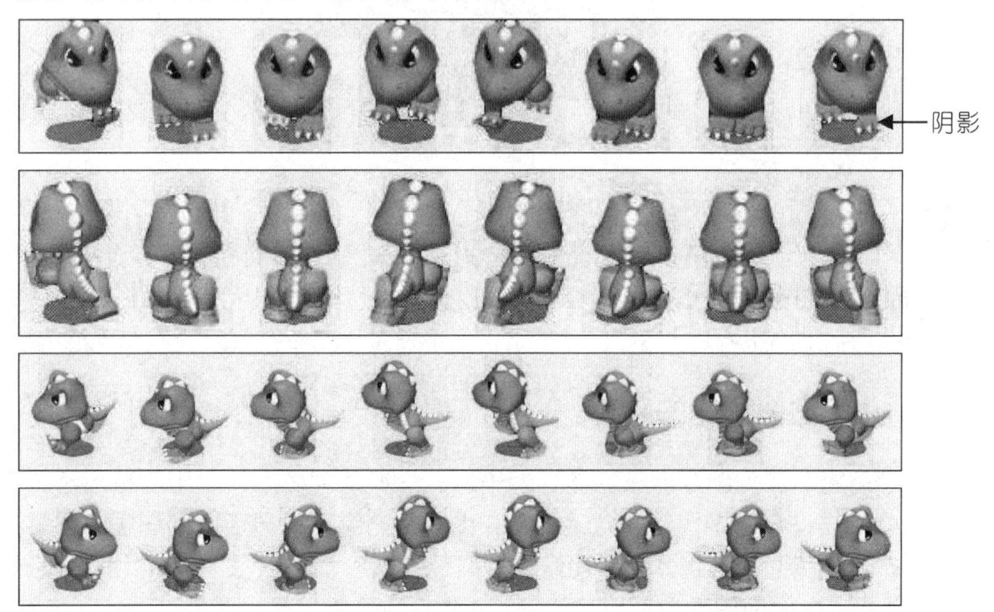

图 10-13　用于进行贴图坐标修正的恐龙连续跑动示例图片

从图 10-13 中可以看出，恐龙在同一方向上的跑动图片大小是一样的，但在不同方向上的尺寸却略有不同，这在动画贴图的时候会有一点小问题，假设图中这只恐龙的动作原本是面向左然后变成面向下，而恐龙本身并没有移动，那么程序就必须先粘贴面向左的图片再粘贴面向下的图片，如果这两次贴图操作都使用相同的左上角的贴图坐标，那么产生的结果就会如图 10-14 所示。

图 10-14　恐龙图片经过两次贴图操作后的动画效果

图 10-14 中的两次贴图，对恐龙图片进行的是从左向下转的操作，但它的阴影所在位置竟然移动了，这也意味着恐龙在该操作过程中产生了移动，而事实却并非如此。这种贴图方式会让动画产生瑕疵，所以必须对贴图坐标进行修正，如图 10-15 所示。

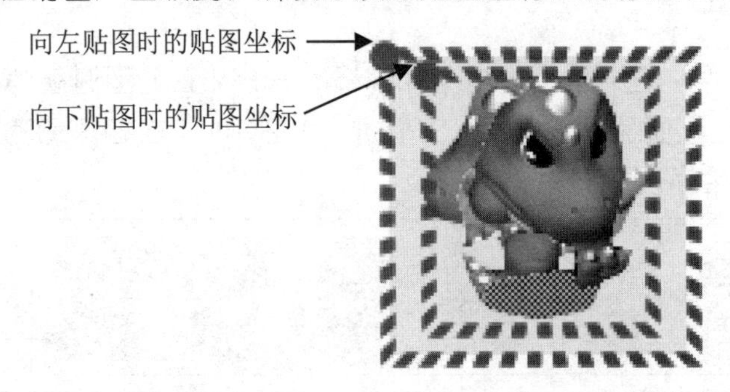

图 10-15　对恐龙动画贴图的坐标进行修正

图 10-15 中是以阴影部分作为贴图的基准，在恐龙动作转而面向下时对贴图坐标进行修正，使第 2 次贴图时的阴影部分能够与上一次重叠，还可以看出第 2 次贴图的左上角坐标与第 1 次相比稍稍向右下方移动了，这样的修正也是为了让动画在展示时能有更好的视觉效果。

10.1.5　动画贴图排序的技巧

“排序贴图”的问题源自于物体远近呈现的一种贴图概念，之前的贴图方式都是对距离较远的物体先进行贴图，然后对近距离物体进行贴图，一旦定出贴图顺序后就无法再改变，这种做法在画面上的物体会彼此遮掩的情况下就不适用，图 10-16 以图示来进行说明。

在图 10-16 中对两只恐龙进行了编号，首先会执行 1 号恐龙的贴图操作，接着再执行 2 号恐龙的贴图操作。在前一秒里，可以看到画面还很正常，可是到了后一秒时，画面却怪怪的，这是因为此时的 2 号恐龙已经跑到了 1 号恐龙的后面，但是贴图顺序还是先贴 1 号恐龙图片再贴 2 号恐龙图片，形成了后面的物体反而遮掩住前面的物体这种不协调的画面。

为了避免因为贴图顺序产生的错误画面，必须在每次窗口重新显示时动态地决定画面上每一个物体的贴图顺序，要如何动态决定贴图的顺序呢？这里采用的方法就是“排序”。

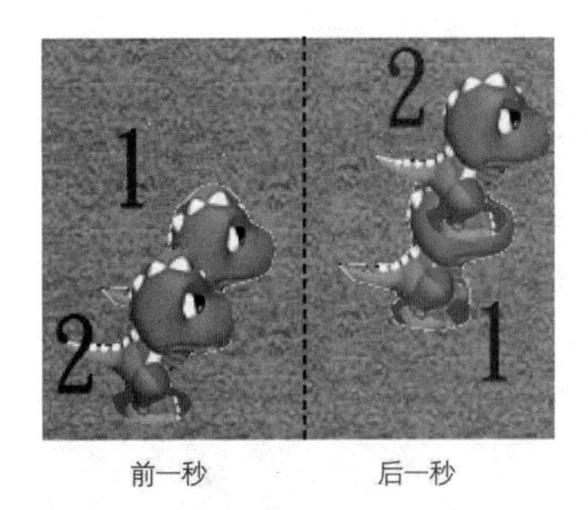

图 10-16　彼此遮挡的恐龙不适用排序贴图

例如，现在有 10 张要进行贴图的恐龙图片，我们先把它们存储在一个数组之中，从二维平面的远近角度来看，y 轴坐标比较小（在窗口画面上方）的是比较远的物体，如果以恐龙的 y 轴坐标（在排序中称为关键字）来对恐龙数组从小到大进行排序，最后会使 y 轴坐标小的恐龙图片排在数组前面，而进行画面贴图时则由数组从小到大一个个处理，这样就达到“远的物体先贴图”的目的了。要进行排序，必须先决定使用的排序法，在这里笔者推荐使用冒泡排序法（Bubble Sort）。

要让多只恐龙可以随机跑动，可在每次进行画面贴图前先完成排序操作，并对恐龙跑动的贴图坐标进行修正，让动画能呈现更接近真实的远近层次效果。为了实现这种效果，我们自定义绘图函数 MyPaint()，部分程序代码如下：

```
/****自定义绘图函数*********************************
// 1.对窗口中跑动的恐龙图片进行排序
// 2.对恐龙贴图的坐标进行修正
void MyPaint(HDC hdc)
{
    int w,h,i;

    if(picNum == 8)
       picNum = 0;

    //在 mdc 中先贴上背景图
    SelectObject(bufdc,bg);
    BitBlt(mdc,0,0,640,480,bufdc,0,0,SRCCOPY);

    BubSort(draNum);

    for(i=0;i<draNum;i++)
    {
       SelectObject(bufdc,draPic[dra[i].dir]);
       switch(dra[i].dir)
       {
          case 0:
```

```
            w = 66;
            h = 94;
            break;
        case 1:
            w = 68;
            h = 82;
            break;
        case 2:
            w = 95;
            h = 99;
            break;
        case 3:
            w = 95;
            h = 99;
            break;
    }
    BitBlt(mdc,dra[i].x,dra[i].y,w,h,bufdc,picNum*w,h,SRCAND);
    BitBlt(mdc,dra[i].x,dra[i].y,w,h,bufdc,picNum*w,0,SRCPAINT);
}
//将处理好的画面显示在窗口中
BitBlt(hdc,0,0,640,480,mdc,0,0,SRCCOPY);

tPre = GetTickCount();              //记录此次绘图时间
picNum++;

for(i=0;i<draNum;i++)
{
    switch(rand()%4)                //随机决定下次移动的方向
    {
        case 0:                     //上
            switch(dra[i].dir)
            {
                case 0:
                    dra[i].y -= 20;
                    break;
                case 1:
                    dra[i].x += 2;
                    dra[i].y -= 31;
                    break;
                case 2:
                    dra[i].x += 14;
                    dra[i].y -= 20;
                    break;
                case 3:
                    dra[i].x += 14;
                    dra[i].y -= 20;
```

```
            break;
        }
        if(dra[i].y < 0)
            dra[i].y = 0;
        dra[i].dir = 0;
        break;
    case 1:                                    //下
        switch(dra[i].dir)
        {
            case 0:
            dra[i].x -= 2;
            dra[i].y += 31;
            break;
            case 1:
                dra[i].y += 20;
                break;
            case 2:
                dra[i].x += 15;
                dra[i].y += 29;
                break;
            case 3:
                dra[i].x += 15;
            dra[i].y += 29;
            break;
        }
        if(dra[i].y > 370)
            dra[i].y = 370;
        dra[i].dir = 1;
        break;
            case 2:                                    //左
            switch(dra[i].dir)
            {
                case 0:
                    dra[i].x -= 34;
                    break;
                case 1:
                    dra[i].x -= 34;
                    dra[i].y -= 9;
                    break;
                case 2:
                    dra[i].x -= 20;
                    break;
                case 3:
                    dra[i].x -= 20;
                    break;
```

```
            }
            if(dra[i].x < 0)
               dra[i].x = 0;
            dra[i].dir = 2;
            break;
         case 3:                          //右
            switch(dra[i].dir)
            {
            case 0:
               dra[i].x += 6;
               break;
            case 1:
               dra[i].x += 6;
               dra[i].y -= 10;
               break;
            case 2:
               dra[i].x += 20;
               break;
            case 3:
               dra[i].x += 20;
               break;
            }
            if(dra[i].x > 535)
               dra[i].x = 535;
            dra[i].dir = 3;
            break;
            }
      }
}
```

其中，前半段程序会先将数组中各恐龙按目前所在的坐标进行排序贴图的操作；后半段程序是随机决定下次恐龙的移动方向，并计算下次所有恐龙的贴图坐标，因此每次调用此函数时就会更新窗口中的画面，产生恐龙四处移动的效果，如图 10-17 所示。

图 10-17　恐龙四处移动的效果

10.2　2D 横向滚动游戏的移动效果

在 2D 横向滚动或纵向滚动游戏中，有时会以循环移动背景图的方式，让玩家在游戏的过程置身于动态的背景环境中。另外还有一些游戏结合了横向滚动的技术与 3D 场景的特效，让 2D 的游戏场景看起来更逼真，例如《恶魔城——月下夜想曲》。下面介绍 2D 游戏中经常用到的动态背景表现手法。

10.2.1　单一背景滚动动画

单一背景滚动方式是利用一张相当大的背景图，当游戏运行的时候，随着画面中人物的移动，背景的显示区域也跟着移动。要制作这样的背景滚动效果其实很简单，只要在每次背景画面更新时，改变显示到窗口中的背景区域即可。如图 10-18 中的这张背景图，从左上到右下画了 3 个框代表要显示在窗口中的背景区域，而程序只要按左上到右下的顺序在窗口上连续显示这 3 个框的区域，就会产生背景从左上往右下滚动的效果。

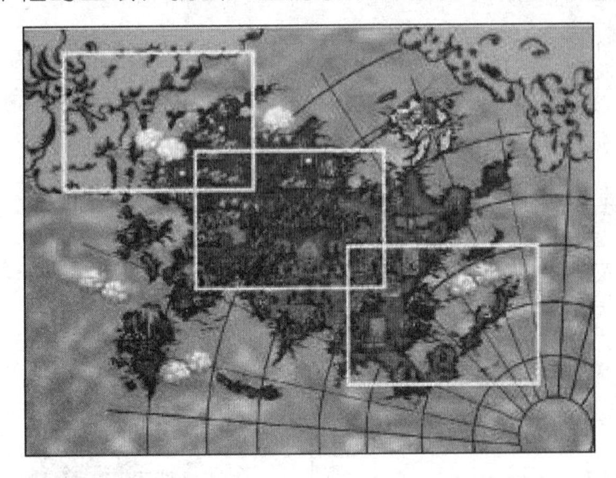

图 10-18　在一张大的背景图上制作背景滚动的效果

再举一个例子，屏幕显示模式为 640×480，而背景图是一张 1024×480 的大型图片，如果将背景图放置在屏幕中，就会生成如图 10-19 所示的效果。

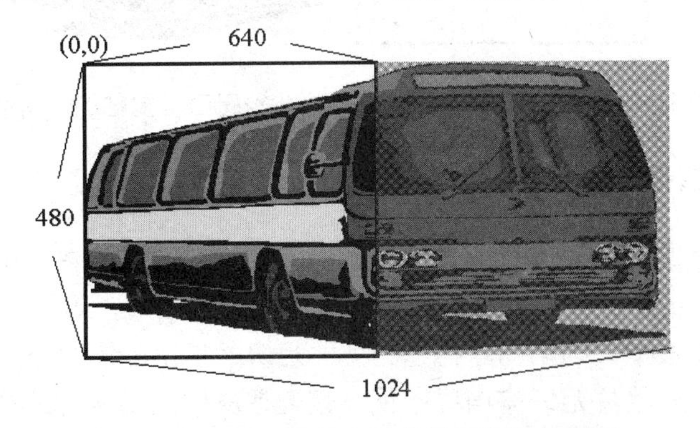

图 10-19　背景图超出屏幕显示范围的情况

右边灰色屏蔽部分在屏幕上是看不到的，我们只能在屏幕上看到公交车的左半部分，如果想看到公交车的右半部分，就必须将屏幕画框移向公交车的右半部分。这种做法当然是办不到的。因为屏幕画框是不能移动的，所以想看到公交车的右半部分，只能是通过移动公交车的图片才能实现，如图 10-20 所示。

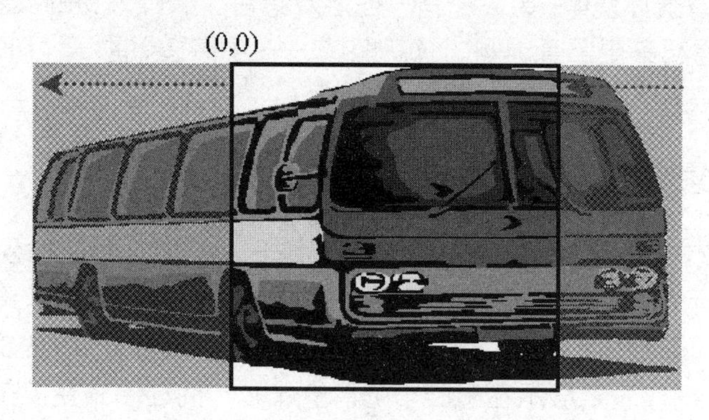

图 10-20　移动公交车的图片才能通过屏幕看到图片的右半部分

如果要观看背景图上的(x_1, y_1)坐标，而且画框长为 W、宽为 H，就可以从背景图的(x_1, y_1)坐标点上取得长为 W、宽为 H 的图框，并且贴在屏幕的画框上（贴在显存上），以 Direct Draw 的贴图函数为例，其语法如下所示：

```
画框.BltFast(画框左上角的x坐标, 画框左上角的y坐标, 原始图, Rect(x1,y1,W,H))
```

这样就可以看到大型图片的全貌了，以此类推，我们也可以将大型图片的某一个部分取出，然后贴在所要贴的位置上，如图 10-21 所示。

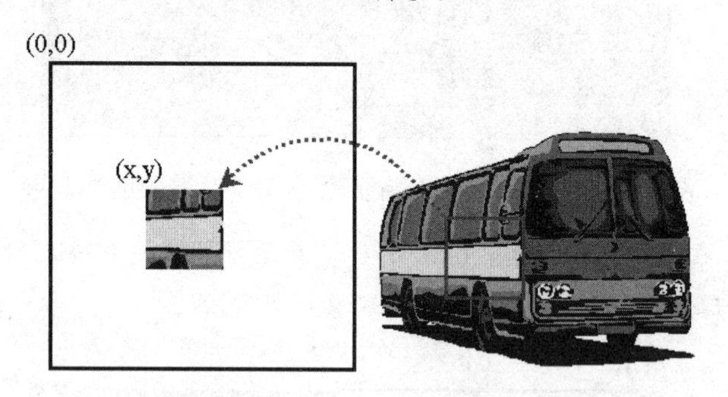

图 10-21　取公交车图片的一部分贴到窗口中要贴的位置上

10.2.2　单背景循环滚动动画

循环背景滚动就是不断地进行背景图的裁剪与拼接，也就是将一张图片的前页贴在自己的后页上，然后在窗口上显示一种背景画面循环滚动的效果，如图 10-22 所示。

假设地图会不断滚动，则贴图时右边的图片方块所指定的图片来源区域会逐渐变窄，消失的部分则在左边的图片方块中再度出现，其道理就如同幻灯片的播放，将图片的尾端与前端接起来，再不断地循环滚动播放一样，如图 10-23 所示。

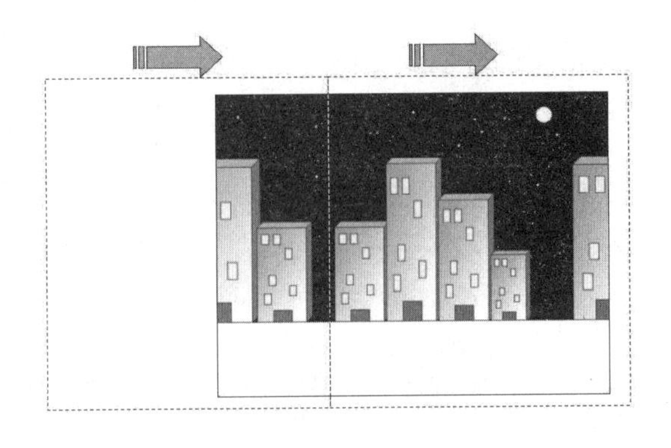

图 10-22　背景画面循环滚动的效果

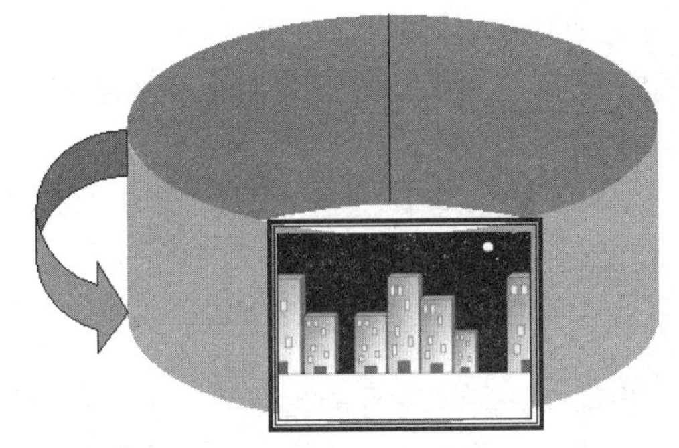

图 10-23　不断地循环滚动播放的图片

对于这样的滚动动画，我们只需要两个贴图指令并配合固定时间播放就可以制作。需要注意的就是图片的衔接问题，为了突显动画效果，还可以在滚动中加入人物作为位移的对比，如图 10-24 所示。

图 10-24　加入参照物进行位移的对比

图 10-24 中的人物实际上是静止不动的，由于背景滚动的原因，使人物看起来像是在走动，利用背景与前景的位移关系可以制作出动态的效果。

下面再来详细说明背景图从左向右滚动的概念，假设图 10-25 的左图是前一秒画面更新时所看到的样子（外围的框线代表窗口），而下一秒的时候背景向右滚动，因此背景图向右移动，如图 10-25 的右图所示。

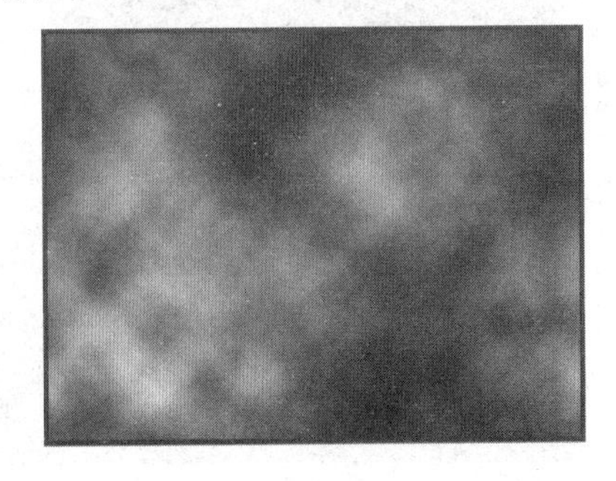

更新前所看到的图片

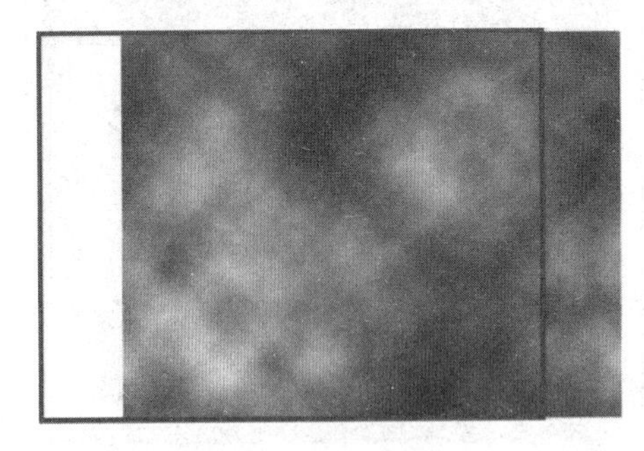

下一秒所看到的图片

图 10-25　更新的图片

从图 10-25 中可看出，背景图部分与前面的图相比已经往右移动了，而超出窗口的部分在制作循环背景的过程中会把它贴到左边的空闲窗口区域，从而重新组合成一张仍等于窗口大小的新背景图。

这种背景图滚动的概念可以利用两次贴图方式来完成。假设原始的背景图已经被选用到一个设备描述表（DC）对象中，背景图的尺寸大小为 640×480 且刚好与窗口大小相同，另外会在另一个设备描述表对象上来完成背景图两次贴图的操作。

步骤 1：截取原背景图右边部分执行贴图操作，并放置到另一个 DC 中，假设当前要截取的右边部分宽度为 x，如图 10-26 所示。

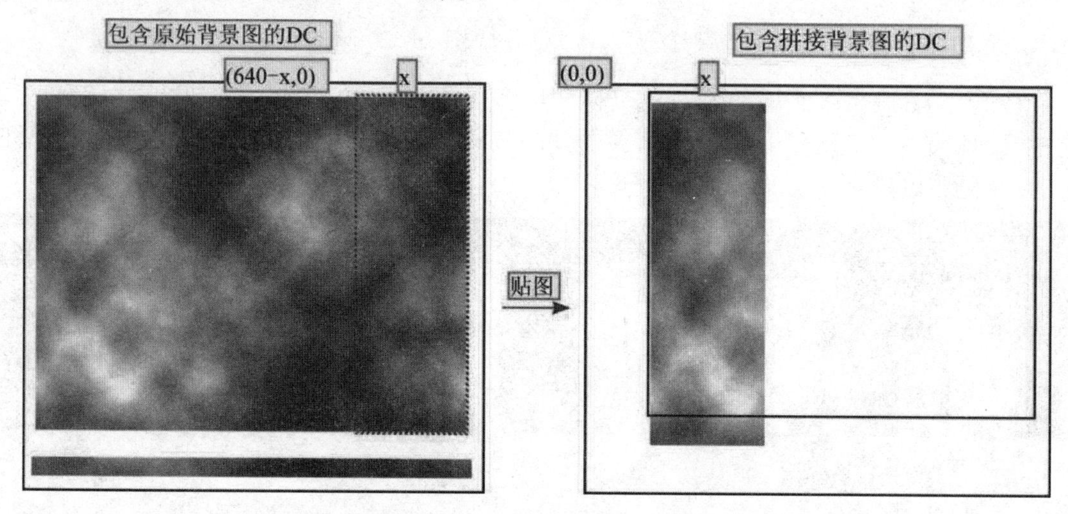

图 10-26　截取右半部图片并贴到另一个设备描述表中

步骤 2：截取原背景图左边部分执行贴图操作，并放置到另一个设备描述表中的右半部分，从而完成向右滚动的新背景图，如图 10-27 所示。

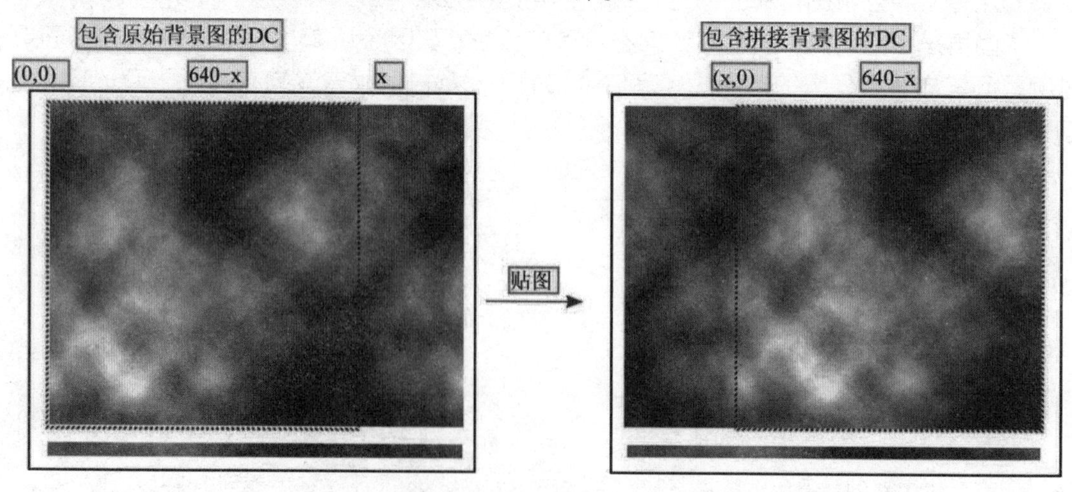

图 10-27　将原背景图贴图到新设备描述表中的过程

步骤 3：将拼接后的背景图显示在窗口中，之后递增 x 值，重复步骤 1、2、3 来产生背景图慢慢向右滚动的效果。而当 x 值递增到大于或等于背景图的大小时，就将 x 的值重置为 0，并产生循环的效果。

下面笔者将利用一张 640×480 的背景图制作成背景从左向右循环滚动的动画。其中 MyPaint()函数每次被调用时都会进行背景图拼接，并在画面上显示背景图，调用 BitBlt()函数进行 3 次贴图来完成。程序代码如下所示：

```
//****自定义绘图函数**********************************
// 切割与拼接背景图产生循环背景
void MyPaint(HDC hdc)
{
    //裁剪背景图右边部分进行贴图
    BitBlt(mdc,0,0,x,480,bufdc,640-x,0,SRCCOPY);

    //裁剪背景图左边部分进行贴图
    BitBlt(mdc,x,0,640-x,480,bufdc,0,0,SRCCOPY);

    //将拼接后的背景图贴到窗口中
    BitBlt(hdc,0,0,640,480,mdc,0,0,SRCCOPY);

    tPre = GetTickCount();

    x += 10;
    if(x==640)
        x = 0;
}
```

10.2.3　多背景循环滚动动画

多背景循环滚动动画的原理其实与前一小节所讲的原理类似，不过由于不同背景在远近层次及实际视觉的移动速度并不相同，因此以贴图方式制作多背景循环滚动动画时，必须确定不同背景贴图的先后顺序以及滚动的速度。

例如，图 10-28 是笔者所设计的多背景循环滚动游戏的程序执行画面，画面中出现了几种背景，而前景为恐龙跑动图。

图 10-28　多背景循环滚动游戏的程序执行画面

读者可以观察图 10-28 来决定要构成这幅画面的贴图顺序，从远近层次来看，天空最远，其次是草地，山峦叠在草地上，然后是房屋，最后才是前景的恐龙。所以进行画面贴图时顺序应该是：

```
天空→草地→山峦→房屋→恐龙
```

另外，不知用户有没有发现，当进行山峦、房屋及恐龙的贴图操作时，还必须再加上镂空的操作，这样才能使这些物体叠在它们前一层的背景上。

决定了贴图时的顺序后，就要考虑背景滚动时的速度，由于最远的背景是天空。所以在前景的恐龙跑动时，滚动应该是最慢的，而天空前的山峦滚动速度应该比天空还要快一点，至于房屋与草地因为相连所以滚动速度相同，而且又要比山峦还快一点，如此就决定出所有背景的滚动速度应该是：

```
天空 < 山峦 < 草地 = 房屋
```

在这里前景的恐龙只让它在原地跑动，由于背景自动向右滚动，因此就会形成恐龙向前奔跑的视觉效果。以下是运用贴图技巧并调整不同背景循环滚动的速度，展示具远近层次感的多背景循环滚动动画。当每次调用 MyPaint()函数时，会先在 mdc 上完成所有图片的贴图操作再显示到窗口上，然后设置下次各背景图的切割宽度以及前景图的跑动图编号，程序如下所示：

```
//****自定义绘图函数**********************************
// 1.按各背景远近顺序进行循环背景贴图
// 2.进行前景恐龙图的镂空贴图
// 3.重设各背景图切割宽度与跑动恐龙图片的编号
void MyPaint(HDC hdc)
{
    //贴上天空图
    SelectObject(bufdc,bg[0]);
    BitBlt(mdc,0,0,x0,300,bufdc,640-x0,0,SRCCOPY);
    BitBlt(mdc,x0,0,640-x0,300,bufdc,0,0,SRCCOPY);

    //贴上草地图
    BitBlt(mdc,0,300,x2,180,bufdc,640-x2,300,SRCCOPY);
    BitBlt(mdc,x2,300,640-x2,180,bufdc,0,300,SRCCOPY);

    //贴上山峦图并镂空
    SelectObject(bufdc,bg[1]);
    BitBlt(mdc,0,0,x1,300,bufdc,640-x1,300,SRCAND);
    BitBlt(mdc,x1,0,640-x1,300,bufdc,0,300,SRCAND);
    BitBlt(mdc,0,0,x1,300,bufdc,640-x1,0,SRCPAINT);
    BitBlt(mdc,x1,0,640-x1,300,bufdc,0,0,SRCPAINT);

    //贴上房屋图并镂空
    SelectObject(bufdc,bg[2]);
    BitBlt(mdc,0,250,x2,300,bufdc,640-x2,300,SRCAND);
```

```
    BitBlt(mdc,x2,250,640-x2,300,bufdc,0,300,SRCAND);
    BitBlt(mdc,0,250,x2,300,bufdc,640-x2,0,SRCPAINT);
    BitBlt(mdc,x2,250,640-x2,300,bufdc,0,0,SRCPAINT);

    //贴上恐龙图并镂空
    SelectObject(bufdc,dra);
    BitBlt(mdc,250,350,95,99,bufdc,num*95,99,SRCAND);
    BitBlt(mdc,250,350,95,99,bufdc,num*95,0,SRCPAINT);

    BitBlt(hdc,0,0,640,480,mdc,0,0,SRCCOPY);

    tPre = GetTickCount();

    x0 += 5;            //重设天空背景切割宽度
    if(x0==640)
        x0 = 0;

    x1 += 8;            //重设山峦背景切割宽度
    if(x1==640)
        x1 = 0;

    x2 += 16;           //重设草地及房屋背景切割宽度
    if(x2==640)
        x2 = 0;

    num++;              //重设跑动图编号
    if(num == 8)
    num = 0;
}
```

10.2.4　交互式地图滚动动画

地图滚动动画比连续背景图滚动动画更容易制作，从基本的横向地图滚动开始，其中的背景图与显示窗格如图 10-29 所示。

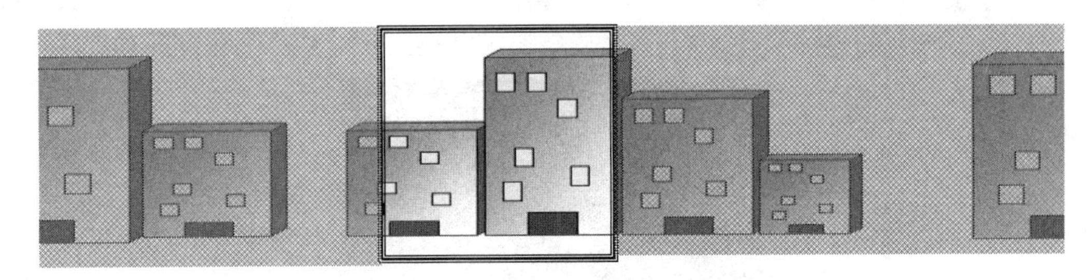

图 10-29　地图滚动动画的效果图

通常我们只要判断图片的哪些区域需要粘贴到显示窗格中即可，但是必须注意这个地图是有边界的，而不像之前的背景图循环贴图，所以还要判断窗格是否达到左右边界。我们可以利用窗格的中心与边界距离来判断，程序中只要使用一个变量就可以了。图 10-30 是笔者设计的可用左右方向键来操作的地图滚动动画的小程序的执行画面。

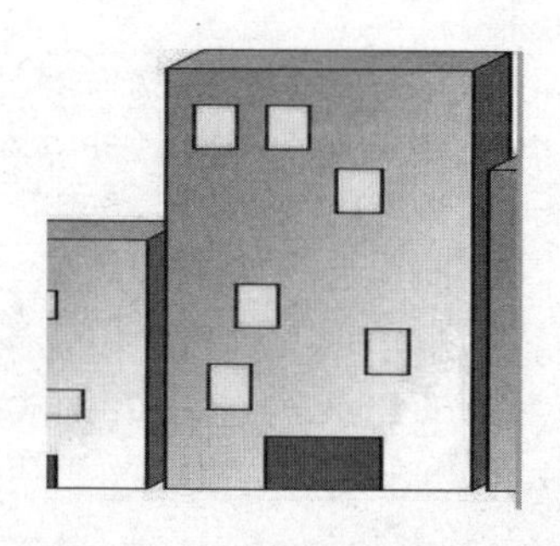

图 10-30　可通过左右方向键来操作地图滚动动画

熟悉了横向地图滚动方式后，要制作二维地图滚动动画就变得很容易了。首先必须准备一张大地图，在贴图时每次只显示其中一个小区域，这是二维地图滚动动画的基本原理，如图 10-31 所示。

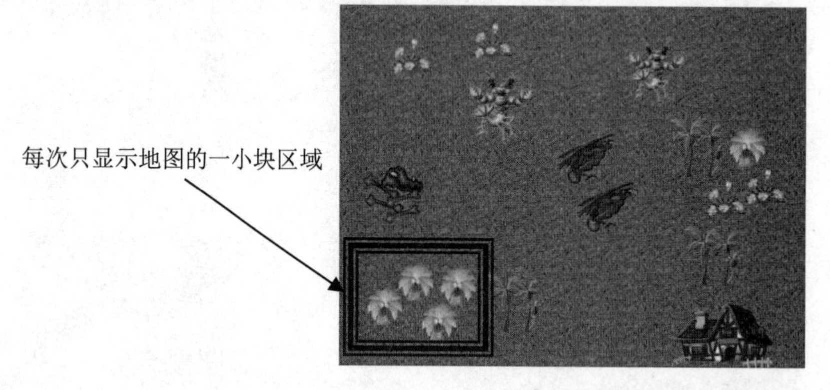

图 10-31　二维地图滚动动画的原理

使用键盘来进行地图滚动操作，也必须判断显示方块是否已抵达地图的上下左右的任一边界，如果遇到边界就不再继续滚动，判断方式同样使用显示方块的中心坐标。这时只要使用两个变量即可。在地图滚动程序中，加入了一个角色作为操作中心点，实际上角色是静止的。在地图滚动时由于背景移动，使得结果看起来像是角色在移动，当然，这个程序还没有加入对地图上障碍物的判断，只是用来示范简单的地图滚动效果。执行画面如图 10-32 所示。

图 10-32　以角色为中心制作地图滚动

10.2.5　屏蔽点的处理技巧

在 2D 游戏中，经常会出现主角或敌人不能直接通过所谓的障碍物，他们可能要跳起来通过障碍物或者将障碍物击破后通过，如图 10-33 所示。

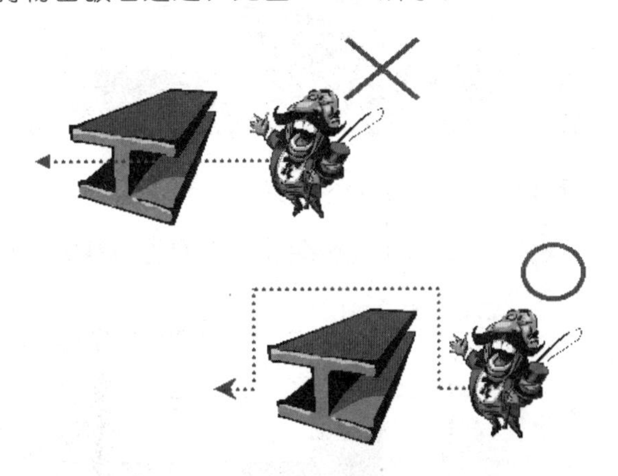

图 10-33　角色要通过障碍物就必须跳过去

这种必须要跳跃的障碍物，被称为“屏蔽点”，存在屏蔽点就是要告诉玩家这个地方不能直接通过，在设计横向滚动的 2D 游戏时，就要考虑如何才能让这些屏蔽点可以和背景图同时移动。在此笔者以一个简单的数组屏蔽图为例进行说明，如图 10-34 所示。

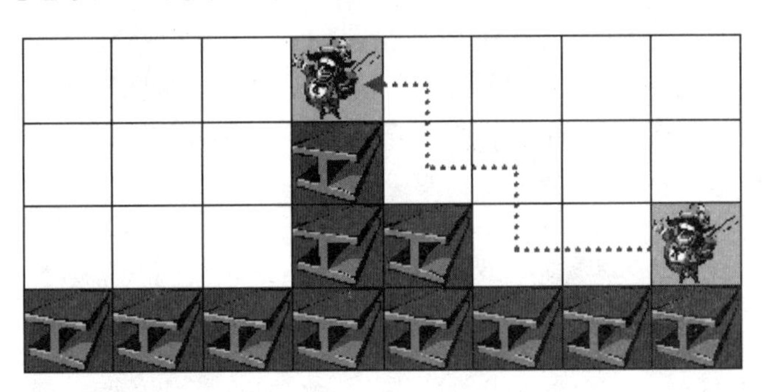

图 10-34　角色要通过的障碍物

主角必须通过所有的障碍物，假如在数组中设置障碍物的值为 1，可以让主角移动通过的位置对应的数组值设置成 0，如下列所示：

```
A(8,4)={
        0,0,0,0,0,0,0,0,
        0,0,0,1,0,0,0,0,
        0,0,0,1,1,0,0,0,
        1,1,1,1,1,1,1,1}
```

假设游戏开始根据第 4 行到第 8 行的数组设置值来显示游戏中背景图（含障碍物），如图 10-35 所示。

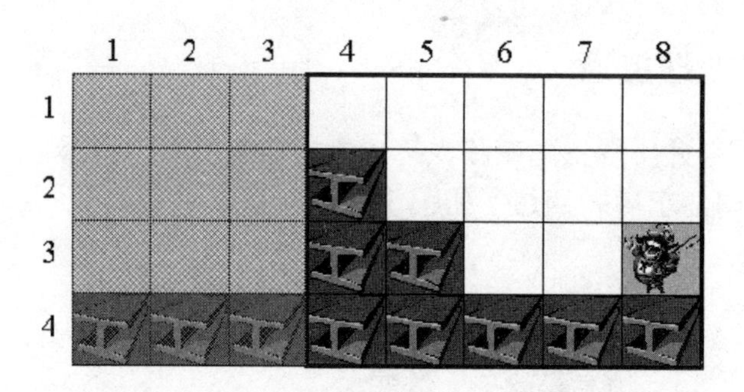

图 10-35　显示游戏中背景图（含障碍物）

然后将主角向左移动一格，也就是让背景图屏蔽向右推一格，如图 10-36 所示。

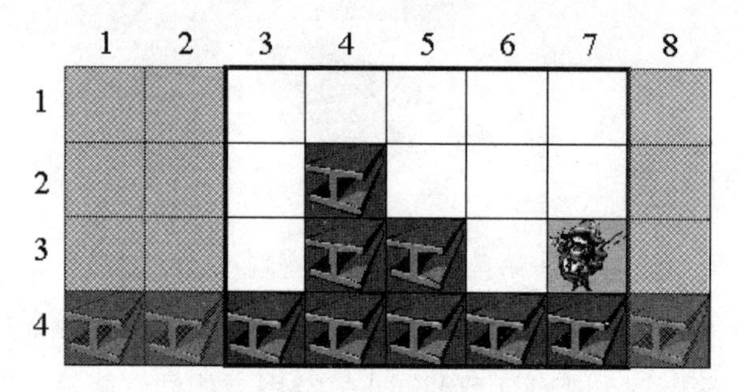

图 10-36　背景向右移动也就是人物向左移动的过程

此时所显示的是第 3 行到第 7 行的数组设置值对应的背景图。在这种情况下，必须求出可以显示的数组坐标值，如同上面的例子，游戏一开始是根据是第 4 行到第 8 行的数组设置值来显示背景图，所以可以将显示数组值的程序代码编写如下：

```
a=4
For i=a To a+4
    For j=1 To 4
        Draw(i,j)
    Next
Next
```

如此一来，就可以利用数组里的值（1 或 0）来判断是否要将障碍物显示在屏幕上，以此类推，就可以显示移动后数组设置值对应的背景画面了。

事实上，障碍物的判断可以利用数组来设置障碍物的位置，在每次移动角色之前就先对比数组中的元素值，看看下一个移动的位置是否存在障碍物。下面再以一个简单的障碍物判断范例来说明，如图 10-37 所示。

根据图 10-37 所示就可以直接设置一个二维数组来记录障碍物的位置，其中标识为 1 表示该处存在障碍物。

```
1, 1, 1, 1, 1
0, 0, 0, 0, 1
```

```
0, 0, 1, 0, 0
0, 1, 1, 0, 0
1, 1, 1, 1, 0
```

图 10-37　钢筋为障碍物，角色遇到障碍物会无法通过

程序将使用键盘进行操作，每一次按下按键时，就必须进行一次数组元素的检查，看看下一个位置元素值是否被标识为 1，所以必须有两个变量来记录角色当前的位置。

现在只是简单的障碍物判断，还没使用到背景滚动与贴图，如果要加上背景滚动，就要结合数组值来判断，假设所使用的背景如图 10-38 所示。

图 10-38　结合数组值来判断的背景图

根据这个背景图，我们可以定义出一个数组来记录每一个障碍物的位置，我们的数组定义如下所示：

```
0, 0, 0, 0, 0, 0, 0, 0
0, 0, 0, 1, 0, 0, 0, 0
0, 0, 0, 1, 1, 0, 0, 0
1, 1, 1, 1, 1, 1, 1, 1
```

如果结合背景滚动功能将会多出一项考虑，就是在按下按键进行操作时，究竟是该移动角色，还是该滚动背景图。如果处理不好，很可能会发生贴图的残像问题。在程序中的具体做法是当角色在背景图的右半区域活动时就滚动背景图，如果角色在背景图的左半区域活动时就移动角色，这样就不会出现贴图的残像问题，程序判断的依据是角色在数组中的索引位置，图 10-39 是程序的执行结果。

图 10-39　可滚动背景的障碍跳跃游戏程序范例

【课后习题】

1. 游戏中展现动画的方式有哪两种？
2. 什么是 FPS？
3. 镂空动画的作用是什么？
4. 什么是单一背景滚动动画？
5. 请说明“屏蔽点”的作用。

第 11 章
3D游戏设计与算法

3D 游戏开发的基础知识所涵盖的范围相当广泛。在这个领域的从业者，除了必须具备一定的程序设计能力之外，还要有丰富的开发经验与缜密的调试和除错能力。当然还必须对图形学、3D 算法、光学与物理学等知识有一定的了解。需要具备这些基本知识，对于想要投入 3D 游戏设计的人员来说，无疑是一项相当大的挑战。

3D 游戏，简单来说就是以 3D 立体多边形的形态呈现在玩家面前，让整个游戏玩起来更有立体感和临场感，并且更能表现互动性（见图 11-1）。3D 游戏必须通过 3D 算法及特殊贴图的技巧来实现，如预先画好的 3D 场景（Pre-render）可以表现出较细致的材质感。

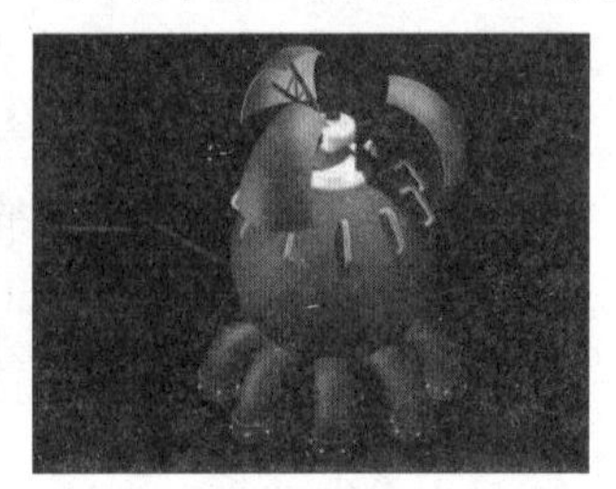

图 11-1　3D 场景对象的展示

一套 3D 游戏的制作过程，可以从脚本的策划与构思，设计剧中人物与外围场景开始，然后交给 3D 建模人员建立模型（如通过 3DS Max 与 Maya 软件），可以选一套合适的 3D 引擎来整合，并且安排接口控制角色的制作与逻辑，同时将人物场景导入 3D 引擎中，最后通过玩家的耐玩度测试及调整就可以完成了。如果是网络游戏，上线之后还必须定时维护服务器或视情况增减服务器。图 11-2 为笔者所在公司开发的实时 3D 坦克对战游戏。

图 11-2　实时 3D 坦克对战游戏

11.1　3D 坐标系统

3D 为英文 Three-Dimensional 的首字母缩写，即“三维”的意思，也就是立体的意思。三维效果来自于增加了一个深度（相对于高度、宽度）的视觉。事实上，计算机画面只是看起来很像真实世界，在计算机中所显示的 3D 图形，只是因为显示像素间色彩灰度不同而使人眼产生视觉上的错觉，而要呈现这样的效果就必须通过 3D 坐标系统（见图 11-3）。

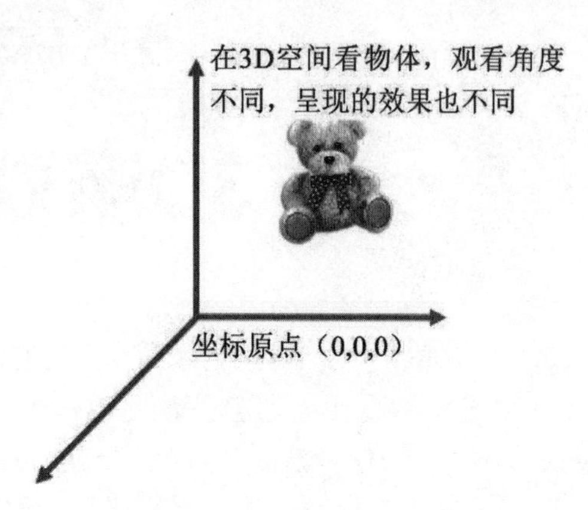

图 11-3　3D 空间与 3D 坐标

任何物体在 3D 空间中的位置，都可以利用坐标系统进行描述。坐标系统通常会有一个原点及从原点延伸出的 3 个坐标轴，形成特定的空间——3D 空间。由 2D 空间增加到 3D 空间，可以看成是由平面变化成立体，因此在 3D 空间中的图形，一定比 2D 空间多了一个坐标轴，通常在 3D 空间中任一点表示为（x，y，z），由于多了一个 z 坐标轴，因此也就多了深度的差别。

对于计算机屏幕的图像而言，只能表现出 2D 空间的坐标系统，如果要将 3D 虚拟空间坐标系统显示在屏幕上，就必须将 3D 空间中的物体转换成屏幕所能接受的 2D 坐标系统。这个过程通常会使用到“Model”“World”和“View”3 种坐标系统，它们之间会以 4 种不同的转换方式来表现。下面就分别说明这些坐标系统以及它们之间的转换关系。

11.1.1　Model 坐标系统

Model 坐标系统是物体本身的坐标系统，物体本身也有一个原点坐标，而物体其他参考顶点的坐标是相对于这个原点坐标的，如图 11-4 所示。

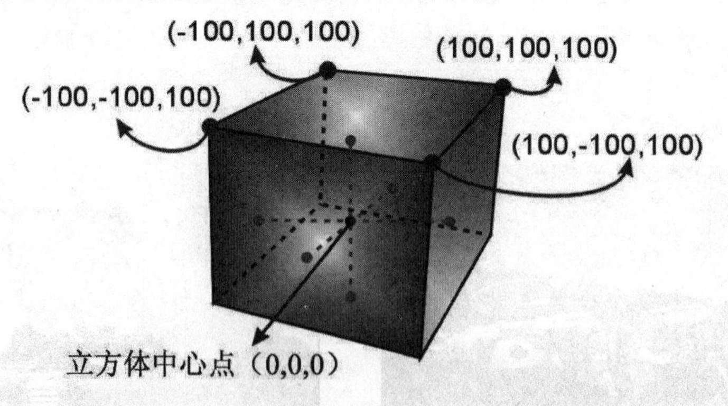

图 11-4　立方体的其他顶点坐标是相对于原点的

在图 11-4 中，（100, 100, 100）的顶点坐标是相对于参考原点（0, 0, 0）的距离值，这种由几何图形参考出来的坐标系统，就称为 Model 坐标系统。

11.1.2　World 坐标系统

在 3D 游戏世界里，一个场景可能由两个以上的对象构成，设计者需要将这些对象摆放在特定的位置上。如果只使用 Model 坐标系统来表现物体在 3D 空间中的位置显然是不够的，因为 Model 坐标系统只能用来表示物体本身的坐标系统，而不能被其他物体所使用，并且其他物体本身也有自己的 Model 坐标系统。

在 3D 场景中，有几个目标物体就会有几个 Model 坐标系统，而且这些 Model 坐标系统又不能表示它自己在 3D 世界里的真正位置，所以就必须再定义出另一种可供 3D 世界物体参考的坐标系统，并且使所有的物体都能正确地摆放在应该出现的位置上，而这种另外定义出来的坐标系统就称为"World 坐标系统"。

11.1.3　View 坐标系统

当有了物体本身的 Model 坐标系统和能够表现物体在 3D 空间中位置的 World 坐标系统后，还必须要有一个能观看两者的坐标系统，只有这样屏幕的显示才会有据可依，而这个用于观看的坐标系统，我们称之为"View 坐标系统"。

11.2　坐标变换

3D 游戏的设计过程中，如果空间中存在两个以上的坐标系统，就必须使用其中的一个坐标系统来描述其他的坐标系统，而其他坐标系统必须要经过特殊的转换才能被这个坐标系统所接受，我们把这种转换的过程称为"坐标变换"或"坐标转换"。

在 3D 世界里，坐标变换过程是相当复杂的，必须经过 4 个不同的变换步骤才能显示在屏幕上。坐标变换的流程是先将一个物体的 Model 坐标系统变换成 World 坐标系统，再将 World 坐标系统变换成 View 坐标系统，然后经过投影变换在 View 坐标系统计算出的投影空间的坐标上，最后参考 ViewPort 中的参数，将位于分割区内的坐标进行最后的二维变换后显示在屏幕上。虽然这套过程相当复杂，但是可以用一些开发工具进行坐标变换的底层运算，如 Direct3D 和 OpenGL 等。

极坐标

直角坐标是以 x、y、z 轴来描述物体在 3D 空间中位置的坐标。除了直角坐标外，还有一种极坐标，也常被应用于立体坐标系统中对象位置的描述。极坐标是使用 r、θ、a 三个变量来描述空间中的点，图 11-5 所示为直角坐标和极坐标的示意图。

其中，x、y、z 与 r、θ、a 可以通过三角函数相互转换，它们之间的换算公式如下：

$$x = r\cos\theta\sin a$$

$$y = r\sin\theta$$

$$z = r\cos\theta\cos a$$

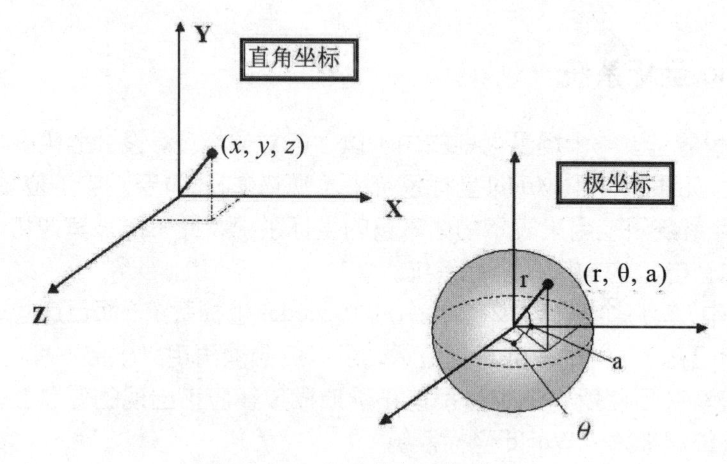

图 11-5　直角坐标和极坐标

从数学角度来说，在 3D 空间中表示物体的位置，极坐标会比直角坐标更方便，但我们平常使用最多的还是直角坐标，直角坐标除了表达方式简单外，还因为大多数计算机的绘图函数调用的也都是直角坐标。

使用极坐标，用 r、q、a 画出空间中的每一个点，将会得到一个立体图形，如果将这个立体图形投影至 x、y 平面，看起来像一个心脏的形状（见图 11-6），因此称为心脏线公式。

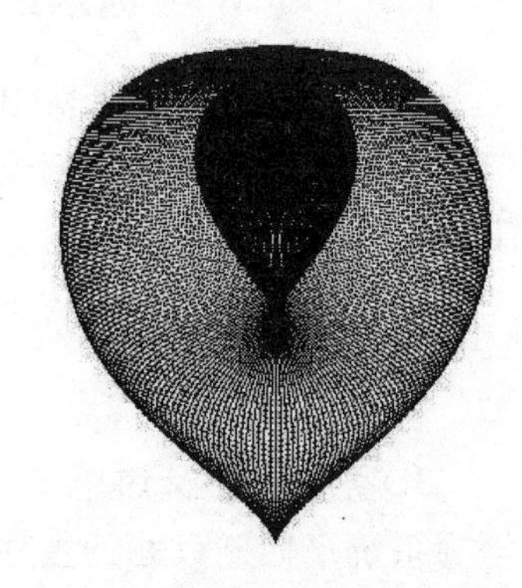

图 11-6　用心脏线公式绘图

11.3　矩阵运算

矩阵可以想象成是一种二维数组的组合，我们也可以将矩阵的概念应用在 3D 图形学的领域，例如在游戏的 3D 场景中，位于 3D 空间中的某一物体，通过矩阵的运算可以很容易地进行投影、扩大、缩小、平移、旋转等操作。另外，我们经常使用矩阵来进行坐标变换工作，因为矩阵的表示比较容易记忆与识别。例如 Direct3D 与 OpenGL 等开发工具也都是利用矩阵的方式来让我们进行坐标变换的。

11.3.1　齐次坐标

在计算机图形学中，矩阵是以 4×4 的方式来呈现的，我们把这种矩阵的运算对象及产生的结果坐标称为“齐次坐标”（Homogeneous Coordinate）。齐次坐标具有 4 个不同的元素，其表示法为（x, y, z, w），如果要将齐次坐标表示成 3D 坐标，则为（x/w, y/w, z/w）。通常，w 元素都会被设置为“1”，用来表示一个比例因子，如果是针对某一个坐标轴，则可以用来表示该坐标轴的远近，不过在这种情况下，w 元素会被定义成距离的倒数（1/距离），如果要表示无限远的距离，还可以将 w 元素设置成“0”，而 Z-Buffer 的深度值也是参考此值而来的。

> **Tips** 深度缓冲区（Z-Buffer 或 Depth Buffer）是由 Dr. Edwin Catmull 在 1974 年提出的算法，它是一个相当简单的“隐藏面消除”技术。实际上，深度缓冲区是利用一块分辨率与显示画面相同的区域来记录图形中每一点的深度，也就是 z 轴的值。

前面讨论的坐标变换过程，物体的初始坐标为（x, y, z），而 Direct3D 或 OpenGL 开发工具会将它变换成（x, y, z, 1）的齐次坐标，接下来的“World 坐标系统”“View 坐标系统”“投影矩阵坐标系统”的变换都是利用这个齐次坐标来进行计算的。3D 坐标变换包括 3 种变换运算，分别为平移、旋转和缩放，下面就来探讨这 3 种 3D 坐标变换的具体方法。

11.3.2　矩阵缩放

矩阵缩放（Scaling）指的是物体沿着某一个轴进行一定比例缩放的运算，如图 11-7 所示。

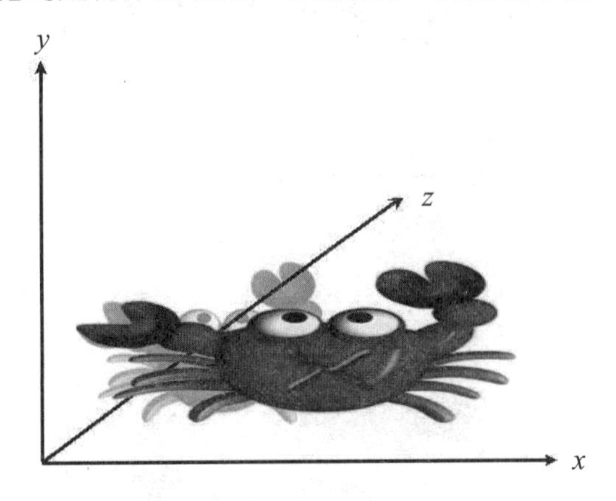

图 11-7　螃蟹沿着 x 轴放大

在矩阵缩放的过程中，物体的顶点距离原点越近，其位移数值就会越小，而处在原点上的顶点则不会受到位移的影响。例如顶点坐标为（x, y, z），在 3 个轴上按（$\eta x, \eta y, \eta z$）的比例缩放，最后得到的顶点坐标为（x', y', z'），其矩阵的表示法如下：

$$\begin{bmatrix} x' \\ y' \\ z' \\ 1 \end{bmatrix} = \begin{bmatrix} \eta x & 0 & 0 & 0 \\ 0 & \eta y & 0 & 0 \\ 0 & 0 & \eta z & 0 \\ 0 & 0 & 0 & 1 \end{bmatrix} \begin{bmatrix} x \\ y \\ z \\ 1 \end{bmatrix}$$

11.3.3　矩阵平移

矩阵平移（Translation）就是物体在 3D 空间向着某个方向移动，如图 11-8 所示。

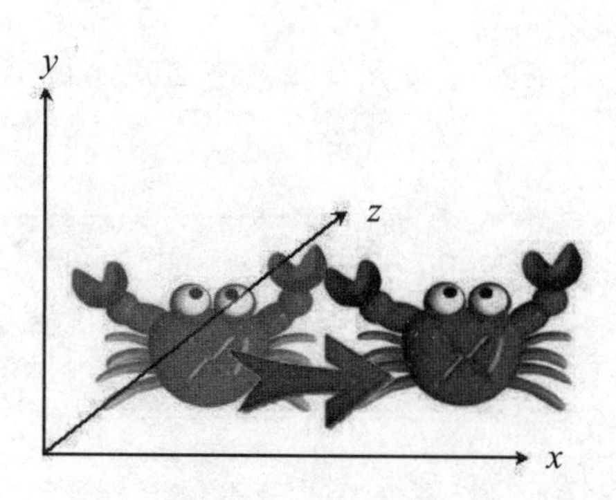

图 11-8　螃蟹在向着某个方向移动

例如，某个物体的顶点坐标为（x, y, z），而它的平移向量为（tx, ty, tz），到达目的地后顶点坐标为（x', y', z'），其矩阵平移运算的表示法如下：

$$\begin{bmatrix} x' \\ y' \\ z' \\ 1 \end{bmatrix} = \begin{bmatrix} 1 & 0 & 0 & tx \\ 0 & 1 & 0 & ty \\ 0 & 0 & 1 & tz \\ 0 & 0 & 0 & 1 \end{bmatrix} \begin{bmatrix} x \\ y \\ z \\ 1 \end{bmatrix}$$

11.3.4　矩阵旋转

矩阵旋转（Rotation）指的是 3D 空间中的某个物体绕着一个特定的坐标轴旋转，如图 11-9 所示。

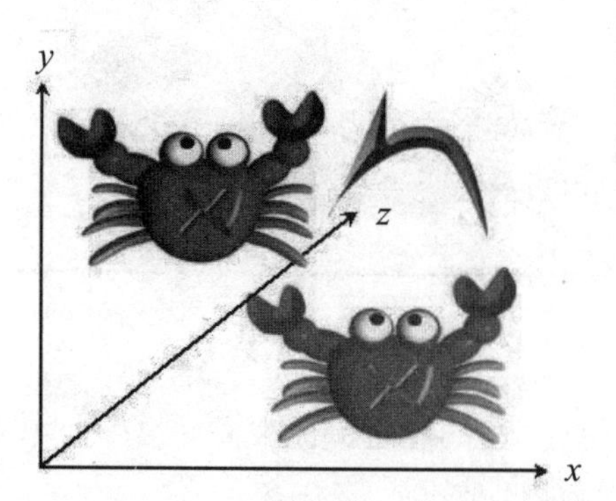

图 11-9　螃蟹在绕着坐标轴旋转

旋转的原则是以原点为中心向着 x 坐标轴、y 坐标轴或者 z 坐标轴以逆时针方向旋转 ϕ 个角度，最后我们可以得到旋转后的顶点坐标（x', y', z'）。下面介绍 x、y、z 坐标轴的旋转矩阵。

- **绕着 x 轴旋转**

$$\begin{bmatrix} x' \\ y' \\ z' \\ 1 \end{bmatrix} = \begin{bmatrix} 1 & 0 & 0 & 0 \\ 0 & \cos\emptyset & -\sin\emptyset & 0 \\ 0 & \sin\emptyset & \cos\emptyset & 0 \\ 0 & 0 & 0 & 1 \end{bmatrix} \begin{bmatrix} x \\ y \\ z \\ 1 \end{bmatrix}$$

- 绕着 y 轴旋转

$$\begin{bmatrix} x' \\ y' \\ z' \\ 1 \end{bmatrix} = \begin{bmatrix} \cos\emptyset & 0 & -\sin\emptyset & 0 \\ 0 & 1 & 0 & 0 \\ \sin\emptyset & 0 & \cos\emptyset & 0 \\ 0 & 0 & 0 & 1 \end{bmatrix} \begin{bmatrix} x \\ y \\ z \\ 1 \end{bmatrix}$$

- 绕着 z 轴旋转

$$\begin{bmatrix} x' \\ y' \\ z' \\ 1 \end{bmatrix} = \begin{bmatrix} \cos\emptyset & -\sin\emptyset & 0 & 0 \\ \sin\emptyset & \cos\emptyset & 1 & 0 \\ 0 & 0 & 1 & 0 \\ 0 & 0 & 0 & 1 \end{bmatrix} \begin{bmatrix} x \\ y \\ z \\ 1 \end{bmatrix}$$

如果是按照顺时针方向旋转，只要将 ϕ 角度设置成负值即可。

11.3.5　矩阵结合律

在 3D 游戏世界中，我们可以使用之前的平移、旋转、缩放来完成许多变化的效果，例如顶点坐标乘上平移矩阵后再乘上旋转矩阵，就可以完成物体在 3D 中的平移和旋转。不过，要达到这种变化效果，必须要乘上相应的运算矩阵，才能得到最后的顶点坐标，这对于特定的矩阵相乘来说，变换过程的运算实在是太复杂了，例如平移矩阵为 A、旋转矩阵为 B、缩放矩阵为 C，而原来的顶点坐标为 K、最后得到的顶点坐标为 K′，其矩阵相乘的公式如下所示：

$$K' = CBAK$$

从这个公式看，必须将顶点坐标 K 乘上平移矩阵 A，得到的值再乘上旋转矩阵 B，然后将得到的值再乘上缩放矩阵 C，最后才能得到顶点坐标 K′的值。如果一个矩阵要做 16 次乘法运算，那么 3 个矩阵就要做 48 次乘法运算。其实，我们可以用数学上的结合律将这种特定矩阵相乘的过程简化。例如将 A、B、C 三个矩阵先结合成另一个矩阵，然后再相乘：

$$m = CBA$$
$$K' = mK$$

如果以后要使用这种特定的矩阵相乘时，可以将顶点坐标乘上这个用结合律计算好的矩阵，优点是只要做 16 次乘法运算就可以了，这样的过程就简化了很多。

11.4　3D 动画

3D 动画（3D Animation）就是具有 3D 效果的动画。2D 动画的绘制处理采用的是平面图形，3D 动画与之不同，采用的是 3D 坐标体系并通过许多坐标点（Node）来进行图像的成像操作。3D 动画需要针对不同应用环境的需求，在图像制作过程中必须考虑到双眼视差这一特性，精准地掌握场景的深浅。

3D 动画非常依赖计算机设备（包括 CPU、内存与显卡等），由于成像时需要大量的运算，计算机性能的差异也会造成动画效果有着明显的差别。随着硬件技术发展的突飞猛进，现在的 3D 加速卡可以进行更复杂的运算，因此在 3D 游戏中，几乎可以达到实时成像的 3D 场景。

3DS Max 是 Autodesk 公司产品的 3D 计算机绘图软件。其功能涵盖模型制作、材质贴图、动画调整、物理分子系统及 FX 特效等。它可以应用在各个专业领域中，如计算机动画、游戏开发、影视广告、工业设计、产品开发、建筑和室内设计等，是全领域的开发工具。当我们启动 3DS Max 软件后，将会看到如图 11-10 所示的用户界面。

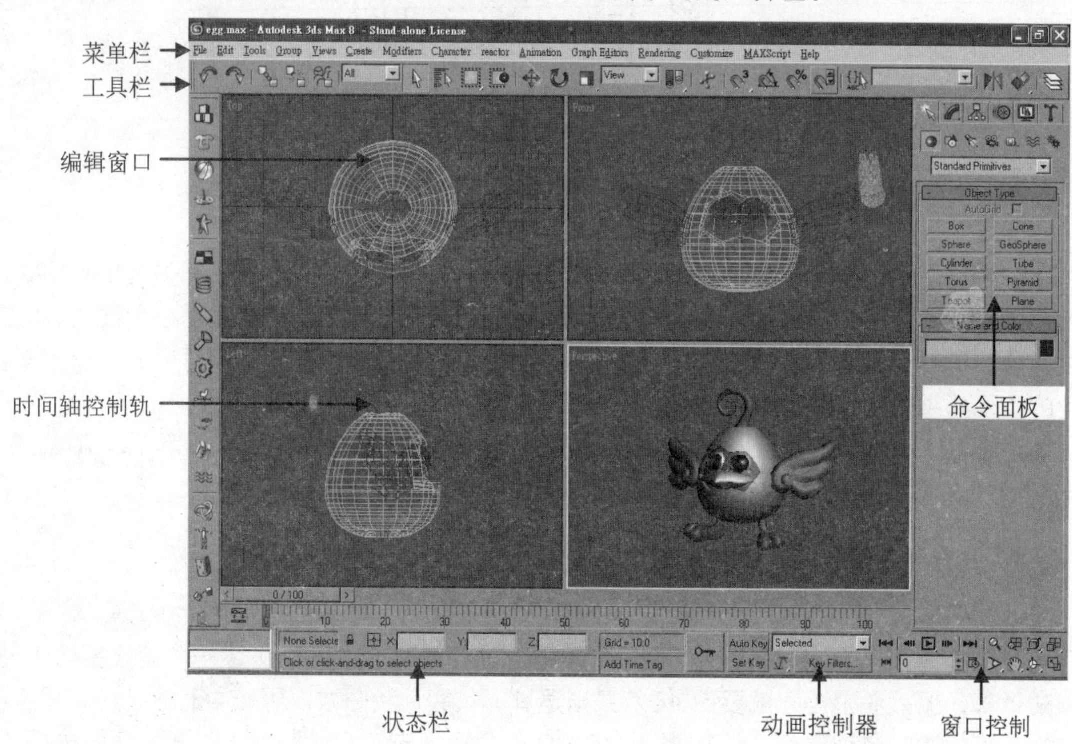

图 11-10　3DS Max 软件的用户界面

3D 动画的设计不外乎就是建立模型，然后将模型贴好材质，布置好灯光背景，并调整好虚拟的摄影机（包括制造场景深度、空间感、走位效果、声光效果等），设置动画动作等。下面我们将利用 3DS Max 软件为读者简单说明 3D 动画设计的基本流程。

11.4.1　建立模型对象

3D 对象的建立是根据模型本身的结构与外形进行编辑来建立的。我们可以先建立基本的几何组件，然后使用 Modify 面板内所提供的指令，将模型的外形塑形出来（见图 11-11）。也可以利用 2D Shape 使用曲线的方式先将外形建立出来，再使用相对应的指令构建出模型。

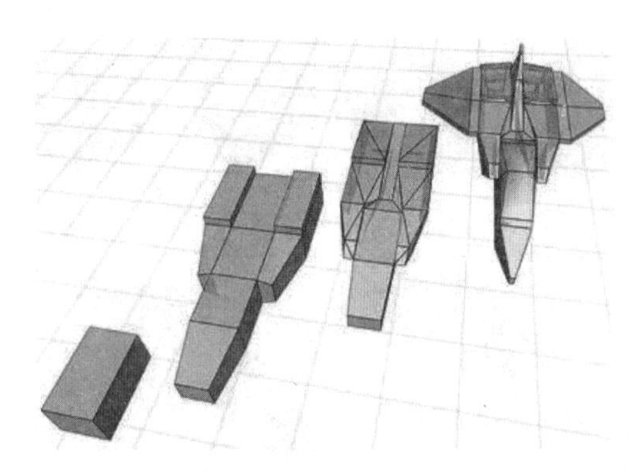

图 11-11　模型建立步骤示意图

3DS Max 提供了许多选项用来建立模型对象，包括建立基础几何对象、2D 曲线、混合对象、Patch 对象、NURBS 及 AEC 对象等（见图 11-12），我们可以根据需要进行选用。

2D 曲线

基础几何对象

Patch 与 NURBS 对象

AEC 对象

图 11-12　3DS Max 提供的用来建立模型对象的各种选项

11.4.2　材质设计

在现实生活环境中，不同类别的对象根据其属性不同，表面会产生各自独特的质感，如木头、石头、玻璃等，在 3DS Max 中用纹路或花纹来表现这些质感，也就是所谓的贴图。简单来说，利用 3DS Max 的材质编辑器（Material Editor），我们可以设计出角色的表面材质与质感，如图 11-13 所示。

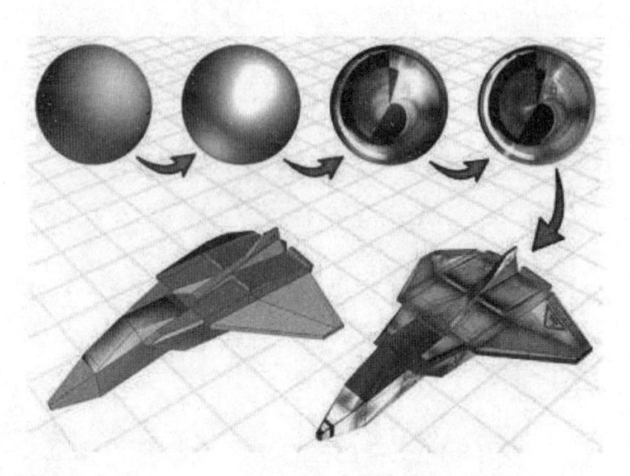

图 11-13　材质建立步骤示意图

在 3DS Max 中，默认的材质有 Standard（标准材质）、Blend（混合材质）、Multi/Sub-Object（多重材质）、Ink'n Paint（卡通材质）、Shell Material（熏烤材质）等 16 种，如图 11-14 所示。图 11-15 所示是分别对模型使用 Standard 和 lnk'n Paint 材质所实现的效果。

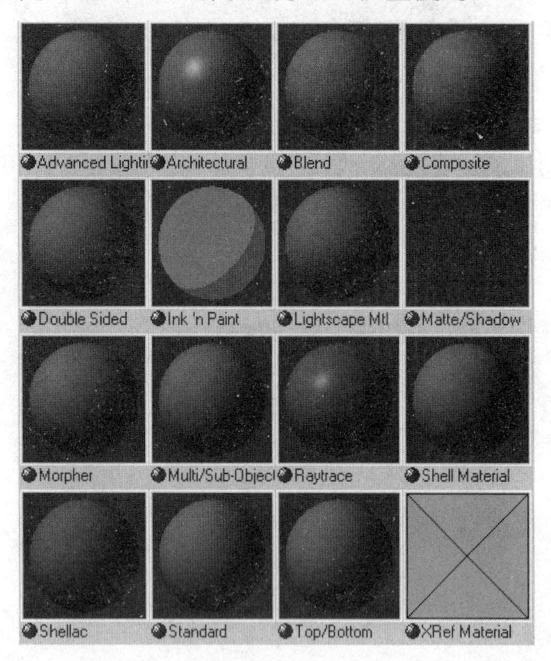

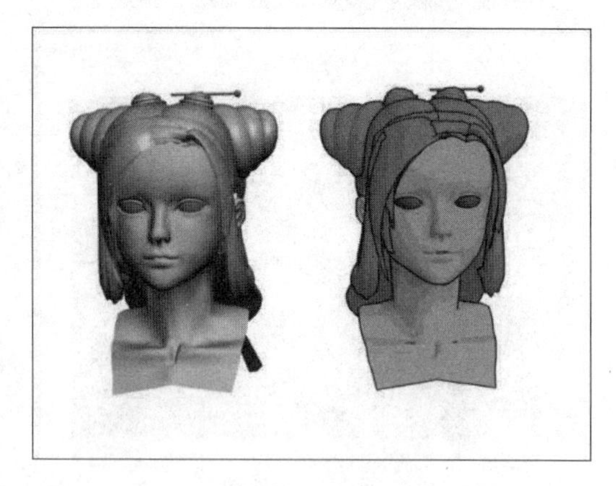

图 11-14　3DS Max 中预设的材质　　图 11-15　使用 Standard 和 lnk'n Paint 材质后的效果

11.4.3　灯光与摄影机

3DS Max 允许用户在场景中建立数个灯光及不同颜色的效果（见图 11-16）。所建立的灯光还可以制作出阴影效果，规划投射的影像及环境制作、雾气等效果。用户也可以在自然环境的基础下使用 Radiosity 等高级功能仿真出更真实的环境效果，图 11-17 和图 11-18 就是利用 3DS Max 做出来的太阳光晕和其他光晕的效果。3DS Max 中的摄影机使用跟现实中的一样，也可以进行视角的调整、镜头拉伸及位移等。

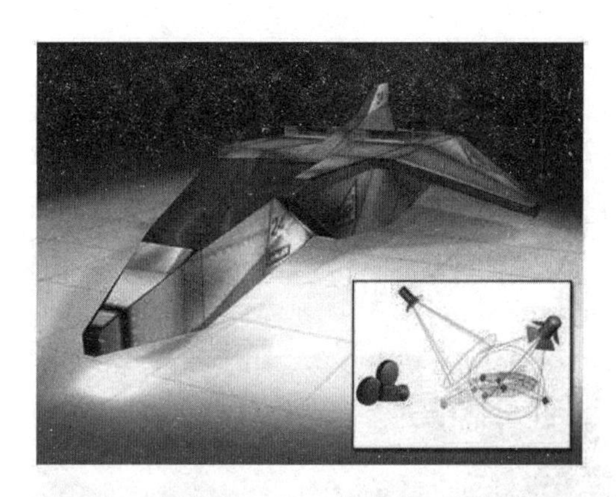

图 11-16　数个灯光及不同颜色的效果示意图

图 11-17　太阳光晕效果

图 11-18　其他光晕特效

11.4.4　动画制作

在 3DS Max 中，用户可以使用 AutoKey 的方式来制作动画，开启 AutoKey 按钮后，调整所设计角色的位移、旋转、缩放以及参数即可。通过对灯光及摄影机进行变换可在窗口中拟造出非常戏剧性的效果。用户也可以使用系统所提供的 Track View 来提高动画编辑效率或是更有趣的动态效果，如图 11-19 所示。

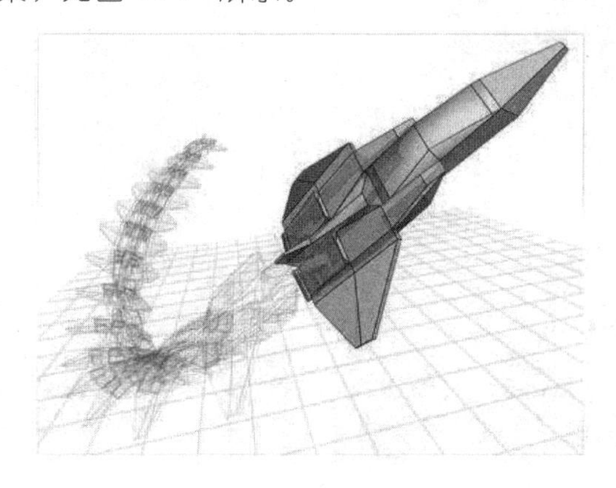

图 11-19　表现对象动态效果的示意图

11.4.5 渲染

3DS Max的Rendering命令提供了许多功能及效果供用户使用，包括消锯齿、动态模糊、质量光及环境效果等。核心引擎除了默认的着色系统外，还加入了Mental Ray Renderer着色系统供用户选择。若用户的工作需要用到网络算图，3DS Max也提供了完善的网络运算和管理工具。图11-20是在3DS Max中对动画进行渲染后的效果图。

图 11-20　3DS Max中对动画进行渲染后的效果图

以上介绍的是使用3DS Max的工作流程。在实际操作中无论是动画、游戏或者影视效果的开发，均不会脱离这个流程，只是会依照工作属性的不同而略微改变流程的顺序。

11.5 投影变换

计算机图形学（CG）是数字化时代不可或缺的一部分。讲到计算机图形学，绝大多数人第一个想到的东西应该就是声光十足的3D计算机游戏。计算机图形学可通过便利的软件工具快速将用户的想法与创意表现出来，如图11-21所示是使用计算机绘图所做出来的画面效果。与其他视觉艺术表现方式不同，使用计算机绘图不像过去一样需要事先准备许多绘图工具，这不仅可省去许多前置时间，在绘制过程中还可根据需求随时修改与存储。

图 11-21　3D图形的成像效果

在现实世界里，我们生活在一个 3D 空间中，而计算机屏幕却只能表现 2D 空间。如果要将现实生活中的 3D 空间表现在计算机的 2D 空间中，就必须将 3D 坐标系统转换成 2D 坐标系统，并且将 3D 空间中的坐标单位映射到 2D 屏幕的坐标单位上，这样用户才能在计算机屏幕上看到成像的 3D 世界，这个转换过程就称为“投影”。

由于 3D 空间不同于 2D 空间，当大家在 3D 空间观察物体时，观察点的位置不同往往会有不同的结果。因此必须定义一个可视平面，再将 3D 物体投影到 2D 的显示平面，以方便和观看。在计算机图形学中，我们可以使用线性或非线性的方式将 3D 空间的物体映射到 2D 的平面上。目前的 3D 投影模式，一般可分为平行投影（Parallel Projection）和透视投影（Perspective Projection）两种。

11.5.1　平行投影

当省略掉 3D 空间里的一维元素后，就可以得到一个平行投影的图形坐标，这时 3D 空间中的所有顶点都会从 3D 空间映射到 2D 平面的平行线上，我们称这种方式为“平行投影”。因为平行投影不考虑立体对象远近感的问题，所以它适用于表现小型的立体对象，如图 11-22 所示。

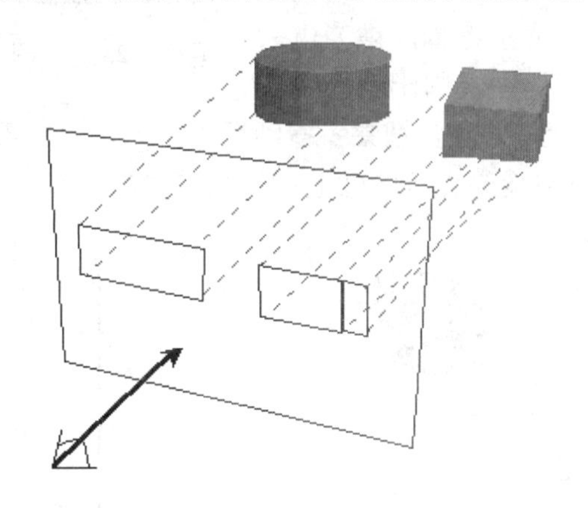

图 11-22　一个小型立体对象的平行投影

如果按投影线与投影面夹角大小进行细分，可以分成两种类型。如果夹角是直角，我们称之为“正交投影”（Orthographic），如果不是直角，则称为“倾斜投影”（Oblique）。这种投影方式与工程绘图有类似的地方，通常都会使用“正交投影”（顶视、前视和侧视）来转换 3D 坐标，因为它所呈现出来的画面与现实生活中看到的物体的距离感一样。

如果选择的投影面平行于坐标系统上的 x 轴和 y 轴所在平面，投影线平行于 z 轴，因此平行投影的转换操作将把空间中所有顶点的 z 坐标去掉。平行投影的基本原理是将 3D 顶点的 z 坐标去掉，但是去掉 z 坐标之后，就容易失去所有原始 3D 空间的深度信息。为了避免这种情况发生，就必须要考虑使用“透视投影”。

虽然平行投影有这种缺点，但是仍被广泛使用在 3D 图形应用领域中，例如 CAD 的应用。平行投影技术保留了图像中的平行线和对象的实际大小，这个特性也使平行投影在 3D 投影中拥有重要地位。

11.5.2 透视投影

以平行投影的方式在投影平面上看到的物体不具备远近感，如果是以透视投影技术就可以显示出具有远近感的物体。透视投影建立的对象及图像大小与物体和观察者的距离有关。在透视投影中要表现这种效果其实并不困难，如图 11-23 所示，我们看到的是一栋无穷的建筑物以及建筑物两旁空荡荡且笔直的街道，街道消失在无穷远处。透视投影是以场景的现实视觉感受来生成图像的。当道路不是汇集到一点或者建筑物的距离不是离我们越远而越小的时候，街道看起来就会非常不自然。

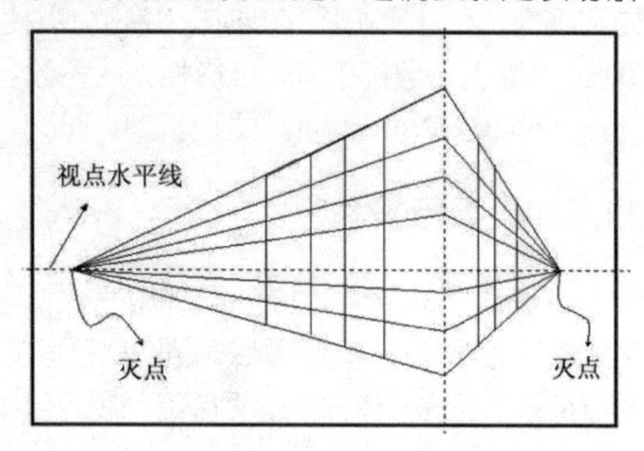

图 11-23　透视投影建立的物体具有远近感

我们可以用观察者的眼睛去直视远方的一个点，而且光线从所有对象上反射回来，并且汇聚到这个点上，然后经过透视投影的转换，使得每一条光线在映射到眼睛前就已经与观察者面前的平面相交，如果能够找到交叉的横断面，并且描绘那里的点，观察者的注意力就会被欺骗，认为从描绘的点那里发射出的光线实际是来自空间中原始的位置，好像让观察者看到真正的 3D 立体空间一样，如图 11-24 所示。

在这种情况下，不难发现原点与图像上的顶点之间的关系，如图 11-25 所示。

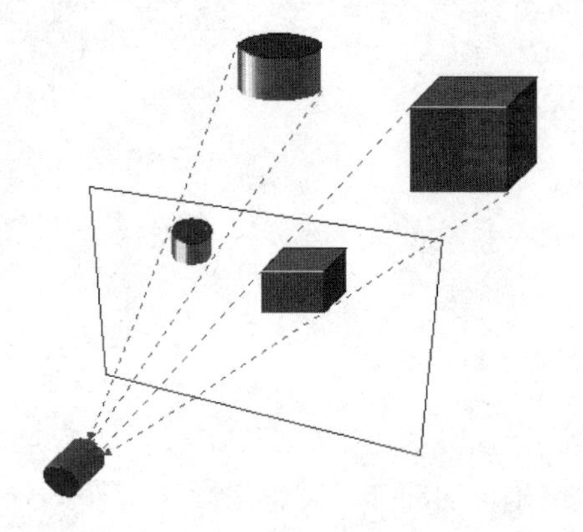
图 11-24　观察者看到的 3D 立体空间

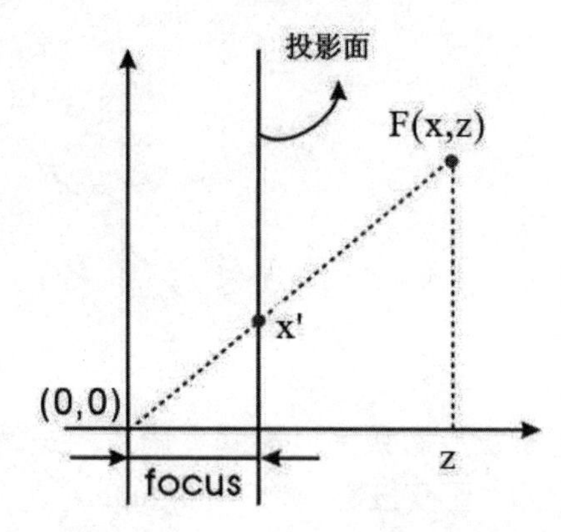

图 11-25　原点与图像上的顶点之间的关系

在图 11-25 中，观察者的眼睛位于参考坐标系统的原点，而观察者的眼睛与投影面的距离称为“focus”（焦点距离）。目的是要确定哪些顶点可以在光线从 F 点发射到观察者眼睛的时候产生投影面，所以就必须在屏幕上的这个投影面上描绘物体。通过图 11-25 可以得到两个已知的事实，两个大小不同的三角形在这个坐标系统上的起点（两者都在原点上）是相同的，这两个三角形的正切值也是相同的，因此可以推导出下面的公式：

$$\frac{x'}{focus}=\frac{x}{z} \Rightarrow x'=\frac{x \times focus}{z}$$

因为它们都有相同的 y 值，所以可以利用下列这两个公式来描述 3D 描绘的情况：

$$y' = y \times focus/z$$
$$x' = x \times focus/z$$

透视转换产生的图像看起来可能会有一点不自然的失真效果，所以必须要改善其顶点坐标的真实度。在 3D 世界里，视角宽度在 75°~ 85°的焦点距离效果是最好的。当然也要取决于场景和屏幕中的几何结构。

11.6　3D 设计算法

游戏的开发与设计是创意的展示，除了讲究游戏的趣味性外，作品的质感与美感也是玩家关注与重视的焦点。在硬件技术不发达的时期，绘图引擎只能提供一些简单的绘图函数，玩家可能比较注重游戏的趣味度与刺激性。但伴随着硬件技术的发展，3D 加速卡已经可以进行更复杂的运算，因此在 3D 游戏中，经常可以看到几乎可以乱真的 3D 场景，图 11-26 所示为《巴冷公主》游戏中用 3D 引擎生成的场景，它能依据游戏场景的不同，通过 3D 引擎实时更新 3D 场景中所有的对象。

图 11-26　《巴冷公主》游戏中的场景就是由 3D 引擎实时生成的场景

11.6.1　LOD 算法

如果使用程序来处理 3D 物体的显像，肯定是一项非常复杂且艰巨的工作。在 3D 场景中，对象绘制的基本原理是以大量多边形组合（通常是三角形）的方式来显示出物体逼真的外观。

在游戏的开发过程中，LOD（Level of Detail，LOD 中文名称是细节层次）算法一般用于描述场景中较远的物体，这是因为较远的物体不需要绘制太多的细节。LOD 算法其实质是调整模型的精细程度，也就是决定物体由多少个三角面构成。好的 LOD 算法，在使用少量三角面的情况下，就可以得到非常接近原始对象的模型。

在实时 3D 真实感游戏的绘制过程中，如果要得到某种特定视觉效果，绘制图像算法的选择性就容易被限制住。以绘制 3D 场景为例，这种复杂的场景有可能会包含几十甚至几百万个多边形，所以要实现这种复杂场景的绘制确实十分困难。

LOD 技术就是为了简化和降低构成物体三角形数量的一种算法。也就是说，细节层次绘制简化的技术就是在不影响画面视觉效果的条件下，逐步简化景物的表面细节来减少场景几何图形所产生的复杂性，并且还能有效提升图形的绘制速度。这项技术通常由一个原始多面体模型建立出几个不同逼真程度的几何模型，每个模型均会保留一定的层次细节，当观察者从近处观察物体时采用精细的模型；当观察者从远处观察物体时，采用较粗糙的模型。通过这样的绘图机制，可以有效降低场景的复杂度，而且绘制图像的速度也可以大大地提高，如图 11-27 所示。

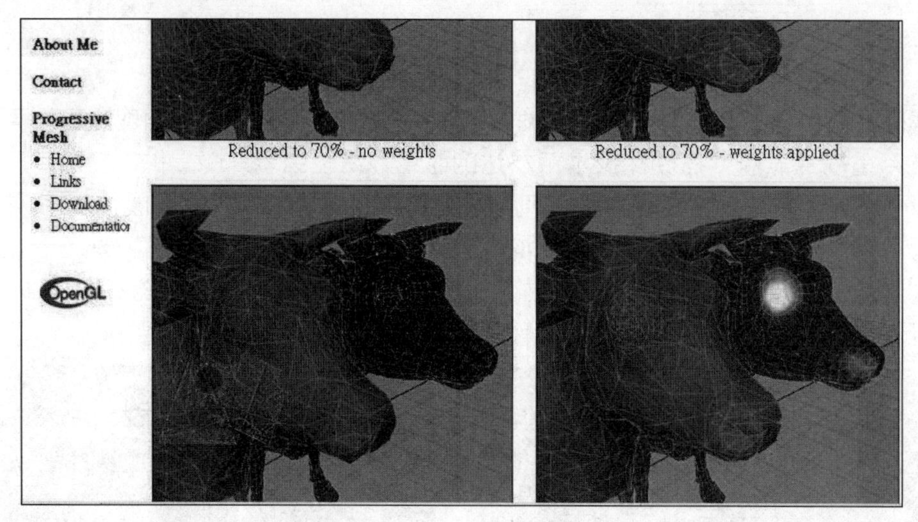

图 11-27 LOD 技术可通过程序调整模型的精细度

11.6.2 光栅处理算法

基本上，在决定物体外观的显示方式上，我们可以通过 LOD 技术为远近不同的物体设置合适的分辨率。当然，这只局限于对象轮廓的呈现阶段，在实际 3D 场景中绘制物体，还必须考虑每一个面的颜色或材质贴图（见图 11-28）。

亮面金属效果

硬色调之光源效果

图 11-28 绘制 3D 场景需要考虑物体每一个面的颜色或材质贴图

如果为了达到更加逼真的效果，还要考虑加进光源的变化。因为不同的光源环境因素，对 3D 图像所要呈现出来的效果有直接的影响，3D 物体的绘制必须考虑到物体面的颜色与所被照射的光源，如图 11-29 所示，因而会影响绘图的速度。

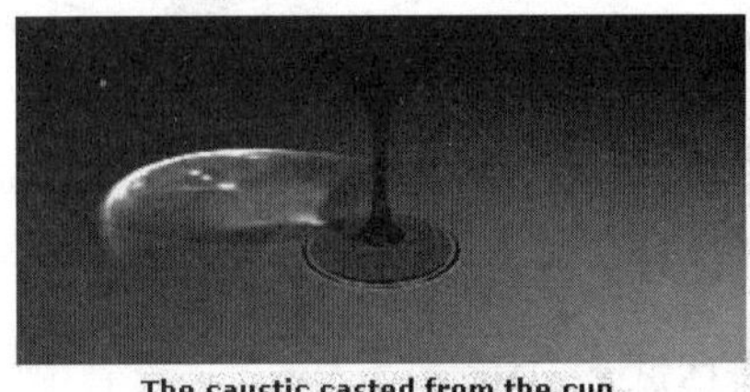
The caustic casted from the cup.

Five balls with different reflection setting (rendered using distributed ray-tracing).

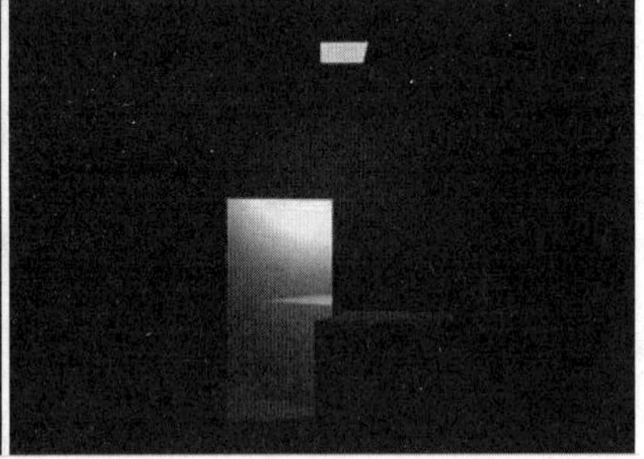

图 11-29　3D 物体的绘制必须考虑到物体面的颜色与所被照射的光源

也就是说，LOD 技术可以让我们通过程序调整模型的精细度，做出精细度更高的模型，并可以参考计算机性能自由调整，这样的功能可以让场景中容纳更多的模型单位。当我们确定可以减少绘制的三角形数量之后，再将这些要在 3D 场景中绘制的平面进行坐标变换、光源处理及材质贴图，为物体在 2D 屏幕中的显示做好准备，最后还要进行一道重要手续，就是光栅处理（Rasterization）。光栅处理功能多半由显卡芯片提供，也可以由软件进行处理，其主要作用是将 3D 模型转换成能显示在屏幕上的图像，并对图像进行修正和做进一步美化的处理，让展现在眼前的画面能更逼真、生动。

11.6.3　物体裁剪算法

裁剪（Clipping）是一种对要绘制的物体或图形进行编辑的操作，目的是希望物体在绘制前先删除看不见的区域，以此加快绘制速度。由于物体的形状非常多样化，且不规则，通常很难找出一种适合任意形状和任意裁剪体的方法，这主要是受到物体形状的约束。裁剪算法同时也是执行裁剪图形（2D 区域或 3D 区域）的规范。

2D 裁剪有多种不同的方法，例如在光栅处理前，可先进行裁剪操作，通常会使用矩形裁剪区域（计算机屏幕长宽）的方式，这种简单的裁剪方法也适用于其他投影算法。

透视投影只适用于空间中所有顶点的子集上。因为透视转换会倒转与观察者坐标的距离，对 z=0 的顶点来说，它的结果会是无穷远，而且也会忽略观察者后面的顶点。如此一来，必须运用 3D 裁剪技术来确保只有有效的顶点才能进行透视转换。例如，可以用边界体方式进行 3D 裁剪操作，这其中包括了“边界盒”和“边界球”两种方式，如图 11-30 所示。

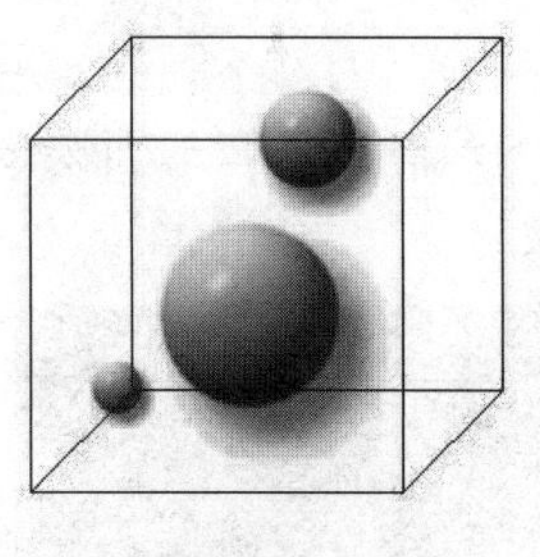

边界盒

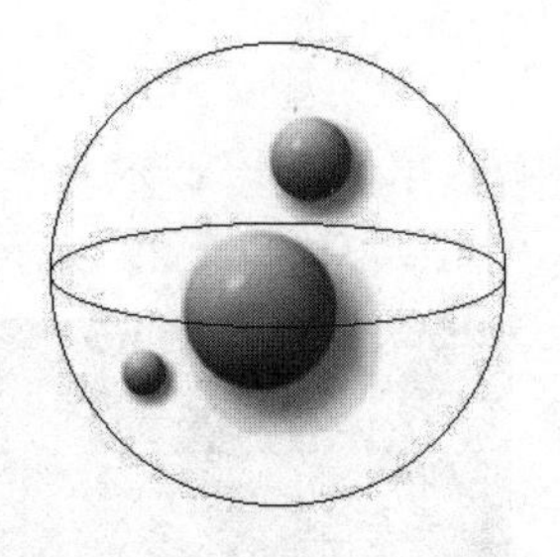

边界球

图 11-30　用边界体进行 3D 裁剪

边界盒可以表示对象的最小和最大空间坐标，而边界球的半径要由从对象中心算起的最远点来决定。如果使用边界盒当作边界体，就能够检查来自物体的所有可能被排除的顶点。举例来说，当边界盒最小的 x 坐标大于最大的 z 坐标时，在 x=z 平面外的对象就可以被排除。同理，边界球也可以使用上述方式来处理裁剪操作。在这种情况下，必须计算从裁剪面到球心的距离。如果这个距离大于球的半径，对象就可以被排除。

【课后习题】

1. 投影变换的作用是什么？
2. 3DS Max 可以应用在哪些范围？请试着列举 5 个项目。
3. 建立模型有哪几种方式？
4. 3DS Max 着色系统有哪两种？
5. 3DS Max 默认的材质与贴图各有几项？
6. 什么是 Model 坐标系统？
7. 试叙述坐标变换的原理。
8. 请说明矩阵的坐标变换功能。
9. 什么是齐次坐标？
10. 什么是正交投影？什么是倾斜投影？
11. 试简述透视投影与平行投影之间的差异。
12. 光栅处理的作用是什么？

第 12 章 游戏编辑工具

多元化的游戏编辑工具软件可以协助开发人员进行数据的编辑与相关属性的设置，也有利于对日后错误数据的排除。在游戏开发过程中，经常需要一些实用的工具程序来简化或加速游戏团队成员的开发流程，而这些工具是为了游戏中的某一些功能而开发的，如地图编辑器、数据编辑器、剧情编辑器等（见图 12-1）。

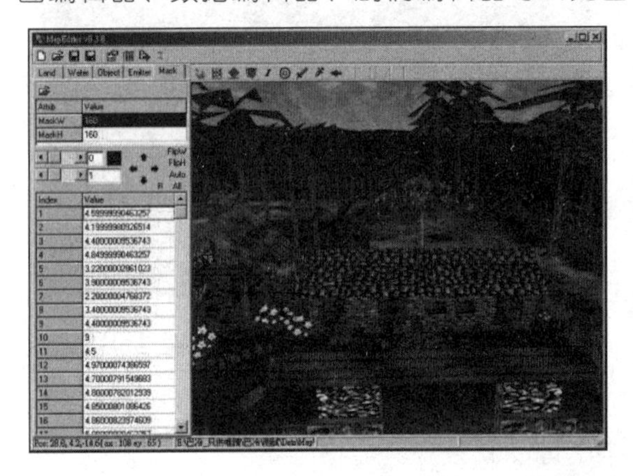

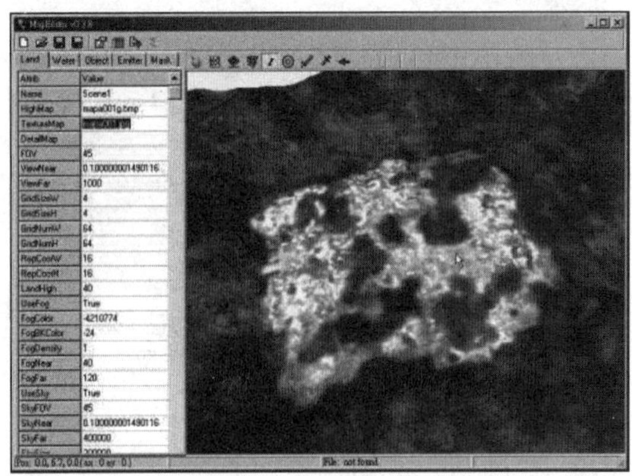

图 12-1　用于《巴冷公主》游戏的 3D 地图编辑器

例如，当游戏开发团队考虑到游戏整体的流畅度或者在构建 3D 场景时，经常因为没有实用与兼容的编辑工具软件而造成各团队包括策划人员、程序人员和美术人员间工作的牵制，最终延误了游戏制作的进度。

12.1　用地图编辑器制作游戏地图

一款游戏往往是策划和研发团队绞尽脑汁的成果，并且经过长时间反复修改、不断提炼和编制的结晶。游戏的灵魂就在于它的游戏背景，不管描述的是过去、现在还是未来，都要基于合理的时代背景，策划人员将游戏场景里的所有地形、建筑物及对象归纳出来，并且配合美工人员进行图像的绘制（见图 12-2）。

当然，在一款大型游戏的开发过程中，美工人员不可能将每张大型图片中各个部分都统一画出来供编写程序使用，通常是利用组合单个组件方式来显示全场景的外观。例如，我们将一棵树的图片组件放置于场景中，如图 12-3 所示。

图 12-2　《梦幻城》游戏中地图的草图与完成图

然后利用相同的方法将这棵树复制成多个组件，最后贴到游戏场景中，如图 12-4 所示。

图 12-3　放置一棵树的图片组件

图 12-4　将树复制成多个组件

在上述过程中，我们只使用一张背景地图与一张树组件图片，就完成了一个游戏场景的设计。如果再增加几个地图组件，那么游戏中的地图就会立刻显得丰富多彩了，如图 12-5 所示。

在游戏的制作过程中，无论是 2D 还是 3D 游戏，都需要使用地图编辑器来制作场景。首先策划人员将游戏中所需要的场景元素告诉程序设计人员与美工人员，然后程序设计人员利用美工人员所绘制出的图像来编写一个游戏场景的应用程序，最后把这个程序提供给策划人员用于编制游戏场景。

不管哪一种类型的游戏，只要涉及场景的地图部分，都可以利用这一原则来开发一款实用的地图编辑器。要制作实用的地图编辑器，首要条件就是地图上的所有元素都必须以等比例绘制，也就是将地图上的元素按一定的比例来制作。例如，地图中的人物为 1 个方格单位，树为 6 个方格单位，房子为 15 个方格单位，如图 12-6 所示。

这样，制作出来的人物与其他地图上的对象就形成等比例的关系，如果按照图 12-6 所示比例进行绘制，那么可以得出以下结果：

```
人物 : 树   = 1 : 6
树   : 房子 = 6 : 15
人物 : 树 : 房子 = 1 : 6 : 15
```

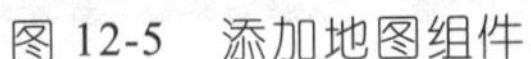
图 12-5　添加地图组件

图 12-6　按比例绘制后的图像

在 3D 地图编辑器中，我们可以编辑 3D 图形的地表、全景长宽、地形凹凸变化、地表材质、天空材质，以及地形上所有存在的对象（如房子、物品、树木、杂草等）。注意：地图编辑器上图素的等比例长宽可避免在游戏设置中不必要的麻烦。下面介绍一下地图编辑器的主要功能。

12.1.1　属性设置

游戏中最难处理的部分就是游戏场景，因为要考虑到游戏性能的提升（场景是消耗系统资源的主要因素之一）、未来场景的维护（方便美工人员改图与换图）等多方面因素，所以才需要编写地图编辑器。一款成熟的地图编辑器，不仅可以帮助策划人员编辑心目中的理想场景，还可以作为美工人员修改图像的依据。

在地图场景上，如果某个部分不符合策划人员的想法，只要将场景中错误的地方利用地图编辑器修改一下即可，无须请美工人员重新绘制这个场景，因为修改大型场景对美工人员来说是一件相当辛苦的工作。如果场景的图片不够用，策划人员还可以请美工人员再绘制其他小图片来弥补场景的不足。小图片画出来之后，策划人员只要给新增的图片设置代码即可，这对于地图的未来扩充性有相当大的帮助。图 12-7 和图 12-8 是《巴冷公主》游戏中的地图与相关图片组件。

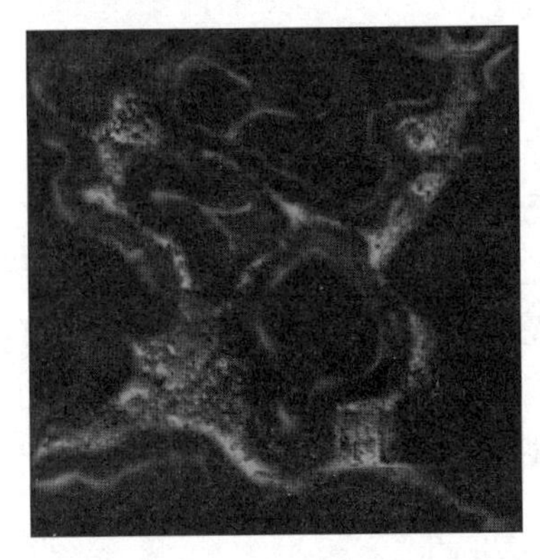

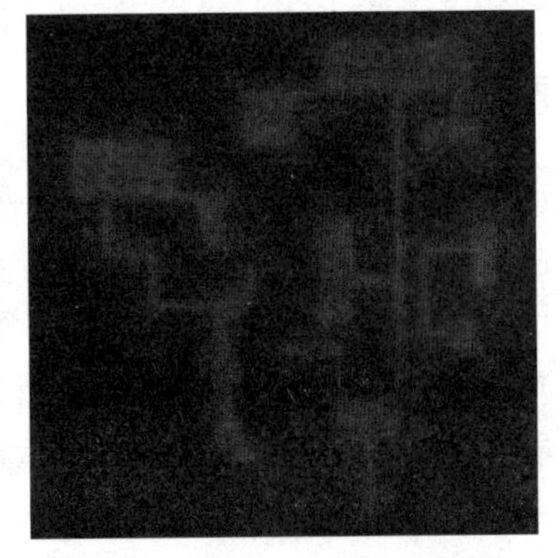

图 12-7　游戏中的部分地图

图 12-8　地图中的小图片

在场景图中也可以为这些小图片设置它们特有的属性，如不可让人物走动（墙壁）、可让人物走动（草地）、让人物中毒（沼泽）等，这些属性都可以在地图编辑器上设置，其属性设置值如表 12-1 所示。

表12-1　属性设置值

元素	编号	长/宽	是否让人物可经过该图像（1/0）	是否会失血（1/0）	行动是否缓慢（1/0）
草地	1	16/16	1	0	0
泥沼	2	16/16	1	1	1
石地	3	16/16	1	0	1
高地	4	16/16	0	0	0
水洼	5	16/16	0	0	0

这些属性值会直接影响人物的移动情况。例如，人物在石地地形上移动时，行动会变得很缓慢，人物在经过泥沼地形时会导致失血等。这里只列出了几项基本的属性设置值，在一款成功的游戏中，光是地图属性就可能有好几十种变化，而这些与现实相符的地图属性会让玩家在游戏中乐此不疲。

12.1.2　地图数组

当编写游戏主程序的时候，处理地图上的场景贴图是相当重要的。不过，在游戏进行中，主程序会进行大量的计算工作，比如路径查找，所以如果不想浪费系统资源，只能在地图场景上下功夫。例如，将地图上的各种图像编辑成一系列的数字类型数组并且提供给游戏主程序来读取。换句话说，我们用一种特殊的数字排列方式来表示地图上图像的位置。例如，我们用表 12-2 所示的几个数字来表示地图元素。

表12-2　地图元素

图像	代表数字
草地	1
泥沼	2
石地	3
高地	4
水洼	5

在地图编辑器上，如果我们看到如图 12-9 所示的地形设置，那么游戏中与其对应的地形就如图 12-10 所示。

1	3	1	1	1	3
1	4	1	2	1	1
3	1	2	1	1	1
2	1	1	1	4	4
1	2	5	5	2	1

图 12-9　数字编辑的地形图

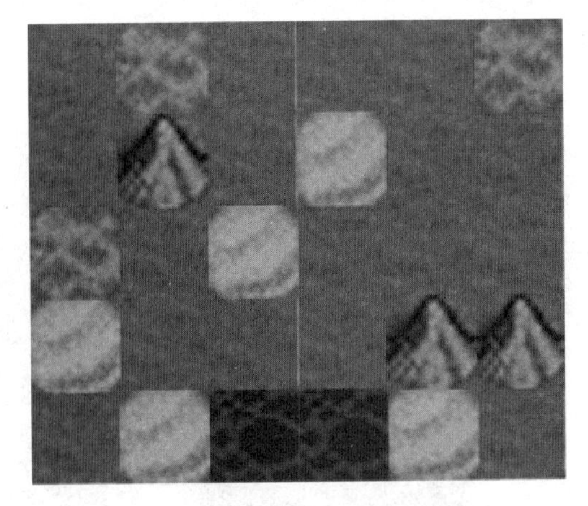

图 12-10　将数字转化成图像的结果

当我们将地图编辑的结果存储起来后，就可以在文件中将所用到的图片加以筛选，在游戏主程序读取该地图数据时，只要去读取需要的图片就可以了。而地图数组又可以用来显示画面中应该显示的图片。这样更减少了系统资源的浪费，如图 12-11 所示。

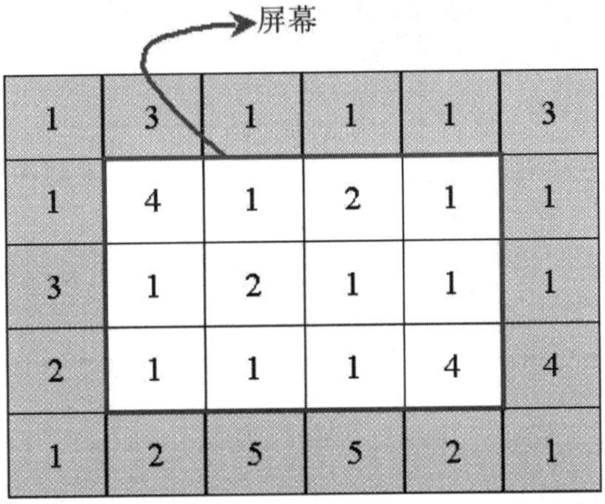

屏幕

1	3	1	1	1	3
1	4	1	2	1	1
3	1	2	1	1	1
2	1	1	1	4	4
1	2	5	5	2	1

图 12-11　参照地图数组来显示对应的图片

12.2 游戏特效编辑器

“特效”是一个可以烘托游戏质量的重要角色，一款模式固定的游戏，对玩家没有任何吸引力，除非它是继承之前的经典游戏或流行的热门游戏，否则很难被玩家接受，游戏设计者就是要用游戏中华丽的画面显示来吸引玩家的目光。

对一款大型游戏来说，程序设计人员必须要依照策划人员的规划，将所有特效编写成控制函数，供游戏引擎显示。当游戏中的特效不多时，这种方法还可以接受，但是如果游戏中特效很多，多到超过一千多种，那么让程序设计人员一个个编写特效函数就太没有效率了。因此就想到了一个解决办法，就是请程序设计人员编写一个符合游戏特点的特效编辑器供所有开发团队使用。如果一个人可以利用特效编辑器编制出两百种特效，那么只要五个人就可以编制出一千多种特效了。图 12-12 所示为《巴冷公主》游戏中千奇百怪的魔法特效。

图 12-12　《巴冷公主》游戏中千奇百怪的魔法特效

特效的作用

游戏中的特效可以通过 2D、3D 的方式来表现。当策划人员在编写特效的时候，首先必须将所有的属性都列出来，以方便程序人员编写特效编辑器。

在游戏中，特效也是一种对象，它可以被放置在地表上，例如利用地图编辑器将特效（如烟、火光、水流）“种”在地表上。以一个 3D 粒子特效为例，它的属性就必须包括特效原始触发地坐标、粒子的坐标位置、粒子的材质、粒子的运动路径与方向等，如图 12-13 所示。

程序设计人员在接手策划人员的特效示意图之后，就可以着手设计特效编辑器。在上述 3D 特效的例子中，由于是以 3D 特效为主，因此必须将策划人员绘制的示意图设置成 3D 坐标图，并且编写所有粒子拥有的属性，如表 12-3 所示。

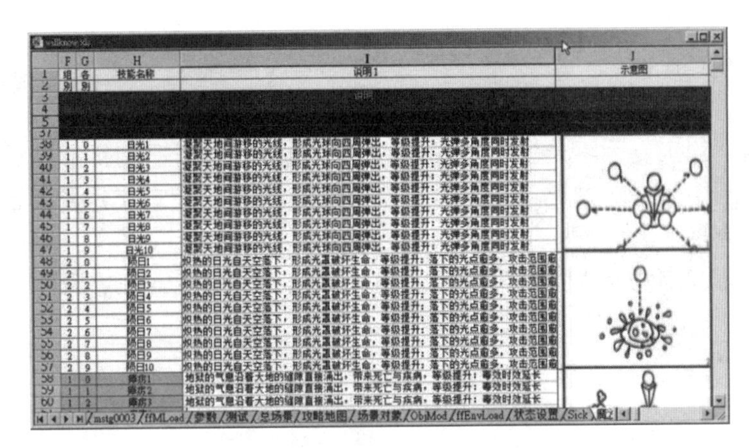

图 12-13　一个 3D 粒子特效

表12-3　所有粒子拥有的属性

属性设置值	说明
PosX/PosY/PosZ	粒子 x 坐标 / y 坐标 / z 坐标
TextureFile	粒子的材质
BlendMode	粒子的颜色值
ParticleNum	粒子的数量
Speed	粒子的移动速度
SpeedVar	粒子移动速度的变量
Life	粒子的生命值
LifeVar	粒子生命值的变量
DirAxis	运动角度

关于表 12-3 中粒子的属性编辑，请参考之前所讲的粒子特性与种类。在编制出粒子的所有属性后，程序设计人员只要再调用 3D 成像技术，就可以轻易地编写出如图 12-14 所示的特效编辑器。

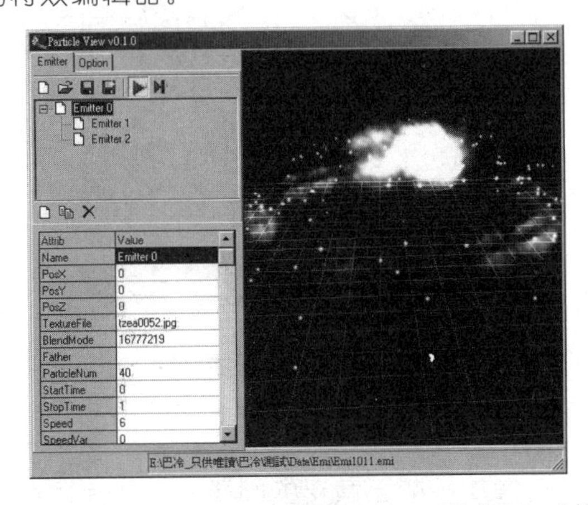

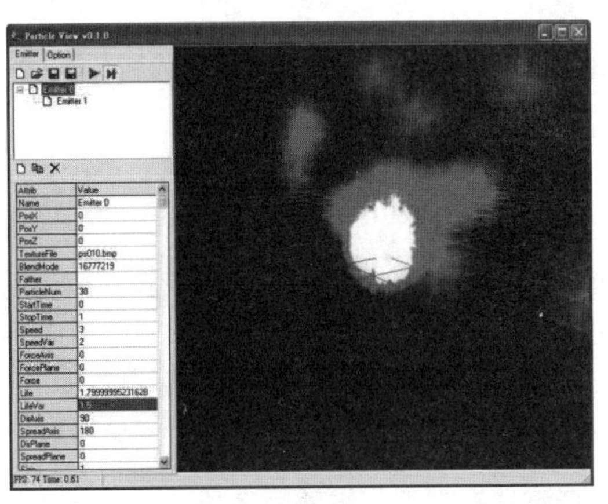

图 12-14　配合 3D 成像技术开发的特效编辑器

12.3 剧情编辑器

贯穿一款游戏的主要因素是游戏的剧情，而剧情通常用来控制整个游戏的进程。我们可以将游戏中的剧情分为两大类：一类是主要的 NPC 剧情；另一类是旁支剧情。下面就针对这两大类的剧情来加以介绍。

在开始介绍游戏中的两大类剧情之前，首先来看一下游戏的主要流程是如何进行的，如图 12-15 所示。

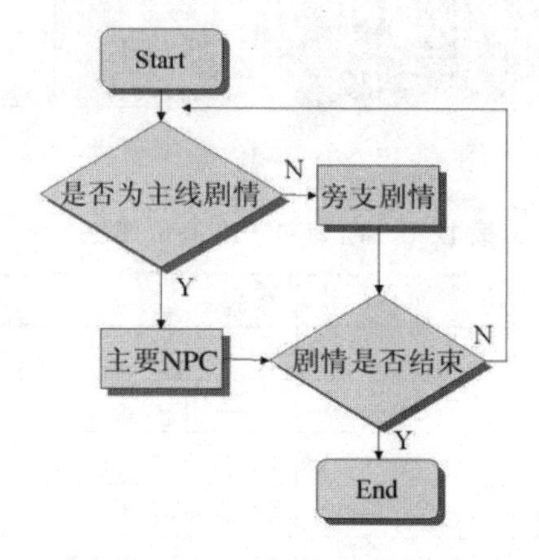

图 12-15 游戏的主要流程

在游戏中，为了让剧情发展更加丰富、曲折，可以在主要的剧情上另外编辑一些与次要人物的对话，而这些加入的人物对话是以不影响整个游戏主线剧情为原则的。当然，在规划游戏剧情的时候，也可以将主要的 NPC 剧情由单线扩展成多线的剧情。

为了让故事再增加一些复杂性，还可以继续分类下去，如图 12-16 所示。

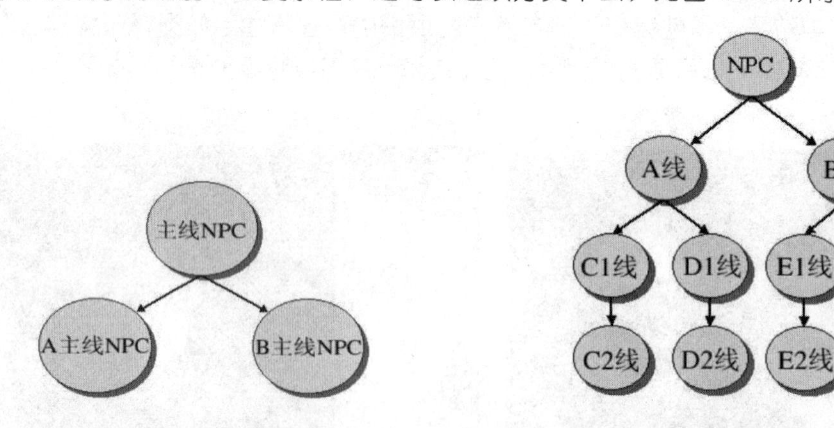

将单线 NPC 剧情扩展成多线剧情　　发展更复杂的多线剧情

图 12-16 多线剧情

值得注意的是，不要为了故事的丰富性而随意增加一些无意义的剧情，不然会导致玩家对游戏失去兴趣，而且对于剧情架构而言，也会让程序设计人员难以维护。不过，笔者还是建议用“多线”的方式来逐步展开游戏故事的剧情，唯一的条件就是最后还要让这些多线式的剧情再结合起来。多线式剧情的架构图如图 12-17 所示。

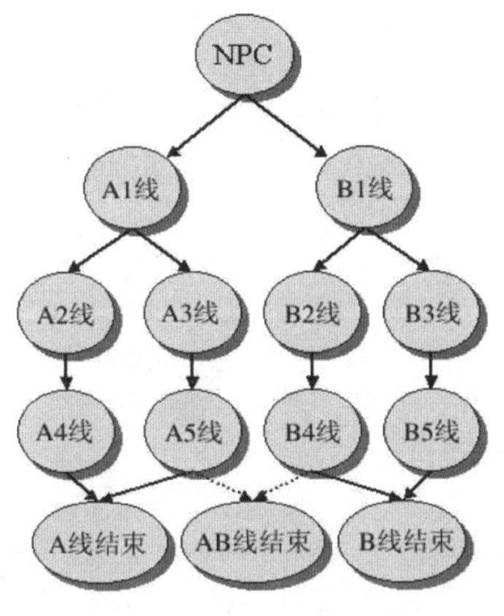

图 12-17　多线式剧情的架构图

12.3.1　非玩家角色

在游戏中一个时间背景里，不能只有一个主角存在于游戏世界中，还需要有另外一些角色来陪衬，这些陪衬的角色就称为“非玩家角色”（Non Player Character，NPC）。这些 NPC 可以给玩家带来剧情上的进程提示，或者给玩家所操作的主角带来武器与装备的提升。玩家不能主动操作这些角色的行为，因为它们是由策划人员所提供的 AI（人工智能）、个性、行为模式等相关的属性决定的，程序设计人员已经按策划意图把这些角色的行为模式设计好了。

NPC 可能是玩家的朋友，也可能是玩家的敌人，为了让游戏的剧情能够延续下去，与这些 NPC 的对话内容就显得非常重要。图 12-18 所示为《巴冷公主》游戏中五花八门的 NPC。

图 12-18　《巴冷公主》游戏中的一些 NPC

12.3.2　旁支剧情

旁支剧情在游戏中起陪衬的作用，如果一款游戏少了旁支剧情，总会让玩家觉得少了几分乐趣。严格来说，旁支剧情不能影响游戏中主要剧情的进展，它们会让玩家在游戏中取得一些特定且有用的物品，如道具、金钱或经验值等。玩家在游戏中的某个村庄里、在路上会遇到一些 NPC，他们可能会说出一些无关紧要的话，例如："今天天气真好！"或"请给我钱好吗？"，甚至会有更惊人的话语，例如"我有一个非常棒的道具，价格是 99999999，你要不要买？"

笔者曾经玩过这类游戏，在艰难地挣够买道具的钱后，去购买那个道具，谁知道得到的只是一个很普通的补血剂，当时真是欲哭无泪，如此一大笔钱竟然被一个"言而无信"的 NPC 给骗光了。虽然这类旁支剧情只是陪衬，但是已经成功地实现了玩家与游戏之间的互动，这样玩家会更加喜欢这类游戏。

策划人员可以根据剧情发展的需要，使用剧情编辑器编制游戏中的剧情。剧情编辑器中的指令被称为"编辑 Script 指令"。如图 12-19 所示即是一段编写好的剧情。

```
,,[EVENT] = 555,,,,,,,,,,
,,,ID_TALK,IDS_NORMAL,MAN100,,是噢~,f100,1,00,,,,勇士2说明
,,,ID_TALK,IDS_NORMAL,MAN100,,我是想回送一些猎物給做糯米糕的老奶奶，至于・・・,f100,1,00,,,,勇士2说明
,,,ID_SYSTEM,IDS_SHOWICON,MAN100,,M800010,,,,,勇士2说明
,,,ID_TALK,IDS_NORMAL,MAN100,,我也不太记得到底吃了几个？,f100,1,00,,,,勇士2说明
,,,ID_TALK,IDS_NORMAL,MAN100,,只知道我是第二个去吃的・・・,f100,1,00,,,,勇士2说明
,,,ID_TALK,IDS_NORMAL,MAN100,,桌子上剩下的糯米糕，被我吃了一半・・・,f100,1,00,,,,勇士2说明
,,,ID_SYSTEM,IDS_SHOWICON,MAN100,,M800016,,,,,勇士2说明
,,,ID_TALK,IDS_NORMAL,MAN100,,但这~实在太好吃了・・・,f100,1,00,,,,勇士2说明
,,,ID_TALK,IDS_NORMAL,MAN100,,于是我~又多拿了一个・・・,f100,1,00,,,,勇士2说明
,,,ID_SYSTEM,IDS_SETFLAG,,FLAG_RICEEVENT = 3,,,,,,糯米糕事件起动
,,[/EVENT], ,,,,,,,,,
```

图 12-19　用剧情编辑器的指令编制剧情

为了让策划人员可以编制游戏中的剧情，剧情编辑器就必须规划出一系列的"指令"供策划人员使用。例如在编辑一个 NPC 的对话时，剧情编辑器就必须提供一个让 NPC 说话的指令，如下所示：

```
TALK MAN01, "你好吗？"
```

其中，"TALK"是剧情编辑器提供给 NPC 说话的指令，"MAN01"是定义 NPC 的编号，"你好吗？"是 NPC 所说的话，这就是剧情编辑器中主要指令的用法。其实，还可以将上述的"TALK"指令进行扩充，增加细节参数的部分，例如：

```
TALK NPC 人物编号, "对话字符串", NPC 动作, NPC 示意图, 示意图方向(L/R)
```

剧情编辑器的指令参数设置要靠策划人员来详细规划，策划人员必须将游戏中可能发生的情况与发生后的情况一一列出，以便程序设计人员在设置剧情编辑器指令时参照。程序设计人员可以将剧情编辑器规划成如图 12-20 所示的流程。

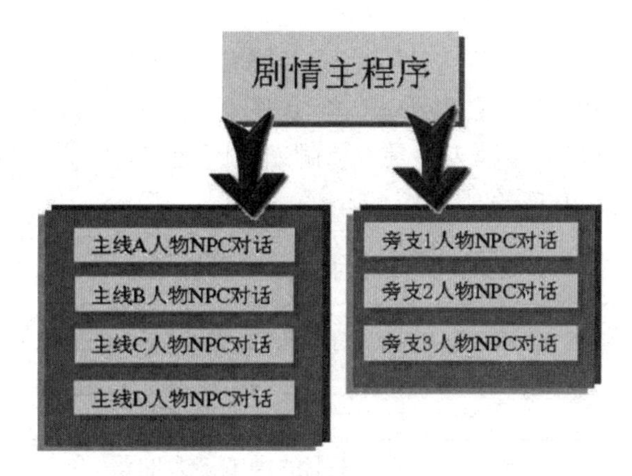

图 12-20　剧情编辑器的流程

策划人员根据流程图规划的 NPC 指令编制剧情，这些指令的说明如表 12-4 所示。

表12-4　NPC指令及说明

指令	附加参数	说明
TALK	NPC 编号，"对话字符串"，NPC 动作，NPC 示意图，示意图方向（L/R）	NPC 的对话
MOVE	NPC 编号，x/y 坐标，移动速度，移动方向（1/2/3/4）	NPC 移动
ATT	NPC 编号，被攻击的 NPC 编号，NPC 动作	NPC 攻击某一个 NPC 或主角
ADD	加数，被加数	指令内的加法运算（通常用来计算角色的血量）
DEL	减数，被减数	指令内的减法运算（通常用来计算角色的血量）

成功的策划人员应该可以规划出游戏中所有可能发生的事，供程序设计人员编写剧情。策划人员可以利用想象力将游戏从头到尾运行一遍，将所有可能发生的事件与行为都记录下来，最后归纳成一连串的行为指令。

12.4　游戏角色和武器道具编辑器

在一款游戏中，角色与武器道具是最难管理的数据，因为它们在游戏中使用的数量最多。如果想有效地管理这些数据，并且考虑到日后的维护，建议使用 Microsoft Office 中的 Excel。Excel 是一个电子表格软件，具有明确可见的表格化字段，不仅可以用于管理游戏的数值数据，而且还能用于维护游戏数据组成的庞大数据库。更重要的是，Excel 表的功能相当齐全，不管是数据排序，还是查找某些特定的数据都非常方便。

12.4.1　角色编辑器

在游戏开发中，我们可以根据游戏角色的个性与特征进行角色的相关设置，例如某个高大且体格健壮的角色通常会归类为攻击力强、魔法力（智力）弱、防御力一般的属性，也就是属于头脑简单、四肢发达；对于较为年长的老人，往往会以神秘的魔法攻击为主，通常归类于攻击力弱、魔法力（智力）高、防御力弱的属性，例如游戏中的巫师、魔法师。表 12-5 列出了几个角色设置中常用的属性。

表12-5　角色设置中常用的属性

属性	说明
LV	角色的等级
EXP	角色的经验值
MAXHP	角色的最大血量
MAXMP	角色的最大魔法量
STR	角色的攻击力
INT	角色的魔法力（智力）

在 Excel 表中编辑出来的角色属性和对应的角色形象，类似于图 12-21 所示。

willknow.xls

	A	B	C	D	E	F	G	H	I	J	K	L	M	N	O	P	Q	R	S
1	索引	名称	LV	EXP	NEXT_EXP	MHP	MMP	STR	VIT	INT	MEN	AGI	MOV	ATT	DEF	ATT_A	DEF_A	逸行	skill
2	1	小土狗	1	0	150	53	50	10	10	10	10	10	1	2	6	0	0	/	0
3	2	巴冷	3	490	570	69	60	12	12	12	12	12	1	5	9	0	0	/	0
4	3	阿达里欧	5	1410	1150	85	70	14	14	14	14	14	1	7	11	0	0	/	90
5	4	祖穆拉	7	4060	1890	125	95	19	19	19	19	19	1	14	19	0	0	/	50
6	5	卡多	9	7400	2790	165	120	24	24	24	24	24	1	20	26	0	0	/	0
7	6	依莎莱	=4	=4	=4	=4	=4	=4	=4	=4	=4	=4	=4	=4	=4	=4	=4	=4	=4
8																			

物品图标 / 界面图标 / 界面示意图 / 标志声明 / 物品设置 / 参考字 / 制作 / 方格 / Sto / AttAck / Man / PeoMod / E

图 12-21　不同游戏角色的属性和部分角色的形象

同理，游戏中的怪物也能用 Excel 表来进行属性值的设置。

至于游戏角色与怪物的属性配置是否恰当，就要看策划人员的功力了。对于设计人员来说，属性的配置可称得上是一门大学问，因为它是游戏开发初期到游戏开发完成之后唯一一个修改不完的工作。

那么我们应该如何来配置这些属性呢？举一个例子，如果主角的等级很高但很轻易就被一只小怪物给打死了，这对于玩家而言是接受不了的。其实策划人员可以利用很简单的方式来避免这种情况的发生，就是在编辑这些属性前，可以建立一个合理的公式表，如图 12-22 所示。

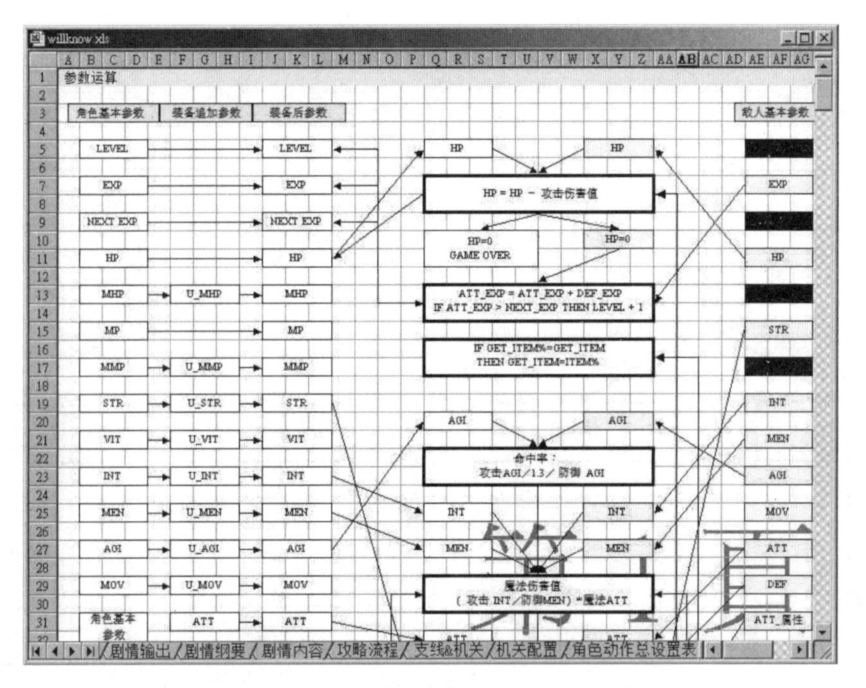

图 12-22　建立游戏中合理的公式表

以角色的失血情况为例，可以写出如下公式：

敌方防御力 / ((角色 STR + STR 加值) × 0.1)= 失血量

200 / ((100+50) × 0.1) = 13.3

虽然在设计公式时可能要花点心思，但是对于日后设置角色属性时非常有用。

至于游戏中的角色，最好在设计时也能明确地画出相关隶属关系图，以下是笔者所在公司研发的《仲夏之战》游戏中人族与兽族的关系图。

故事缘起：

自盘古开天以来就是个由人兽两族所统领的世界。人族自古以来就有着较高的文明发展，对于粗野鄙俗的兽族自是以蛮夷视之。而天生拥有原始技艺的兽族虽然能纵横原野、自给自足，却长期受到人族的轻视。在人族文明建设逐渐扩张的情况下，日益威胁着兽族生存的空间。于是双方成见不断扩大、冲突频传，长久以来一直都是处于剑拔弩张的状态。受不了人族一再的欺压，兽族巫师召唤出上古巨魔—— 蚩尤，欲将人族一举攻克。而人族君王项柳见人族即将灭于旦夕，于是将自己高超剑技与无边的法力封印于叩天石，献于昆仑仙界的九天玄女，望仙界相助，使人族免于灭族之祸；天感诚心，九天玄女遂派天神兵共同对抗蚩尤。与之大战数十昼夜，终于击败蚩尤，将其躯体深埋冥界；而其元神则封于兽族圣地，并派遣一天神兵镇守此地。九天玄女见世间大魔已除，遂断神凡两界的通道，而当年项柳舍身祈神的叩天石则成了人族王室历代相传的圣物。数百年过后，人兽之间依旧是烽烟四起、纷扰不休。

人族：

近攻

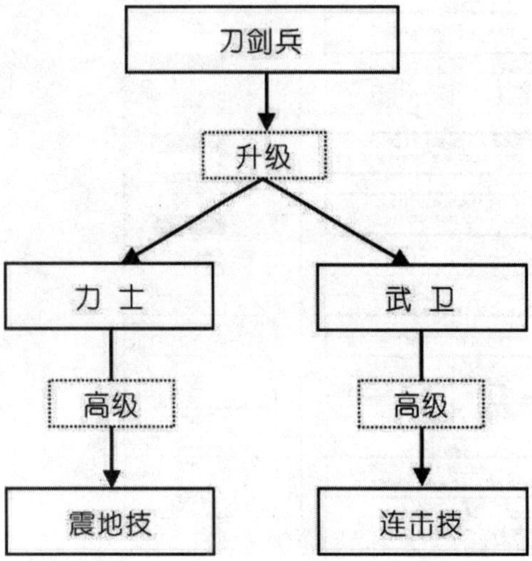

刀剑兵
升级
力士
武卫
高级
高级
震地技
连击技

远攻

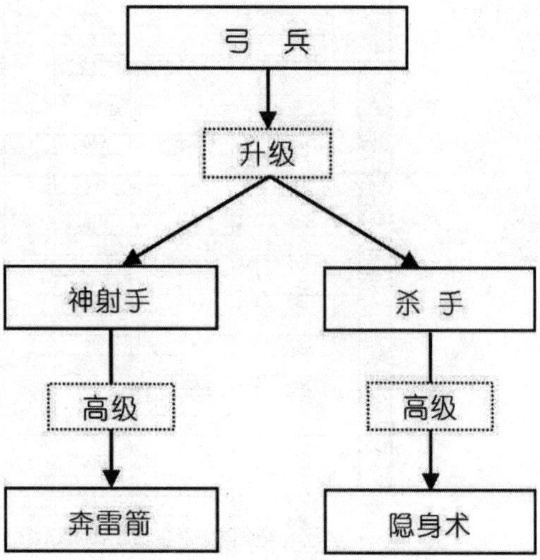

弓兵
升级
神射手
杀手
高级
高级
奔雷箭
隐身术

兽族：

近攻

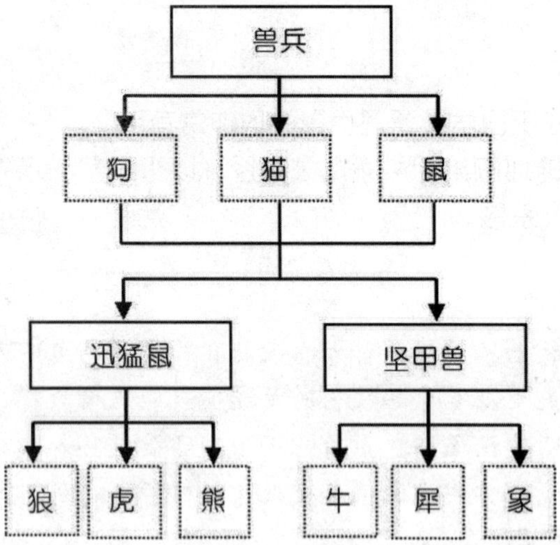

兽兵
狗
猫
鼠
迅猛鼠
坚甲兽
狼
虎
熊
牛
犀
象

远攻

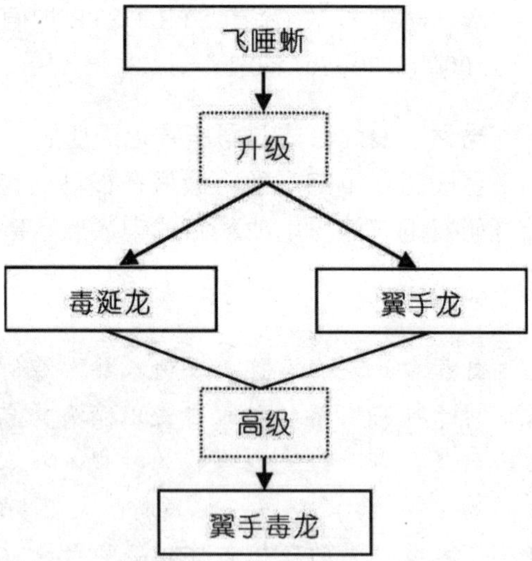

飞唾蜥
升级
毒涎龙
翼手龙
高级
翼手毒龙

人族：兵种升级可分为两个阶段，第一阶段可选择职业（不同的职业有不同的属性比重，如力士重力量，武卫重技法），第二阶段可习得该职业所特有的技能。

兽族：近攻型兵种只有一阶段的升级，但是每一级都有 3 种不同的样式。

12.4.2　角色动作编辑器

角色动作编辑器可以用来编辑 3D 角色的动作。在 MD3 格式中，可以将角色的所有动作都存放在一个文件中，而角色动作编辑器又将这种动作加以分类，设计者必须使用角色动作编辑器来设置与这些模型动作相关的数据，供游戏引擎使用。如图 12-23 所示就是角色动作编辑器的执行画面。

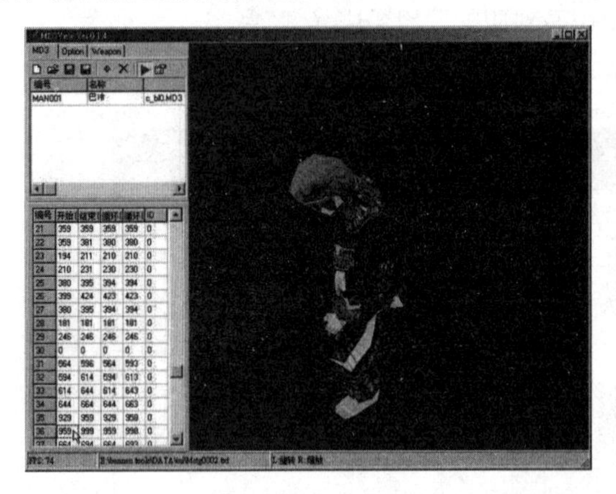
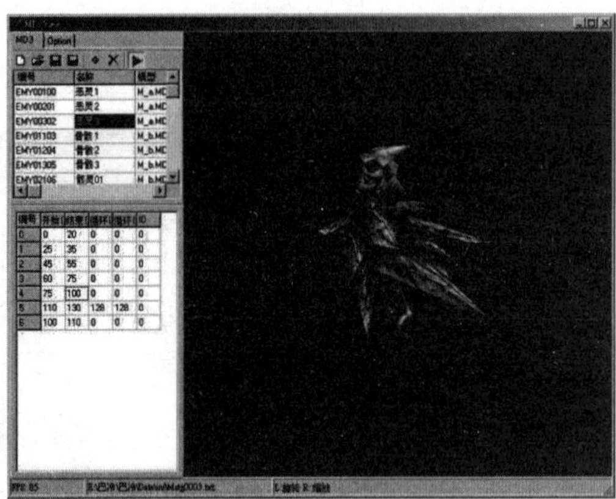

图 12-23　角色动作编辑器的执行画面

12.4.3　武器道具编辑器

在游戏中的战斗状态下，经常会随机出现各种武器和道具，或者出现与主角配合的必杀技。虽然这些武器和道具看起来不是那么的起眼，但是它们的存在却让角色扮演类游戏增色不少。而这些为数众多的武器和道具也可以利用 Excel 表进行管理与维护。图 12-24 为一个武器编辑器对应的 Excel 表格和对应的武器，图 12-25 为一个道具编辑器对应的 Excel 表格和对应的道具。

■ 武器

	A	B	C	D	E	O	P	Q	R	S	T	U	V	Y
1		序号	等级	类别码	个别码	AGI	MOV	ATT	DEF	ATT_A	DEF_A	特效ID	追加效果	说明
2	0001	]	30	0	700	0.15	0	37.4	0	4	0	-63356	0	攻击力+37.4·
3	0002	虹牙刀	37	0	630	0.15	0	47.6	0	4	0	-63356	0	攻击力+47.6·
4	0003	虹锋刀	44	0	560	0.15	0	56.95	0	4	0	-63356	0	攻击力+56.95·
5	0004	虹贝刀	51	0	490	0.15	0	67.15	0	4	0	-63356	0	攻击力+67.15·
6	0005	虹齿刀	58	0	420	0.15	0	77.35	0	4	0	-63356	0	攻击力+77.35·
7	0006	虹钢刀	65	0	350	0.15	0	87.55	0	4	0	-63356	5	攻击力+87.55·攻击追加枯竭效果
8	0007	虹角刀	72	0	280	0.15	0	97.75	0	4	0	-63356	6	攻击力+97.75·攻击追加枯竭效果
9	0008	虹甲刀	79	0	210	0.15	0	107.1	0	4	0	-63356	7	攻击力+107.1·攻击追加枯竭效果
10	0009	虹鳍刀	86	0	140	0.15	0	117.3	0	4	0	-63356	8	攻击力+117.3·攻击追加枯竭效果
11	0010	虹铜刀	93	0	70	0.15	0	127.5	0	4	0	-63356	9	攻击力+127.5·攻击追加枯竭效果
12	0011	棱木刀	90	0	100	0.15	0	123.25	0	6	0	-256	0	攻击力+123.25·
13	0012	棱牙刀	91	0	90	0.15	0	124.95	0	6	0	-256	0	攻击力+124.95·
14	0013	棱锋刀	92	0	80	0.15	0	125.8	0	6	0	-256	0	攻击力+125.8·
15	0014	棱贝刀	93	0	70	0.15	0	127.5	0	6	0	-256	0	攻击力+127.5·
16	0015	棱齿刀	94	0	60	0.15	0	128.35	0	6	0	-256	0	攻击力+128.35·
17	0016	棱钢刀	95	0	50	0.15	0	130.05	0	6	0	-256	10	攻击力+130.05·攻击追加无力效果
18	0017	棱角刀	96	0	40	0.15	0	133.45	0	6	0	-256	11	攻击力+133.45·攻击追加无力效果
19	0018	棱甲刀	97	0	30	0.15	0	134.3	0	6	0	-256	12	攻击力+134.3·攻击追加无力效果
20	0019	棱鳍刀	98	0	20	0.15	0	136	0	6	0	-256	13	攻击力+136·攻击追加无力效果
21	0020	棱铜刀	99	0	10	0.15	0	137.7	0	6	0	-256	14	攻击力+137.7·攻击追加无力效果
22	0021	抒木刀	68	0	320	0.15	0	91.8	0	2	0	-65281	0	攻击力+91.8·
23	0022	抒牙刀	71	0	288	0.15	0	96.05	0	2	0	-65281	0	攻击力+96.05·

状态设置 / Sick / 魔法技能 / 魔法范围 / Magic / 分子特效 / 3D武器 / 物品掉落率 / 装备组合 / Equ / Elm

图 12-24　部分武器的属性值以及对应的武器图片

图 12-24　部分武器的属性值以及对应的武器图片（续）

- **道具**

willknow.xls

	C	E	F	G	H	I	J	K	L	M	N	O	P	Q
1	名称	说明40	特效	使用对象	HP	MP	MHP	MMP	STR	VIT	INT	MEN	AGI	追加状态一
2	轻血疗剂	单人生命力恢复25%	394	14	0.25	0	0	0	0	0	0	0	0	0
3	血疗剂	单人生命力恢复50%	395	14	0.5	0	0	0	0	0	0	0	0	0
4	强血疗剂	单人生命力恢复75%	396	14	0.75	0	0	0	0	0	0	0	0	0
5	精炼血疗剂	单人生命力恢复99%	397	14	0.99	0	0	0	0	0	0	0	0	0
6	轻活医药	全体生命力恢复20%	398	25	0.2	0	0	0	0	0	0	0	0	0
7	活医药	全体生命力恢复40%	399	25	0.4	0	0	0	0	0	0	0	0	0
8	强活医药	全体生命力恢复60%	.400	25	0.6	0	0	0	0	0	0	0	0	0
9	精炼活医药	全体生命力恢复80%	401	25	0.8	0	0	0	0	0	0	0	0	0
10	轻创治剂	单人生命力恢复100点	402	14	100	0	0	0	0	0	0	0	0	0
11	创治剂	单人生命力恢复200点	403	14	200	0	0	0	0	0	0	0	0	0
12	强创治剂	单人生命力恢复400点	404	14	400	0	0	0	0	0	0	0	0	0
13	精炼创治剂	单人生命力恢复600点	405	14	600	0	0	0	0	0	0	0	0	0
14	轻复体药	全体生命力恢复100点	406	25	100	0	0	0	0	0	0	0	0	0
15	复体药	全体生命力恢复200点	407	25	200	0	0	0	0	0	0	0	0	0
16	强复体药	全体生命力恢复300点	408	25	300	0	0	0	0	0	0	0	0	0
17	精炼复体药	全体生命力恢复400点	409	25	400	0	0	0	0	0	0	0	0	0
18	轻凝神剂	单人灵动力恢复25%	410	14	0	0.25	0	0	0	0	0	0	0	0
19	凝神剂	单人灵动力恢复50%	411	14	0	0.5	0	0	0	0	0	0	0	0
20	强凝神剂	单人灵动力恢复75%	412	14	0	0.75	0	0	0	0	0	0	0	0
21	精炼凝神剂	单人灵动力恢复99%	413	14	0	0.99	0	0	0	0	0	0	0	0
22	轻原灵药	全体灵动力恢复20%	414	25	0	0.2	0	0	0	0	0	0	0	0
23	原灵药	全体灵动力恢复40%	415	25	0	0.4	0	0	0	0	0	0	0	0
24	强原灵药	全体灵动力恢复60%	416	25	0	0.6	0	0	0	0	0	0	0	0
25	精炼原灵药	全体灵动力恢复80%	417	25	0	0.8	0	0	0	0	0	0	0	0
26	轻晓魄药	单人灵动力恢复50点	418	14	0	50	0	0	0	0	0	0	0	0
27	晓魄药	单人灵动力恢复100点	419	14	0	100	0	0	0	0	0	0	0	0

魔法技能 / 魔法范围 / Magic / 分子特效 / 3D武器 / 物品掉落率 / 装备组合 / Equ / Elm / 药品调配 / Item

图 12-25　部分道具的属性值以及对应的道具图片

武器和道具的属性设置比角色的属性设置简单，只要在武器上设置一系列的等级，再以等级来区分攻击力的强弱即可。如果还要更细分武器的属性，可以再加入武器增强值（就是除攻击力之外的附加值）、武器防御值（可提升角色的防御力）等。

12.5　游戏动画编辑器

当我们在游戏中制作 3D 动画时，经常需要模拟一些动画场景，这时就需要使用动画编辑器。动画的编辑有点像动画的剪辑，当动画被编辑完成后，我们可以把它当作一部动画短片来看，因为视频与声音效果都具备了。

事实上，动画与电影的原理是相同的，都是利用眼睛的视觉暂留，将一张张动作连续的图片，按照特定的速度播放，从而产生活动影像的效果。对于图片的显示速度（即播放速度），一般以每秒 20~30 帧的速率较为理想。

用动画编辑器制作动画有以下两种，第一种是制作动画并显示于游戏的局部画面中，这种做法是针对单个独立的对象，如风车转动或冒烟等；第二种方式就是直接制作成背景图，也就是说游戏背景图本身就是动画，如流动的水、飞翔的老鹰或是湖边的涟漪等，如图 12-26 所示。

图 12-26　动画编辑器制作出来的动画

另外，动画编辑器具有集成音效的功能，加入音效数据配合动画特效来使用。

图 12-27 所示为动画编辑的概念图，一张单页的图片可能由若干张图片组成。当然，这些图片都可以加入效果参数，如果没有将音效数据存放进去，动画与音效的同步将会变得很困难。例如当游戏中的武士挥剑时，需要搭配挥剑的音效，因此我们必须将音效的数据存放入动画中，才能在播放这个动作的同时产生音效效果。

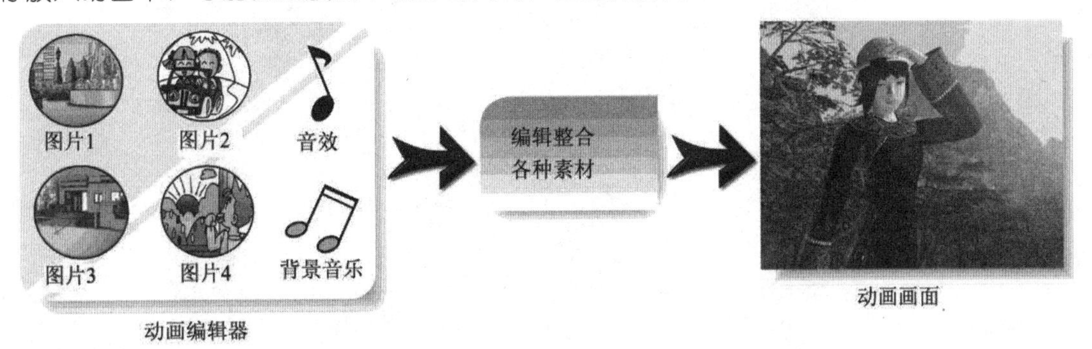

图 12-27　动画编辑的概念图

【课后习题】

1. 游戏中最难处理的部分是什么？
2. 试讨论游戏中的特效。
3. 编辑工具软件的作用是什么？
4. 什么是地图编辑器？
5. 游戏中的剧情可以将它分为哪两大类？
6. 什么是非玩家角色？
7. 什么是动画编辑器？

第 13 章

游戏开发团队的建立

早期的游戏，由于开发规模并不庞大，游戏硬件平台无法支持动听的音效，画面也极为简单，因此只需一、两个人就可以完成游戏的开发任务。游戏设计者一人就扮演了游戏策划、程序设计、美术设计、音乐创作，甚至测试的角色。

随着时代的进步，硬件性能显著提升，而想要开发一款在市场上能够生存的游戏产品，已不是独自一、两个人就可以完成的任务。对游戏开发公司来说，可能会有许多部门，每个部门里会有许多人加入，各部门与各部门之间必须相互合作。另外，由于游戏开发项目结合了众多不同领域的知识，也不能像单个人开发软件一样随时随地更改方案。如果规划不当或合作默契度不够，则有可能会牵一发而动全身，使得开发周期大大延长。因此，游戏团队的有效沟通与通力合作是成功开发游戏的关键（见图 13-1）。

图 13-1　游戏团队的有效沟通与通力合作是成功开发游戏的关键

13.1　游戏团队人力资源分配与成本管控

在准备开发一款游戏之前，团队成员除了需要了解游戏市场的走向、游戏的客户群、游戏未来前景等因素外，团队人力资源分配与各项成本管控也是很重要的工作。通常一款游戏项目要考虑若干因素，包括市场、成本、技术层面、公司系列作品的续作压力以及策略性产品等，如图 13-2 所示。

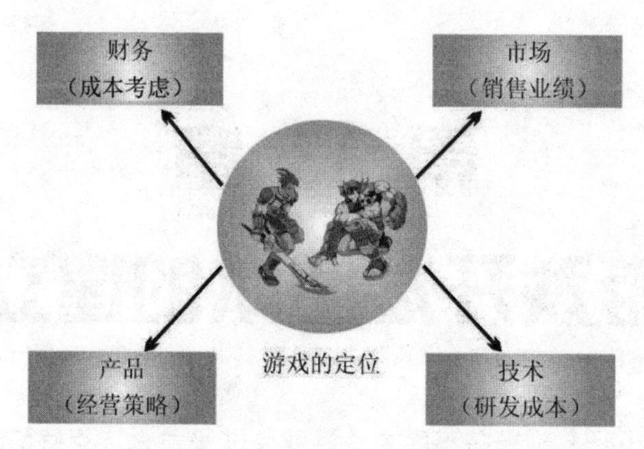

图 13-2　游戏设计要考虑的因素

游戏开发成本最为关键，要考虑的层面相当多，具体分析如下：

- 软件成本：游戏引擎、开发工具、材质库与特殊音效库，有时对某些开发工具可以选择租赁的方式来节省成本。
- 硬件成本：计算机设备、相关外围设备，包含一些特殊的 3D 科技产品。
- 人力成本：最耗费成本的部分，如果开发进度延后，这部分费用就会大幅增加。包括策划团队、程序设计团队、美术团队、测试团队、音效团队、广告营销团队等的薪资，以及外包工作的薪资。事实上，一般音乐与音效的制作多采用外包的方式，甚至美术部分的工作也多半由外包人员负责。
- 营销成本：游戏广告（电视、杂志、网络）、游戏宣传活动、相关赠品的制作。
- 总务成本：办公用品、差旅费、杂志或其他技术参考数据的购买等。

13.1.1　游戏总监

制作一款游戏通常是团队工作，由游戏总监带领游戏策划、程序设计、美术设计等工作人员共同完成。游戏总监就是掌控游戏制作流程与设计的管理人员，或者称为游戏制作人。他的主要任务就是控制管理所属团队的人力资源、构建游戏的整体架构，统筹游戏中的所有重点。例如，游戏总监在游戏开发期间，可以依照以下的步骤来进行管理，如表 13-1 所示。

表13-1　游戏开发步骤

游戏制作过程	概述
编写游戏策划案	题材选择与故事介绍、游戏叙述方式、主要玩家族群的分析、开发预算、开发时间表
团队沟通	游戏概念的交流、美术风格的设置、游戏工具开发、游戏程序的架构
游戏开发	美工制作、程序编写、音乐和音效的制作、编辑器的制作
成果整合	美术整合、程序整合、音乐和音效的整合
游戏测试	程序的正确性、游戏逻辑的正确性、安装程序的正确性

游戏制作过程的流程如图 13-3 所示。

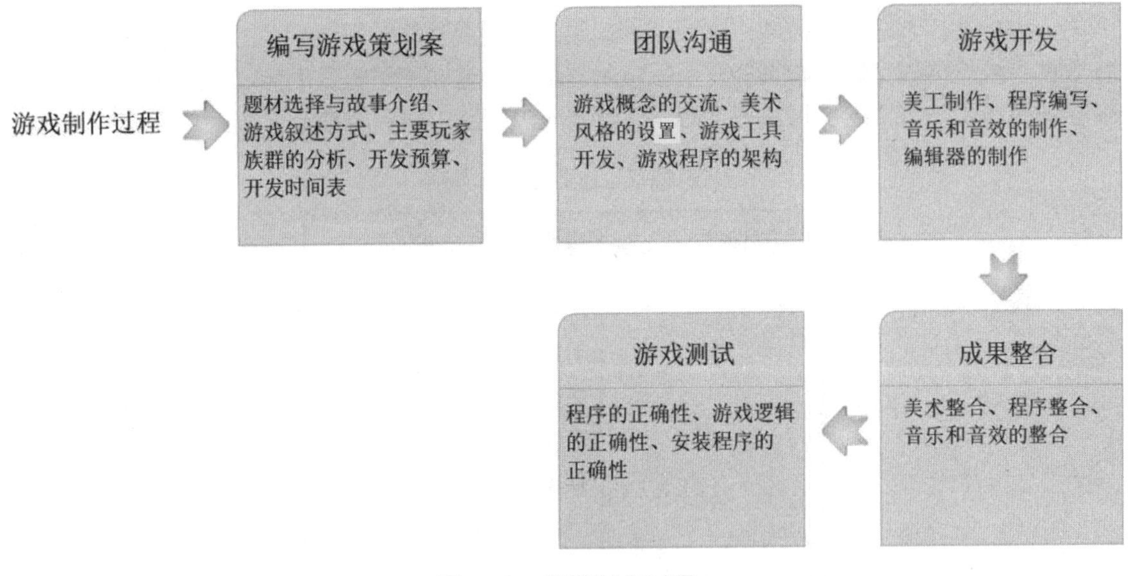

图 13-3　游戏制作过程

实际上，游戏总监就是整个游戏的领航者（见图 13-4）。他对市场与游戏的敏感程度几乎到了权威一般的存在，旗下可能管辖策划、美术与程序总监。虽然游戏总监不直接参与许多细节工作，但是必须要清楚地知道团队想要制作的是什么样的游戏，并且在采纳团队成员的意见时，也确保不偏离游戏的制作方向，有时他也必须要扮演起开发团队部门之间“协调者”或者“决策者”的身份，如此才不至于让游戏开发变成多头马车，而使得制作出来的游戏变为“四不像”。

图 13-4　游戏总监是游戏团队中最为核心的人物

在一家有一定规模的公司里，游戏总监的角色通常是公司某位具有统筹能力的人员来扮演的，能够对游戏进行整体规划并能够善用各种人力资源。在游戏开发的初期，必须建立跨部门的项目委员会，并由委员会来进行游戏的提案、演示文稿与雏形的制作。各部门的员工依照委员会所产出的策划案与细节要求加以开发，这个委员会的负责时间包括游戏提案到正式上线为止。

通常游戏总监会先将一个开发团队的人物角色调配到“最佳”的状态，不过基于成本的考虑与人力资源的不足，也有可能会将开发团队中的一个人扮演起很多任务的角色、或由某一些人来扮演跨越任务的角色。实际上，如果没有很严格的规范时，上述这些情况还是可以接受的，但是要避免团队中某些角色因扛起过重的任务而不堪重负的情况。当面临人力资源不足或是成本不能负荷的情况下，可以将游戏开发团队的任务分成五大类，如表 13-2 所示。

表13-2　任务分类及角色

任务分类	主要角色
管理与设计	系统分析 软件规划 策划管理 游戏设置
程序设计	程序统筹 程序设计
美术设计	美术统筹 美术设计
音乐设计	音乐作曲家 音效处理员
测试与支持	游戏测试 支持技术

关于人力资源优化分配与任务规划的指派，可以将这五大类任务绘制成如图 13-5 所示的金字塔形状。

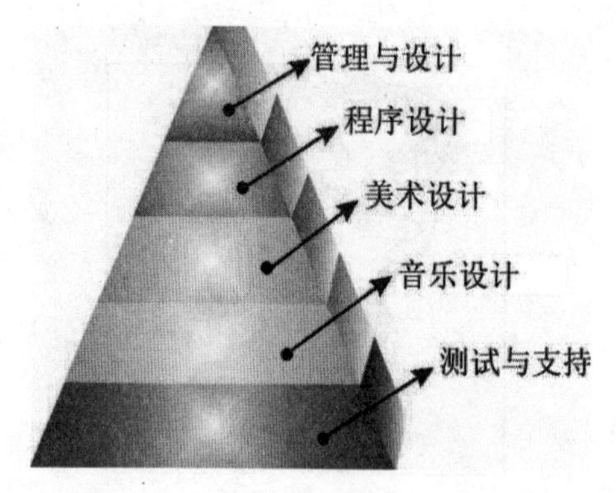

图 13-5　人力资源优化分配与任务规划的指派

13.1.2　游戏策划人员

由于游戏策划是一个极需创意的工作，且游戏的主要玩家多为年轻群体，因此游戏策划人员通常比较年轻。要想成为一名好的游戏策划人员，首要的条件就是对游戏有兴趣，广泛了解游戏史上各种类型与风格的游戏，最好玩过足够多的游戏，这样才能够创新游戏的玩法；其次还需具备很好的文字表达能力，以便能编写出游戏提案；第三需要拥有广泛收集信息以及分析市场上竞品的能力。

游戏策划人员在编写提案时需要从以下 5 个方面着手（见图 13-6）。

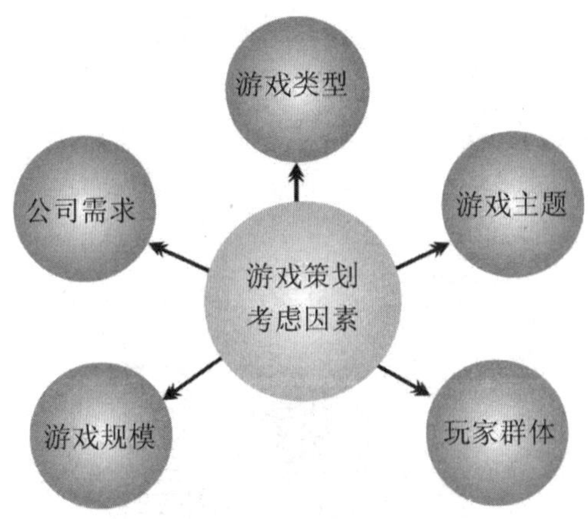

图 13-6　游戏策划需要考虑的因素

游戏策划人员可以说是整个游戏制作的灵魂，主要工作是策划方案的提出和游戏制作过程的规划与协调。对游戏的脚本设计、美工、音效、程序设计都必须了如指掌，游戏策划人员的作用就好像是在带动其他 3 个角色的核心领导，控制着整个游戏的规划、流程与系统，因此游戏策划人员必须编制出一个策划案供其他参与人员阅读。

游戏策划人员必须先将游戏中可能需要的场景组件以策划书的方式通知程序设计人员与美工人员，由美工人员绘制图形组件，由程序设计人员编写游戏场景的应用程序。坦白地说，要设计出一款好的游戏，首要任务就是找到一个好的游戏策划人员。因为在一款游戏决定要进入开发阶段时，第一个工作就是由策划开始，策划会依照公司所决定的游戏类型或是产品方向开始进行游戏的细节与规划，游戏策划人员主持游戏的进行，同时又必须担任后勤支持的角色及定义游戏中人物角色的各种数值（角色的力量、智慧、体力、攻击率、魔法等），工作范围紧扣着项目流程进行。

例如，《巴冷公主》的游戏策划人员就在研究土著居民文化、服饰、音乐、武器、饮食等主题上花费了许多功夫。在图 13-7 所示的图片中，可以看到蛇灵守护神身上地道的鲁凯族服饰，这都是公司策划人员费了九牛二虎之力才取得的样本。

图 13-7　《巴冷公主》游戏中角色的民族服饰

组织越大，策划分工越明细，大体如此。规模大一点的公司设立有策划总监一职，规模小的公司有时则直接由游戏总监担任。策划人员在游戏研发过程中，不但想法要灵活且不断思考，研发过程中还可能会遇到许多瓶颈或挫折，所以勇于接受挑战也十分重要。除了要与开发游戏小组其他成员不断沟通，又必须担任后勤支持角色，在某些小公司，就需要经常去收集数据，接着把提案写出来，其实就是策划助理的角色（见图 13-8）。可以将策划人员的工作归类，大致分为下列几点。

图 13-8　策划人员必须整天埋头收集与整理数据

- 游戏规划：游戏制作前的资料收集与规划。
- 架构设计：设计游戏的主要架构、系统与主题规划。
- 流程控制：绘制游戏流程与进度。
- 脚本制作：编写故事脚本。
- 角色设置：设置游戏角色的属性及特性。
- 剧情导入：故事剧情导入到游戏引擎中。
- 场景分配：场景规划与分配。

以下是由笔者所在公司策划人员为《巴冷公主》游戏第一关中所编写的部分对话文字：

```
<#  文字分析器  2002/04/23  第一关文字  Program creator By TG.
<#
[第 1 关  54 行] [IDS_DISPLAY]. . . 是梦? . . .
[第 1 关  58 行] [IDS_DISPLAY]. . . 好美的梦境. . . 还有. . .
[第 1 关  60 行] [IDS_DISPLAY]. . . 那个人. . . 是谁呢? . . .
[第 1 关  61 行] [IDS_DISPLAY]哎呀! 糟了. . .
[第 1 关  63 行] [IDS_DISPLAY]睡过头! 等会儿又要挨长老骂了. . .
[第 1 关  73 行] [IDS_INFO]取得本木杖!
[第 1 关  86 行] [IDS_INFO]差点忘了，昨天削好的棒子呢?
[第 1 关  93 行] [IDS_INFO]巴冷~!!
[第 1 关  101 行] [IDS_NORMAL]你呀~女孩子不像个女孩子
[第 1 关  103 行] [IDS_NORMAL]跟你说过多少次!
[第 1 关  104 行] [IDS_NORMAL]不要老是拿着武器四处去野。
[第 1 关  106 行] [IDS_DISPLAY]人家又不是拿武器~
[第 1 关  107 行] [IDS_DISPLAY]这~不过是根棒子罢了!
[第 1 关  108 行] [IDS_DISPLAY]不算是违背老祖宗的规矩呀!
```

```
[第 1关  110 行] [IDS_NORMAL]伶牙俐齿的!
[第 1关  111 行] [IDS_NORMAL]都１６岁了，还像个孩子一样。
[第 1关  112 行] [IDS_NORMAL]快去长老那里上课!
[第 1关  113 行] [IDS_NORMAL]要是贪玩，耽误了学习．．．
[第 1关  114 行] [IDS_NORMAL]那～可饶不了你。
[第 1关  116 行] [IDS_DISPLAY]好啦～～人家知道了啦!
[第 1关  117 行] [IDS_NORMAL]快去上课，不要四处乱跑!
[第 1关  138 行] [IDS_INFO]取得小年糕!
[第 1关  166 行] [IDS_DISPLAY]对了，阿玛今天出去打猎．．．
[第 1关  167 行] [IDS_DISPLAY]我想～
[第 1关  168 行] [IDS_DISPLAY]去森林看看有没有新奇的事．．．
[第 1关  171 行] [IDS_DISPLAY]嗯～就这么决定!
[第 1关  195 行] [IDS_DISPLAY]．．．巴冷．．．
[第 1关  197 行] [IDS_DISPLAY]巴冷～～
[第 1关  202 行] [IDS_DISPLAY]因那（妈妈）～早安!
[第 1关  203 行] [IDS_NORMAL]睡醒了呀～肚子饿不饿?
[第 1关  204 行] [IDS_NORMAL]厨房里还有些小年糕!!!
[第 1关  205 行] [IDS_NORMAL]快去吃吧!
[第 1关  206 行] [IDS_NORMAL]吃饱了，就去长老那上课!
[第 1关  207 行] [IDS_NORMAL]别贪玩，省得你阿玛（爸爸）又要生气了。
[第 1关  209 行] [IDS_DISPLAY]可是～去长老家上课很闷呐!
[第 1关  210 行] [IDS_NORMAL]你哟～只想玩．．．
[第 1关  211 行] [IDS_DISPLAY]因那（妈妈）～
[第 1关  212 行] [IDS_NORMAL]快去上课～
[第 1关  214 行] [IDS_DISPLAY]知道了～我现在就去长老家。
[第 1关  219 行] [IDS_NORMAL]对了!
[第 1关  220 行] [IDS_NORMAL]今天你阿玛（爸爸）要带领族内勇士出去打猎．．．
[第 1关  221 行] [IDS_NORMAL]你要乖乖在部落里，不要四处乱跑!
[第 1关  222 行] [IDS_NORMAL]别老是让因那（妈妈）担心啊～
[第 1关  225 行] [IDS_DISPLAY]知道了～～
[第 1关  237 行] [IDS_NORMAL]你还没到长老家上课呀!
[第 1关  240 行] [IDS_DISPLAY]因那（妈妈），你怎知道。
[第 1关  241 行] [IDS_NORMAL]你哦～长老刚刚来过。
[第 1关  242 行] [IDS_DISPLAY]哦!
[第 1关  243 行] [IDS_NORMAL]快去上课～不要让长老等太久!
[第 1关  245 行] [IDS_DISPLAY]知道了～～
[第 1关  248 行] [IDS_NORMAL]快去上课～不要让长老等太久!
[第 1关  250 行] [IDS_DISPLAY]知道了～～
```

表 13-3 是策划人员所编写的部分道具菜单。

表13-3　道具菜单

原料组合	品名	药剂功能
紫茎膝+风铃草	轻血疗剂	单人生命力回复 25%
满天星+满天星	血疗剂	单人生命力回复 50%

（续表）

原料组合	品名	药剂功能
满天星+紫茎膝	强血疗剂	单人生命力回复 75%
风铃草+鹅掌黄苞花	精炼血疗剂	单人生命力回复 99%
鹅掌黄苞花+风铃草	轻活医药	全体生命力回复 20%
风铃草+蒜头芦	活医药	全体生命力回复 40%
鹅掌黄苞花+满天星	强活医药	全体生命力回复 60%
满天星+蒜头芦	精炼活医药	全体生命力回复 80%
风铃草+风铃草	轻创治剂	单人生命力回复 100 点
风铃草+满天星	创治剂	单人生命力回复 200 点
风铃草+紫茎膝	强创治剂	单人生命力回复 400 点
满天星+风铃草	精炼创治剂	单人生命力回复 600 点
满天星+鹅掌黄苞花	轻复体药	全体生命力回复 100 点
紫茎膝+满天星	复体药	全体生命力回复 200 点
紫茎膝+鹅掌黄苞花	强复体药	全体生命力回复 300 点
紫茎膝+紫茎膝	精炼复体药	全体生命力回复 400 点
红茄果+满天星	轻凝神剂	单人灵动力回复 25%
水晶兰+满天星	凝神剂	单人灵动力回复 50%
水晶兰+风铃草	强凝神剂	单人灵动力回复 75%
海星果+风铃草	精炼凝神剂	单人灵动力回复 99%
鹅掌黄苞花+海星果	轻原灵药	全体灵动力回复 20%
蒜头芦+红茄果	原灵药	全体灵动力回复 40%
蒜头芦+水晶兰	强原灵药	全体灵动力回复 60%
原料组合	品名	药剂功能
蒜头芦+海星果	精炼原灵药	全体灵动力回复 80%
针珠天南星+满天星	轻晓魄剂	单人灵动力回复 50 点
小福草+满天星	晓魄剂	单人灵动力回复 100 点
小福草+风铃草	强晓魄剂	单人灵动力回复 200 点
红茄果+风铃草	精炼晓魄剂	单人灵动力回复 300 点
紫茎膝+海星果	轻振精药	全体灵动力回复 50 点
鹅掌黄苞花+红茄果	振精药	全体灵动力回复 150 点
紫茎膝+水晶兰	强振精药	全体灵动力回复 200 点
鹅掌黄苞花+水晶兰	精炼振精药	全体灵动力回复 250 点
针珠天南星+小福草	轻蔚生剂	单人生命力及灵动力回复 25%
红茄果+蒜头芦	蔚生剂	单人生命力及灵动力回复 50%
小福草+针珠天南星	重蔚生剂	单人生命力及灵动力回复 75%
海星果+蒜头芦	精炼蔚生剂	单人生命力及灵动力回复 99%
针珠天南星+海星果	轻均命药	全体生命力及灵动力回复 20%

（续表）

原料组合	品名	药剂功能
小福草+水晶兰	均命药	全体生命力及灵动力回复 40%
红茄果+红茄果	强均命药	全体生命力及灵动力回复 60%
海星果+针珠天南星	精炼均命药	全体生命力及灵动力回复 80%

13.1.3　程序设计人员

程序是影响游戏质量隐性因素，因为程序内容是没有办法独立表现于外在组件的。策划人员呕心沥血的策划书，必须通过程序开发才能够最终在计算机上实现。

一般来说，在游戏开发团队中，程序设计人员是工作压力与心理问题最大的成员，也是最容易产生抱怨与烦躁的一种角色。不过他们也承担着游戏中最核心的技术工作。通常策划人员会追求将游戏制作得尽善尽美，那么程序设计人员就必须花上大把的时间来实现策划人员的构思（见图 13-9）。

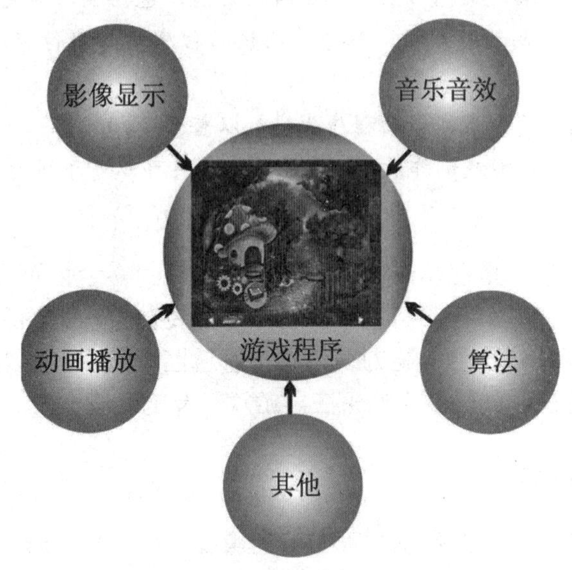

图 13-9　程序设计涉及的范围

如果程序设计人员一旦迷失方向，则会将整个游戏开发团队推向一个无底的深渊中，这是非常可怕的。更何况程序设计人员总会因为太过于专精自己的技术，因而没有考虑到游戏开发团队整体的人际关系、成本与进度，最后可能会导致游戏开发团队的士气低落与人心涣散。

程序设计人员必须要充分了解策划人员的构想计划，分析程序是否可行，在程序能够实现的基础上要确定游戏所使用的各种程序资源（如变量、常数与类）等细节问题，规划游戏程序的执行流程，设计可能的程序架构、流程、对象库与函数库。对于服务器端，还要负责规划地图、读取与验证数据、处理互动信息等，游戏程序中的单元测试、案例测试也要通过编写程序来完成。

网络游戏的程序和单机游戏的程序设计不同，在客户端设计如画面表现、特效、角色动作等网络游戏和单机游戏的开发十分类似，但由于网络游戏多出一个服务器端程序的设计，因此其程序设计就必须考虑不同动作间的网络数据包的验证，在通信的安全与稳定方面，要进行更多的检查与测试。

相对而言，程序设计人员的任务性质相当单纯，只需根据策划案来开发应用程序即可，其他琐碎的事情由管理者或决策者来处理或解决。因此，游戏掌舵者必须在程序设计群中，还要推举一位可以管理众人的“总监”角色。

程序总监这个角色占有极为重要的地位，正因为程序设计人员是一个非常难以管理的群体，所以游戏的掌舵者（游戏总监）根本没有办法再去管理这些程序设计人员，这时就要从程序设计人员中推选一个可以帮助游戏总监管理程序设计团队的人。当其他人编写完程序之后，程序总监需要将这些程序整合起来，达到策划人员所要求的游戏画面或游戏功能。

具体而言，程序设计人员的职责可以分为下列几点：

- 编写游戏功能：编写策划书上的各类游戏功能，包括编写各类编辑器工具。
- 游戏引擎制作：制作游戏核心程序，而核心程序足以应付游戏中发生的所有事件及图形管理。
- 合并程序代码：将分散编写的程序代码加以整合。
- 程序代码调试：在游戏制作后期，程序开发人员可以着手进行调试，尽可能减少程序代码中的错误。

通常程序总监的挑选，是程序设计小组中技术最好的一个，而且他还必须要有将程序全面整合的能力。简单地说，程序总监的角色，对上要以管理者的决策为主、对下必须要有管理程序设计小组与整合程序的能力，如果程序总监本身技术能力强、又有主见，并且游戏制作人本身不善管理，就需要由他来主导游戏开发的走向。

13.1.4 美术设计人员

美术设计人员在整个游戏制作的过程中非常重要，几乎从一开始就必须参与，游戏所呈现出来的美术水平与画面表现，绝对是作品能否吸引人的关键因素之一。对玩家而言，最直接接触到的是游戏中的画面，在玩家还未接触到游戏的时候，他们就可能先被游戏中的华丽画面深深吸引，然后立即想去玩这款游戏。简单地说，对于任何一款游戏，只有先吸引住玩家的目光，它才有可能迅速被玩家接受。图 13-10 所示为《巴冷公主》游戏的美术团队绘制的游戏画面的精美截图。

即使是同一款游戏，设置的目标族群不同，呈现出来的美术风格也会有所差异。当策划方案中的文字描述经过美术设计人员的手绘制成原画后，美术部门就需要将原画的各个角色制作成数字的图片文件。由于美术工作量相当惊人，因此美术部门在游戏公司中往往是成员最多的部门。

图 13-10　《巴冷公主》中美工设计的游戏画面

通常策划人员对于角色与场景会有非常详细的设置数据，例如个性、年龄等，美术设计人员会依据这些数据设计出草图后再进行修改。不管是原画图形的绘制、角色动画的制作、特效的制作和编辑、场景与建筑物的制作、界面的刻画等，都由美术部门完成。简单来说，一切跟游戏中美的事物有关的工作都和美术设计有关。举例来说，游戏中的原画设置项目包含以下 3 种。

■ **角色设计**

成功的角色设计，势必能为游戏带来更多玩家关注的目光，角色设计包含角色、怪物、NPC 等（见图 13-11）。

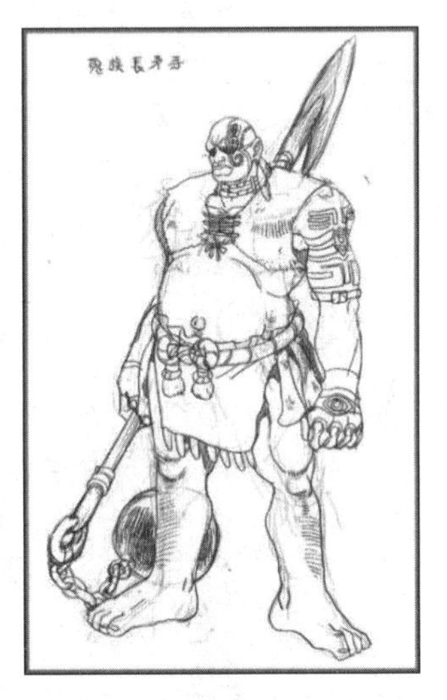

图 13-11　《巴冷公主》游戏中的角色设计

■ **场景设计**

场景设计包括两个主要部分，一个是场景的规划，另一个是建筑物或自然景观的设计，如图 13-12 所示。

■ **物品设计**

物品设计包括游戏中所用到的道具、武器、用品等，如图 13-13 所示。

图 13-12　游戏中的场景设计

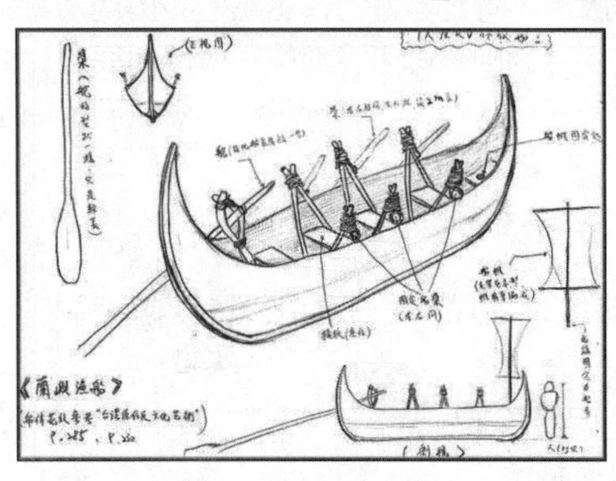

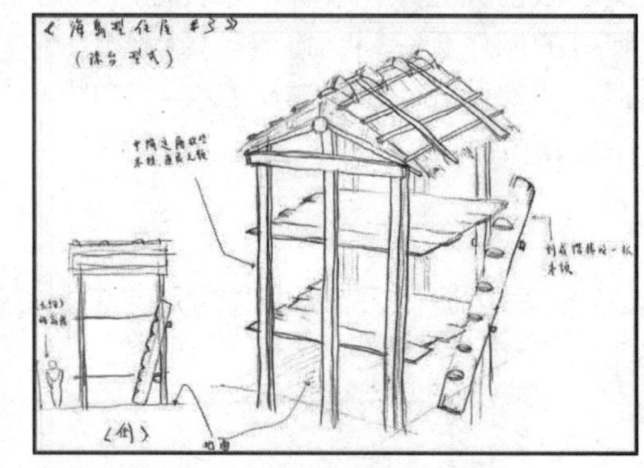

图 13-13　游戏中的物品设计

以一款大型在线角色扮演游戏来说，美术部门负责的领域相当多元化，有世界观、原画设计、2D 图像处理、地图拼接与制作、对象特效、动画输出等多项内容。美术设计人员在团队中所要做的工作可以归纳为下列几点。

- 角色设计：不管是 2D 游戏还是 3D 游戏，美术设计人员必须根据策划人员所规划的设置，设计与绘制游戏中所有需要登场的角色（见图 13-14）。

图 13-14　游戏中的角色设计

- 场景绘制：在 2D 游戏中，美术设计人员必须要一张张地画出游戏所需的所有场景图案。而在 3D 游戏中，美术设计人员必须绘制出场景中所有要用到的场景与对象，供地图编辑人员编辑使用（见图 13-15 和图 13-16）。

图 13-15　2D 与 3D 立体场景

图 13-16　3D 游戏中的对象设计

- 界面绘制：除了游戏场景与人物之外，还有一种经常在游戏中见到的画面，那就是游戏界面，这种界面是让玩家直接与游戏引擎沟通的画面，美术设计人员需要依据策划方案中规定的游戏功能进行设计与绘制，并将界面的雏形制作成图片文件，甚至是动画文件，如图 13-17 所示。

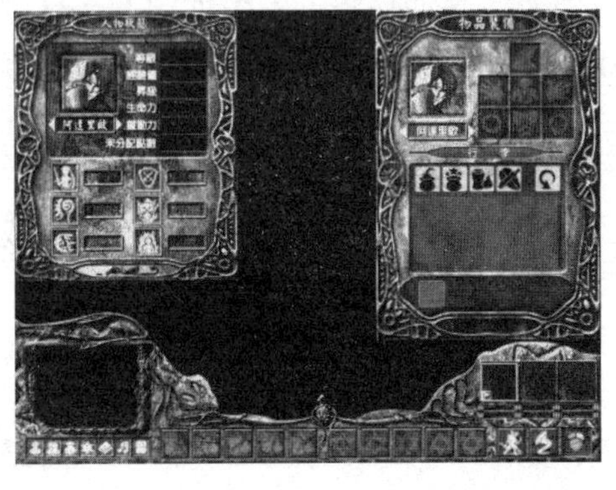

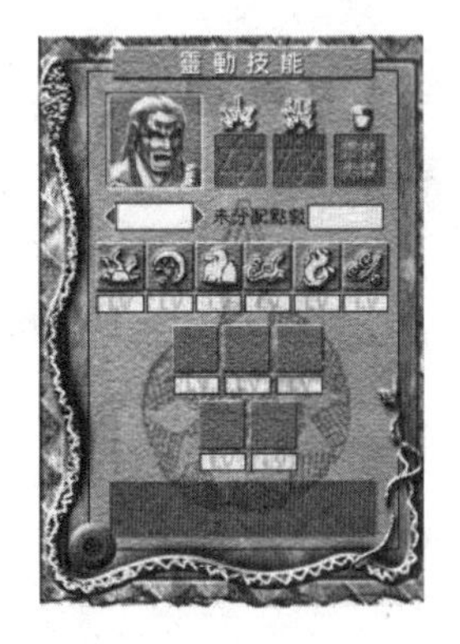

图 13-17　游戏的界面绘制

- 动画制作：游戏中少不了会有一些串场的动画。在游戏开发中，绘图量惊人的部分就是战斗动画，这时美术团队必须依照方案所提出的战斗招式与魔法制作出各种战斗画面。战斗动画可分成两种类型，一种是与角色动作本身相关的动画，例如动画内容是某一战士角色拿刀横劈的动作，美术团队必须画出与此角色动作相关的图片，并串连成一段动画；另一种是与角色无直接关系的魔法动画，这种动画中没有特定的角色造型，只是一个效果动画，例如火焰燃烧、陨石坠落等。图 13-18 所示就是魔法动画的画面。

图 13-18　游戏中的魔法动画画面

美术设计人员就像是艺术家一样，根据策划人员所定出来的主题绘制游戏中的各种画面与图像。这里值得一提的是，一款游戏中的所有画面只靠一个美术设计人员的力量是不可能完成的，因而从游戏开发团队的角度来看，美术设计人员的需求量不在少数，在有许多美术设计人员的情况下，最好设立一名与程序总监相等地位的“美术总监”，由他负责一切与美术部分相关的工作事项，如创意研发、设计统合、质量控制、进度协调等。美术总监负责统一游戏整体的绘制风格，而且要指挥相关人力配合输出游戏动作的动画片段。

13.1.5　音效设计人员

在一款游戏中，少了音乐和音效辅助，它的娱乐性就失色不少。在声卡已成为个人计算机标准配置的今天，音乐和音效已成为游戏必须包含的一个项目。当玩家在砍杀一个敌人的时候，如果只能看到画面中的游戏角色一个砍人、另一个被砍，却听不到他们在砍或被砍时发出的声音，游戏的刺激性就会大为减少。如果能在这些声音的基础上再添加适当音效的话，玩家可以感觉到声光十足的刺激感。再比如在玩枪战游戏时，少了枪声，那是不是就好像少了那一份枪林弹雨的现场感呢？为游戏添加音效就是音乐（效）设计人员的工作。

举一个例子来说，当玩家在玩一款恐怖主题的游戏，如果没有听到一些可怕的声音时，似乎就不怎么刺激了，不过如果在游戏中，特意放上一些诡异的风吹声，或是一些踏在腐朽的木板上所发出的嘎嘎声。如此一来，无形中就增加了游戏的恐怖临场感，直叫玩家大呼过瘾，而音效设计人员便是这些听了令人毛骨悚然的音效的创造者。

在游戏中音效文件大都是以 Wave 格式与 MIDI 格式保存的。Wave 格式的音频文件所占空间比较大，一般的音乐 CD 最多只能容纳约 15~20 首歌曲（以一首歌曲 2~4 分钟来计算）。如果游戏中对于音效的质量要求极高，或者想让游戏中的音效成为卖点之一（像《巴冷公主》游戏中的民歌那样），通常就会采用 Wave 格式的音频文件，或者可以单独提供一张音乐 CD，让玩家在玩游戏时播放，也可以在随身听或音响中播放。

MIDI 文件的优点是数据的存储空间比较小，并且乐曲容易修改。不过目前已经很少有游戏直接使用 MIDI 文件来播放音乐，因为它难以使每台计算机都达到一致的播放质量，而这也正是使用 MIDI 文件的缺点。例如，《最终幻想 7》在背景音乐上使用播放 MIDI 文件的方式，而为了维持音乐播放的质量，玩家可以选择游戏安装盘中附带的 YAMAHA 软件音源器来播放，不过由于软音源需要占用不少系统资源（CPU 与内存），因此会影响游戏运行的速度与质量。

在游戏开发团队中，工作性质最单纯的人员非音乐（效）设计人员莫属了，他们只要制作出游戏中所需的音效与相关背景音乐即可。有些规模较小的公司，音乐设计和音效制作是外包的。

游戏的声音部分可以按照性质分成两种，一种是游戏中令人感动、甚至足以影响玩家情绪的背景音乐，另一种是游戏中各式各样稀奇古怪的声音特效。音乐（效）设计人员必须非常了解游戏故事的剧情发展，如果有一段剧情应该是悲伤的格调，这时就不能来段轻快的音乐，因为这会让玩家们认为文不对题，令玩家反感。

13.2　测试与支持人员

测试与支持人员不需要具有特殊专业的人员，其工作性质就是帮忙测试游戏的优劣性与发现游戏中的错误。在游戏制作初期，策划人员可以请程序设计人员编写一个简单的测试软件，并提供给测试人员用于游戏的测试。这些测试人员在游戏制作初期，人数是最少的。不过离游戏制作完成的距离越近，这些测试人员的人数也就会越来越多，目的就是让游戏开发人员了解到更详细的错误信息。此外，过早进行游戏测试，对游戏开发没有什么帮助。

测试可分成两个阶段：第一个阶段是游戏开发阶段，重点在于特定的功能测试；第二阶段是在游戏制作成内部测试（Alpha Testing）或是外部测试（Beta Testing）的时候。内部测试一般是游戏有了初步的规模时就可以执行，而外部测试与游戏性测试在游戏接近完成时才执行，也就是针对整个游戏的所有功能进行测试，包含整个剧情是否流畅、有无卡关的情况、数据是否正确，可以说是全方位性的测试。

事实上，不管是游戏的开发阶段，还是发行阶段，调试管理绝对是非常必要的。不管是在游戏发行前在公司内部进行的封闭测试，还是公开测试，甚至正式发行后，错误的追踪与管理都是持续进行的。在进行调试的过程中，必须依照更新、测试、记录、调试 4 个步骤循环进行（见图 13-19）。

从“更新”步骤开始，一个新的版本就诞生了，无论是内部版本、外部版本还是正式版本，都必须进行版本管理。而测试必须依照更新或发布的版本进行，若不能依照统一发布的版本测试，将无法做统一版本的调试记录，更无法依照这些记录进行测试。下面我们就来介绍游戏开发过程中需要进行测试的项目。

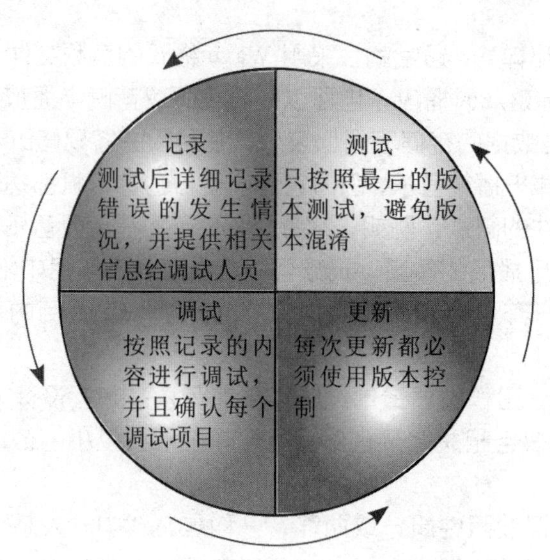

图 13-19　游戏调试过程中的步骤

13.2.1　游戏界面与程序测试

游戏界面的好坏，直接关系到这个游戏在玩家心目中的地位。游戏界面测试的优劣一般会通过两组不同的玩家来测试，一组是资深玩家，另一组是外聘的新手玩家。通过观察玩家操作过程与整理玩家的意见，从而评估界面设计的好坏以及需要改善的地方。

游戏程序的测试比较烦琐，往往需要重复测试不同的玩法，因为程序中的错误有时不完全是技术上的问题，也包含了逻辑上的问题。例如在程序中完成角色行走的功能后，测试人员必须针对角色的行走进行相关测试，观察与发现问题并汇报至相关的部门。假设角色行走的动画出现问题，可由美术部门确认是否为编辑或者图片问题，如果都不是，则有可能是程序方面所产生的问题，这时应由程序部门来进行确认与修正。

13.2.2　硬件与操作平台测试

硬件测试是为了确保游戏程序能在不同硬件上正确运行，包括 CPU、显卡、声卡、游戏控制设备等兼容性问题。在程序开发时一般应该先弄清楚各种硬件的共同规格，等程序编写完成后，再进行各种硬件测试。虽然通过使用 DirectX 已经解决了困扰大多数人的硬件问题，但是还会偶尔遇到硬件驱动程序错误的情况。另外，硬件性能也是影响玩家心情的重要原因之一。操作平台的测试主要是为了测试不同版本的驱动程序以及系统函数是否能让游戏在所支持的操作系统上正常运行，同时也必须考虑当前玩家所使用的其他操作系统。

13.2.3　游戏性调整与安装测试

游戏性调整的目的是让游戏拥有良好的平衡度与耐玩度，是依据不断重复进行游戏后的游戏心得来进行调整。通常由专业的游戏测试人员或资深玩家进行测试，这样可以快速地得到如关卡及魔法数值是否需要调整的建议。

游戏安装程序的打包是一项很重要的工作，大部分游戏程序都会通过安装文件制作程序来制作游戏的安装文件，例如 Install Shield、Setup Factory 等软件。使用专业的安装文件制作程序，可以省去自行处理安装或删除信息表注册、文件的封装以及安装界面的设计等问题。

13.2.4　游戏发行后的测试

经过测试的检验与调试后，接着就是发行前的准备工作，例如防盗版光盘保护系统的制作。为了确保正版软件的销售，这部分工作必须严格进行。此外，虽然在正式发行前已经通过一段时间的测试，但是很难确保软件中没有任何疏漏。发行后客户反馈回来的信息一般由公司网站与客服人员获得，并通过测试部门测试，确认错误的发生原因与类型，并提交相关的部门或人员来进行修正。当问题修正后，再经过测试部门针对反馈的问题进行测试，确保需要修正的问题已经得到修正，最后制作更新程序，可以通过杂志附赠光盘的方式赠予买家，也可以通过官方网站提供给玩家下载。

【课后习题】

1. 游戏策划人员的核心工作是什么？
2. 请问游戏的原画设计有哪三种？
3. 游戏开发团队的任务分成哪五大类？
4. 游戏开发期间，必须依照哪些步骤进行？
5. 游戏开发要考虑的成本包括哪些？
6. 游戏的测试可以分为哪两个阶段？
7. 游戏开发过程中测试的项目可以归纳为哪些？
8. 请问音乐（效）在游戏中的作用是什么？

第 14 章 初探电子竞技赢家之路

随着电子游戏对经济和社会的影响力不断增强，全球的电子竞技也随之兴起。电子竞技产业不但冲击了传统教育的观念，而且给未来就业市场拓展了空间——因为电子竞技也成为了一种职业。电子竞技在许多国家和地区被认定为“新兴运动”，成为现代体育文化体系中重要的一环，甚至成为正式体育竞赛项目。当大众看待“电子竞技”的眼光，已不再仅仅是一群吃饱没事的小屁孩打电玩，而是选手们像打棒球、篮球那样的集体竞技运动，少数年轻人开始靠打电玩就能赚到大把钞票（见图 14-1 和图 14-2）。更重要的是电子竞技能够带来硬件、接口设备及游戏产业的商机，甚至许多非核心产业也通过与电子竞技比赛合作而直接或间接地获益，如观光、餐饮、休闲、媒体等产业。

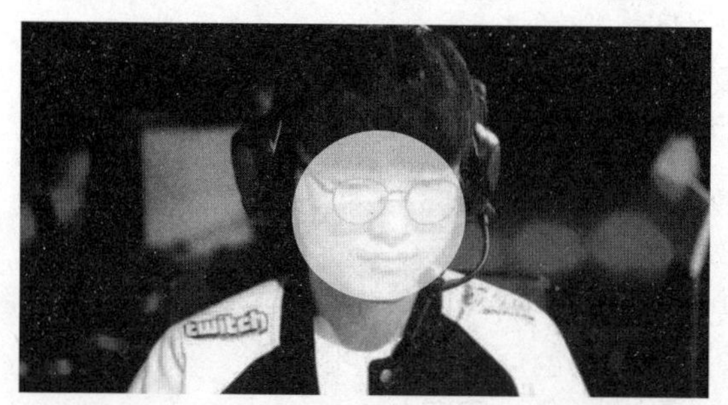

图 14-1　韩国电子竞技之光李相赫拿到《英雄联盟》的高额奖金

图 14-2　《英雄联盟》是目前最火的电子竞技游戏之一

根据全球市场研究与咨询公司 Newzoo 的统计，2019 年全球观看电子竞技赛事的观众人数达到 4 亿人以上，整体市场潜力迈入爆发性成长阶段。电子竞技的快速发展，其主因是网络游戏的崛起，让玩家们能够一起玩游戏产生了共同合作或对战的游戏氛围，特别是近几年 MOBA 游戏（多人在线战术竞技游戏）更让年轻人趋之若骛。世界各地不断有新电子竞技队伍的创立，近年来更有不少知名艺人投资电子竞技战队。

14.1　电子竞技初体验

所谓电子竞技运动，就是利用电子设备（计算机、手机、游戏主机、街机）作为运动器械进行的比赛模式，就是电子游戏比赛打到“竞技”层面的体育项目。和棋类等非电子游戏比赛类似，选手和队伍的操作都是通过电子系统人机互动接口来实现，操作上强调人与人之间的智力与反应能力的对抗运动，也就是只要玩家能联网对战并分出胜负结果。随着电子竞技运动的发展，比赛的范围也越来越广，电子竞技游戏的种类也越来越多。

电子竞技的演进

由于电子竞技与电子游戏的发展是密不可分，因此关于电子竞技的演进过程也就众说纷纭。如果要说电子竞技史上最早的比赛应该算是 1972 年在斯坦福大学进行的经典游戏《太空战争》校内比赛（见图 14-3），这款游戏的目标是让两艘宇宙飞船在一个黑白太空画面中对战，也产生了有史以来第一场初具电子竞技比赛样貌的冠军。

图 14-3　《太空战争》，最古老的电子竞技游戏

20 世纪 90 代后期，随着计算机的普及和因特网的出现，网络游戏开始受到玩家的高度关注，特别是第一人称射击游戏（FPS）受到了广大玩家的青睐，例如《雷神之锤》游戏凭借着极快的节奏，在当时以电子竞技先驱者的身份风靡全球（见图 14-4）。1997 年电子竞技职业联盟（Cyberathlete Professional League，CPL）正式成立，开始推动电子竞技成为一项正式比赛，举办并报道了电子竞技职业比赛。

图 14-4　《雷神之锤》冠军在比赛中的精彩游戏画面

这个阶段多数的电子竞技游戏大都是射击类游戏，直到即时战略游戏（RTS）的兴起，也就是到了 20 世纪 90 年代末期《星际争霸：怒火燎原》的发行，因为多了游戏的丰富与多元性。2000 年起可以说是到了电子竞技开始发光发热的起始点，世界电子竞技大赛（World Cyber Games，WCG）创立于 2000 年，在韩国，并于 2001 年举办首届盛会，吸引了许多国家和地区的优异游戏好手同场竞技，同时让全世界的玩家齐聚一堂共享这一竞技平台（见图 14-5）。

图 14-5　世界电子竞技大赛（WCG）有游戏界的奥运比赛之称

随后在 2002 年创立的美国职业游戏大联盟（Major League Gaming，MLG）成为北美地区的顶级电子竞技联赛，也是北美地区成立最早也是有名的电子竞技联盟之一，算是电子竞技史上新的里程碑。这个联赛不但海纳了各种类型的游戏，并提供了高额的比赛奖金。

图 14-6　网吧文化带动电子竞技在韩国成为全民运动

电子竞技这个概念在亚洲地区快速崛起，真正策源地是 20 世纪 90 年代的韩国，因此很多人提到电子竞技的时候，都一定会提到韩国。对于喜爱电子竞技的粉丝而言，绝对不可忽视。当时韩国正面临金融风暴后的百废待兴，韩国政府决定全力优先打造网络与游戏环境，于是掀起了一股玩家们呼朋引伴到网吧聚会一起打电子游戏的风气，因而形成了相当特殊的网吧文化（见图 14-6）。

从 1997 年韩国首度举办 WCG 赛事以来，电子竞技正式成为该国三大竞技运动项目之一（足球、围棋与电子竞技）。在 2000 年，韩国文化体育观光部批准韩国职业电子竞技协会(KeSPA)的成立。KeSPA 以“推动电子竞技成为正式体育赛事”为主要目标(见图 14-7)，该协会不但要管理电子竞技战队和俱乐部，而且要负责发掘和培育新人，这样的努力让韩国陆续推出相关电子竞技联赛，这也使得日后不管在《星际争霸》系列游戏的比赛中，或是在许多当红的电子竞技项目中，韩国选手都有着极强的竞争力。

图 14-7　KeSPA 以推动电子竞技成为正式体育赛事为主要目标

韩国在电子竞技方面的领先优势不是来自天生的运气，反而是在后天努力下足了功夫。由于电子竞技赛事就像是一场精彩可期的大秀，在众多观众的拥护下火热成长，加上出赛选手出色的表现和明星般的风采，电子竞技选手就像体育球星一样，受到粉丝崇拜和追捧，于是吸引更多的玩家来关注热门的比赛。2000 年成立的 OnGameNet（OGN）电视台——24 小时“专业游戏放送台”，积极转播各类电子竞技赛事的精彩实况，更是极大地推动了电子竞技收视率和电子竞技观众的快速增长。

后来韩国最大企业三星电子赞助了 WCG 赛事，使之成为每年规模最大的电子竞技盛会。随着电子竞技全球市场的日益扩大，不仅是韩国，许多国家和地区也愿意张开双臂拥抱电子竞技。

我们知道老一代电子竞技游戏如《星际争霸》《魔兽争霸》，都有比较高的操作难度，随后如 DOTA、《英雄联盟》，不但游戏模式更加简单，特别是大家一起玩对战人数增多，例如《英雄联盟》是 5V5 对战模式。2011 年 Riot Games 在瑞典举办了第一届《英雄联盟》世界大赛、观看人数最高峰时达 21 万人，2015 年举办《英雄联盟》总决赛时观看人数更是高达 3600 万人，人数翻了 70 倍以上（见图 14-8）。

2018 年在雅加达举办的亚运会把电子竞技列入“表演项目”（Demonstration Sports），根据 ESPN 的报道，亚洲奥林匹克理事会（The Olympic Council of Asia，OCA）决定将电子竞技比赛列为 2022 年亚运会的正式比赛项目。

图 14-8　2015 年《英雄联盟》世界大赛会场

14.2　电子竞技赛制简介

一款游戏之所以有机会能成为“电子竞技游戏”，除了具有多组或多人对战机制外，游戏难易度及刺激度都要有一定水平，当然重要的原因莫过于每年必须配合该游戏定期举办大规模的赛事，继而将电子竞技比赛作为发展核心，再来带动相关产业的延伸。任何有资格成为主流电子竞技项目的游戏，几乎都会在全球各地不定期地举行现场直播赛事，以维持该游戏在电子竞技赛场的热度。电子竞技赛事通常依照主办单位不同分为两种：一种是由游戏开发商自行举办的赛事；另外一种是由各个国家或地区电子竞技组织举办的赛事。赛制根据游戏的不同、主办方的不同其实会有所差异，一般比赛有联赛（League）和锦标赛（Tournament）的区别。例如《英雄联盟》游戏比赛中的 LPL 和 LCK 都属于联赛，而每年一度的 S 系列赛则属于锦标赛。

Tips

《英雄联盟》职业联赛（LOL Pro League，LPL）是《英雄联盟》国内的顶级职业联赛，每年进行春季赛和夏季赛两次联赛。《英雄联盟》韩国冠军联赛（League of Legends Champions Korea，LCK）是韩国《英雄联盟》的顶级联赛。《英雄联盟》世界大赛 S 系列赛（League of Legends World Championship Series）会在每年举办全球总决赛，到 2020 年年底为止，S 赛已经举办了 10 年。

14.2.1　联赛和锦标赛

电子竞技赛事的项目就是电子竞技游戏比赛，如同一般体育比赛项目中的足球赛、网球赛、篮球赛等，虽然电子竞技有这么多种类的比赛项目，但因为基础设备要求差异不大，所有电子竞技赛事比赛方式基本都大同小异，但是每场赛事的选手人数和规则也会根据电子竞技游戏项目的不同有些细微的差别。

电子竞技运动与传统运动最大差异点在于比赛项目的多样性，一般来说，联赛（League）的赛程会比较长，会采取类似 NBA 或美国职业棒球大联盟（MLB）的职业联盟方式来运营，往往能够汇集来自全球各地的顶尖玩家进行比赛，而且在常规赛阶段多半会使用循环制

（Round-Robin Tournament），在每个循环赛中，每支参赛的队伍将与其他队伍逐一进行一场对战。

循环赛又分为单循环（Single Round-robin Competition）和双循环（Double Round-robin Competition），循环赛制中每两名参赛者之间只比赛一场的称为单循环赛，比赛两场的称为双循环赛，分别代表着所有参赛队伍互相之间打一轮或两轮比赛，由积分来决定最后的排名。循环赛制中参赛者不会因偶然失误而严重影响成绩，常用于分组赛或联赛中，可以有较多场次的赛事提升经验和展现能力，更能体现参赛者的真正水平，不过随着参赛队伍的增加，赛事时间就会拖得越久。

锦标赛（Tournament）由于场地、经费等限制，一般持续时间不长，目的在于鼓励参赛者参与，通常会使用淘汰赛制（Elimination）。淘汰赛制是电子竞技赛事中普遍的比赛方式，例如电子竞技界中的老前辈《星际争霸》的赛事，一直在采用淘汰赛制。淘汰赛制又细分为单败淘汰赛制（Single Elimination）和双败淘汰赛制（Double Elimination）。单败淘汰赛制中，一旦出局就再也没有翻身之日，因而有可能某些强队稍不注意就会输掉比赛而被淘汰出局，最后的胜利者必须赢下每一轮比赛。

双败淘汰赛制通常分为胜者组与败者组，获胜者编入胜者组，失败者编入败者组，就是一个队伍输掉两轮比赛之后才会被正式淘汰出局，各组都有一次落败再复活的机会，胜者组的失利队伍降入败者组，在败者组中失利的队伍将被淘汰出局，有相当多的大型比赛都选用了双败淘汰赛制，例如暴雪公司旗下的电子竞技项目 DOTA2 的 TI 联赛。

14.2.2　冒泡赛

冒泡赛制（Bubble Race Format，简称冒泡赛）也是一种常见的电子竞技赛制，是参考观察水中气泡变化构思而成，是季后赛中常见的比赛方式，通常会分三个阶段：淘汰赛、定位赛和半决赛。因为能最终在半决赛出场的队伍，实力自然是顶尖的，后几名的胜者将有进入半决赛的资格，其方式是由排名或积分较低的队伍逐一挑战排名或积分较高的队伍，就像一个一个冒出来的气泡，得胜者再与排名较高者比赛，进而选出最后的冠军，这种方式可以解决单败淘汰赛制中爆冷门的情况。例如，2019 年《英雄联盟》大师赛的夏季赛，前四名的队伍参与就是采用冒泡赛制的方式进行的。

14.3　国际电子竞技赛事大观园

随着观众攀升的速度一发不可收拾，电子竞技正在改变着人们的娱乐习惯。电子竞技的市场规模每年都在扩大，大型国际赛事奖金的不断提升也影响深远，随着观众人数的增加和参赛队伍的壮大，不少电子竞技赛事都以高额的奖金激励电子竞技战队入场，同时吸引着世界上众多玩家和电子竞技爱好者的目光。电子竞技赛事发展已经有了一段时间，全世界的电子竞技比赛实在太多样化了，放眼当前全世界的电子竞技赛事，有以下五种著名的国际电子竞技赛事。

14.3.1 《英雄联盟》世界大赛

《英雄联盟》S 系列就是《英雄联盟》全球总决赛的系列赛（League of Legends World Championship Series），在这个系列赛中广受欢迎仍是《英雄联盟》韩国冠军联赛（League of Legends Champions Korea，LCK）。《英雄联盟》世界大赛是由《英雄联盟》开发商 Rito Games 举办，目的在于让全世界的《英雄联盟》职业顶尖好手参与，而《英雄联盟》世界大赛的参赛队伍基本上都是长期参与比赛的职业电子竞技战队，全球每个赛区都拥有 1 个入围赛参赛资格，也就是这支参赛队伍首先必须在自己的地区赛事中脱颖而出，拿到进军世界大赛的资格后，才得以和其他地区赛事中的冠军进行对决。在《英雄联盟》2019 年世界大赛期间，估计售出超过 50000 张门票，如图 14-9 所示。

图 14-9　《英雄联盟》世界大赛是全球较大的电子竞技比赛

14.3.2 DOTA2 国际邀请赛

DOTA2 是一款由 Valve 公司开发的多人在线战术竞技游戏（MOBA 游戏），全球各地有数百万玩家化身为上百位英雄进行攻防保卫战，玩家们融入角色扮演游戏中英雄，利用升级系统与物品系统，可以分成两支队伍，中间以河流为界，在游戏地图上进行对抗。DOTA2 确实为一款不同凡响的游戏，玩家也不必担心没有角色可选的问题，在 DOTA2 中所有英雄都是免费选择的，玩家可以根据自己的喜好选择使用。游戏特效画面极其华丽，只要选好英雄之后展开 5 对 5 的对战，游戏的目标就是摧毁对方要塞中的关键建筑物——遗迹。

DOTA2 国际邀请赛（The International DOTA2 Championships，TI）也是由 Valve 举行的电子竞技国际邀请赛，虽然 DOTA 2 在亚洲地区的风行程度不如《英雄联盟》，但在欧美地区已连续举办多年。自从 2011 年 8 月 1 日宣布举办第一届 DOTA2 国际邀请赛开始，就有来自世界的队伍在各种地区电子竞技联盟赛事中进行对抗，值得一提的是，TI 赛事的奖金是所有电子竞技赛事中最高的，虽然 TI 赛事属于邀请赛性质，但是仍开放超过 1000 支队伍参与公开资格赛，最后 16 支队伍会齐聚一堂进行线下总决赛，争夺冠军，如图 14-10 所示。

图 14-10　DOTA2 邀请赛的总奖金额目前保持着电子竞技史上最高的记录

14.3.3　《绝地求生》全球邀请赛

《绝地求生》全球邀请赛（PUBG Global Invitational 2018，PGI 2018），于 2018 年 7 月 25 日至 29 日在德国柏林举行，是韩国蓝洞公司官方举办的第一届全球范围内的邀请赛，在赛事的设计上不是采用传统每场比赛 2 队对战的方式进行，每场游戏都允许最多 100 名玩家参与，即每场都由 16~24 队（每队 4 人）一起参与，以各种数值评比的积分进行排名，伴随着《绝地求生》比赛的成熟和稳定发展，相信 PGI 的赛事在以后会得到更好的完善和发展（见图 14-11）。

图 14-11　《绝地求生》全球总决赛实况

14.3.4　《王者荣耀》世界大赛

随着智能手机的普及，多人在线战术竞技游戏的概念也被提出与关注，虽然 PC 游戏的电子竞技赛事仍占多数，不过在近几年，手游比赛也开始出现，不知道从什么时候开始，手游《王者荣耀》不知不觉地占领了一席之地。《王者荣耀》是一款由天美工作室研发的多人在线战术竞技手机游戏，全球首款 5 对 5 英雄手机对战游戏，一个回合 10 到 20 分钟，操作上非常容易上手，精妙配合默契作战，共有 6 种类型的英雄可供玩家选择，《王者荣耀》职业联赛（King Pro League，KPL）于 2016 年 9 月举办了第一届联赛，并分为春季和秋季两个赛季，是《王者荣耀》官方最高规格的职业联赛，2018 年《王者荣耀》正式推动国际化，同年“2018 王者冠军杯”正式成为国际邀请赛，每个赛季分为 2 个部分：常规赛和总决赛（见图 14-12）。

图 14-12　2018 王者冠军杯正式成为国际邀请赛

14.3.5　《星际争霸 II》世界杯联赛

《星际争霸 II》世界杯联赛（StarCraft II World Championship Series，WCS）是由游戏厂商暴雪娱乐所举办的世界杯联赛，也成为了整个暴雪嘉年华重要的活动之一（见图 14-13）。虽然这项赛事本质为职业赛事，但是因为“WCS 全球巡回赛”的存在，所以玩家只要愿意长期投入争取积分，也可视为一种无限制身份的公开赛，暴雪公司还举办“WCS 全球巡回赛”让玩家争取积分，并于全球总决赛前打开结算，决定获得晋级资格的选手。

图 14-13　《星际争霸 II》世界杯联赛

【课后习题】

1. 请简述电子竞技运动。
2. 韩国电子竞技协会的作用是什么？
3. 请简要说明 DOTA2 游戏。
4. 什么是冒泡赛制，它有什么优点？
5. 请简要说明《英雄联盟》世界大赛。
6. 电子竞技赛事有哪两种？
7. 请简要说明《王者荣耀》手游与赛制。

第 15 章
游戏营销导论

游戏业变化快速，产品类型也多，从最早的单机游戏、网络游戏、到近年来崛起的网页游戏、社交游戏，现在手机游戏的兴起更令全球游戏市场产生重大变化（见图 15-1）。在这个凡事都需要营销（Marketing）的时代里，竞争激烈的游戏产业更是如此。

图 15-1　网络游戏与手机游戏已成为主流的游戏

随着网络已经成为现代商业交易的潮流及趋势，交易金额及数量不断上升，游戏交易与营销的方式也做了结构性改变，例如通过了第三方支付（Third-Party Payment）方法，由具有实力的“第三方”设立公开平台作为银行、商家及消费者间的服务管道模式应运而生。这样的做法让玩家可以直接在游戏官网轻松使用第三方进行支付收款服务。随着在线交易规模不断扩大，将传统便利超商的销售渠道导引到在线支付，有效改善了游戏付费的体验，使游戏点卡的销售渠道发生了结构性的改变，过去游戏从业者通过传统实体销售渠道会被抽取 30%~40%的费用，而改采用第三方支付可降至 10%以下，这让游戏公司的获利能力大幅提升，游戏产业的生态也发生了巨变。

对于游戏产品而言，网络所带来的营销方式的转变必须实时符合人们的习惯与喜好，努力做到让游戏营销更贴近玩家的购买行为。因此，制定一个好的营销策略对游戏商业模式的成功至关重要。

15.1　游戏营销简介

营销策略就是在有限的企业资源条件下，充分分配资源给各种营销活动。虽然卖的都是游戏，就营销而言，需要的基本能力或许大同小异，但是仍要与时俱进掌握市场的变化。游戏营销方式必须理论与实践结合，必须找到将游戏产品融人市场的方法，这就是游戏营销的关键所在，进而激发更多玩家购买的动力。游戏营销的手法也有流行期，特别是在网络营销的时代，各种新的营销工具及手法不断推陈出新，毕竟戏法人人会变，各有巧妙不同。通常这 4P 营销组合要互相搭配才能达到营销活动的最佳效果。

15.1.1 产品因素

随着市场扩大及游戏行为的改变，产品策略主要研究新产品开发与改良，包括产品组合、功能、包装、风格、质量和附加服务等。游戏市场竞争一直都很激烈，但是市场慢慢趋向饱和，加上同类型的产品过多，所以要如何突显自家的产品相对困难。把游戏当作一个产品，在基本的营销理论都是一样的，也需要明确的定位与目标。

要营销一款新游戏，首先必须了解这款游戏的特性，对游戏的熟悉度一定要通过自己花时间去玩来获得，所谓花时间玩游戏等级就要达到一定的程度以上。接着配合对市场的了解，然后进行“竞品分析”，找出同类型中水平高的竞争对手，接着对产品做精准的分众营销，不同游戏类型有不同的产品策略，一旦确定了目标客群是什么样的年龄、什么样的玩家群体，接着就要思考运用何种营销工具与方式去接触这些人，这样才能容易打动游戏的目标群体。

15.1.2 渠道因素

渠道对任何产品的销售而言都是很重要的一个环节，渠道是由介于游戏商与玩家之间的营销中介单位所构成，无论是实体店面还是虚拟店面，只要是撮合游戏商与玩家交易的地方，都属于渠道的范围。运营渠道的任务就是在适当的时间把适当的产品送到适当的地点。目前游戏开发商采用实体、虚拟渠道并进的方式，除了传统套装游戏的渠道，例如便利商店、一般商店、电信销售网点、大型卖场、3C 卖场、各类书店、网吧等，同时也建立网络与移动平台渠道。

由于便利商店是玩家主要购买游戏或相关产品的最大渠道，因此大多数游戏产品一定会优先选择在便利商店铺货。例如早期游戏橘子成功以单机版模拟经营游戏《便利商店》热卖，就是利用“7-11 便利店”渠道让产品大量曝光的成功案例。在游戏开发商与渠道商的拉锯战中，渠道商始终处于强势的一方，不过在游戏业者纷纷朝向全球化经营的趋势下，渠道商的优势已不再，而是更强调网络营销与落地推广的双效应。例如可通过网上应用软件商店的开放平台购买游戏，此时手游已成功打破了地域的局限性。

15.1.3 价格因素

在过去的年代里，游戏产品的种类较少，一个游戏产品只要本身够好玩，自然就会大卖。然而在竞争激烈的网络全球市场中，往往提供相似产品的公司不止一家，顾客可选择的对象就增加了。影响游戏厂商存活的一个重要因素就是定价策略，消费者为达到某种效益而付出的成本和公司的定价有相当大的关系。我们都知道消费者对高质量、低价格商品的追求是永恒不变的，价格策略往往是唯一不花钱的关键营销因素。

网络游戏的蓬勃发展带动了通信产业需求的增长。不过，许多想要切入市场的新游戏，都将“收费”视为生死存亡的关键。通常厂商主要采取追随竞争者的定价策略，例如网络游戏营销还有另一项与一般商品不同的经验，那就是可以立即感受到消费者的反应，正式开放游戏服务器（简称开服）的瞬间我们就知道这款游戏火不火，因此许多网络游戏初期都实行玩游戏免费的营销策略，希望能快速吸引会员人数，不过这样的做法往往在正式收费后就会失去大量的玩家。

Tips　近年来，“宅经济”这个名词迅速蹿红，在许多报刊杂志中都可以看见它的身影。“宅男、宅女”这两个名词源于日本，被用来形容那些足不出户，整天呆坐在家中看 DVD、玩网络游戏、逛网络拍卖平台等，却没其他嗜好的人们，这些消费者只要动动手指，即能轻松在网络上购物，每一样商品都可以快递配送到家。

因此，无论是网页游戏还是手机游戏，现在采取的大都是“Free to Play”的免费策略，就是通过免费提供产品或者服务来达成破坏性创新后的市场目标，目的是希望把玩家转移到自家游戏的成本极小化，以期增加未来付费消费的可能性。例如《愤怒的小鸟》游戏就是一款免费下载的游戏，先让玩家沉浸在免费的前期游戏关卡中，再让想继续玩下去的玩家掏腰包购买完整版或是升级为 VIP 会员（见图 15-2）。不过，没有稳定收入的免费游戏是支撑不久的，因此厂商还必须通过五花八门的增值服务来获利。有些免费的游戏采用的是完全免费的营销策略，再通过走滚动窗口展示虚拟物品或是观战权限、VIP 身份、界面外观等商城机制来获利，不同等级的玩家对于虚拟宝物也有不同的需求，只要能在短期赢得足够多玩家的青睐，对这款游戏而言就占有竞争优势。

图 15-2　《愤怒的小鸟》游戏曾经红极一时

15.1.4　促销因素

促销（Promotion）是将产品信息传播给目标市场的活动，通过促销活动试图让消费者购买产品以短期的行为来促成消费的增长。促销无疑是销售行为中让玩家上门最直接的方式，游戏开发商以较低的成本，开拓更广阔的市场，最好搭配不同营销工具进行完整的策略运营，并通过推广的效益来扩展消费者的购买力。

手机游戏《神魔之塔》广受低头族欢迎，营销手法是令这款游戏流行的关键因素。官方经常组织促销活动送魔法石，并活用社群工具与游戏网站合作，让没有花钱的人也可以享受抽奖，获得魔法石、全新角色等免费宝物可以吸引大量玩家的加入。经由与超商渠道、饮料厂商的合作，使玩家购买饮品之后，只要前往兑换网页，输入序号便可兑换奖赏，利用了非常好的促销策略吸引住不消费与小额消费的玩家持续游戏，创造双赢的局面（见图 15-3）。

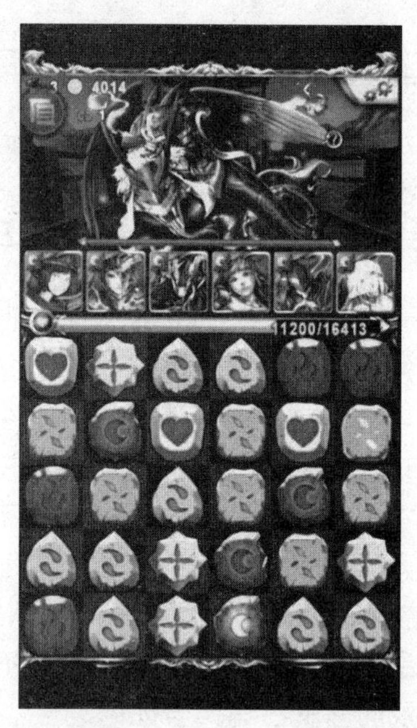

图 15-3　《神魔之塔》的促销策略相当成功

15.2　游戏营销的角色与任务

一款受欢迎的游戏，还是需要靠营销来支持的。游戏是属于娱乐性质的产品，所以营销活动也总是充满活泼与乐趣，如果没有市场营销部门卖力地推销研发人员的游戏作品，开发团队的辛苦付出就很难得到良好的实际回报。游戏营销人员的角色就是借助各种渠道与方法让玩家认识自家游戏产品的存在，并且进一步激发玩家想要购买游戏或上线玩游戏的兴趣。

游戏市场竞争一直都很激烈，虽然市场慢慢趋向饱和，但是仍然有许多游戏产品前赴后继地想要挤进这块蛋糕中，由此可见，游戏公司的营销人员其实承受着很大的压力。就拿网络游戏来说，有 90%的工作是发生在游戏开始营运之后。

营销工作基本上是责任制，不一定有固定的上下班时间，例如在游戏的旺季寒暑假或是有新品上市时就经常会有熬夜加班的需要。游戏营销人员的工作主要是：对内包括产品制作、宣传，广告文案制订，新闻稿、新产品计划撰写与销售数据分析；对外包括与其他企业谈合作或是洽谈组织活动。游戏营销人员除了要对产品认识，还需要了解目前市场趋势，平常更要多玩游戏、多看网站讨论、多参加活动等。游戏营销的工作实际上相当繁杂，具体可以分为以下 3 项基本工作。

15.2.1　撰写游戏介绍

市场的变动对营销工作影响很大，尤其在线游戏市场竞争越来越激烈，许多新产品的生命周期与以往的作品相比较变得越来越短。游戏营销重要的是反应速度快，因为市场一直在变，新游戏也不断在推出。如何能把一套新的游戏精准地写在一份介绍里，就要考验自己对游戏的了解与文字功底。问题是有时一款游戏就得用整整一本杂志来介绍，这时就要根据游戏的特性思考怎样用最少的版面介绍。玩家都是没有耐心的，因此需要努力思索一个清楚有趣又不违背良心与专业的架构进行介绍。

一款好的游戏介绍必须包括游戏风格、故事大纲、玩法风格、游戏特色、游戏流程等基本单元。下面笔者将自己所在公司研发的《神奇宠物专卖店》游戏介绍稿提供给读者作为模板。

神奇宠物专卖店

类型：经营策略

适合年龄层：不限

类似游戏：便利商店、炼金术士玛丽

特色

1. 在游戏中加入部分冒险成分，为平淡的养成游戏增加紧张及趣味性。

2. 饲养珍禽异兽（蛇、变色龙、鳄鱼等）在目前颇为流行，本游戏为消费者提供以小成本养育有各式奇异生物。

3. 游戏过程中不时提供一些宠物饲育及动植物特性等基本常识，或加入一些保护类珍稀生物的角色，达到寓教于乐的目的。

4. 在快餐店、火锅店等游戏中，玩家自行配料设计出的新产品（汉堡或火锅）所能产生的外形变化及震撼性有限；而在本游戏中玩家所能培育出的新物种（如羚角蝙蝠鱼、兔耳迷你熊等）可以是前所未见的新品种。

大纲

玩家扮演热爱动物的宠物店老板，除了一般常见的宠物外，也可以移植各种动物的不同部位培育出各式各样新品种的宠物，在销售或各类比赛中获得佳绩。

说明

1. 游戏之初玩家必须利用有限的金钱建构理想的宠物饲育空间并取得基本类型的宠物，升级之后可改善宠物饲育空间，可饲养及培育的宠物类型会逐渐增加。

2. 不同的开店地点会有不同的消费客群，玩家可针对所在地点的顾客喜好销售不同类型的宠物，以提高销售成绩。

3. 除了向固定饲养场购买宠物进行销售外，玩家还必须到世界各地去采集稀有品种的宠物，以满足不同顾客的需求，在采集的过程中会遇到战斗（野兽或其他的宠物店主人抢夺），玩家可选择店内战斗力较强的宠物随行以作为保护。

4. 玩家所订阅的《宠物日报》会提供特别宠物需求或各类宠物比赛（如选美、比武、特异功能等）等信息。玩家可以依据自己的能力培育出顾客所期望的宠物或适合参加各种比赛的宠物。达成要求或赢得比赛后可获得升级、赏金或提升知名度等奖励。

5. 玩家可依据自己的宠物饲育能力与不同品种的宠物合成新品种，创造出前所未见的新形态宠物。每一种动物的各个部分有不同的属性（如白兔耳朵：可爱+3；獒犬牙齿：攻击+5；龟壳：防御+4），玩家所具备的各种基因药剂也可加强新品种的各类属性，借此培育出可赢得比赛的神奇宠物。

游戏流程

1. 设置游戏难易度。

- 易 —— 开店资金 100000 元。
- 中 —— 开店资金 50000 元。
- 难 —— 开店资金 10000 元。

2. 设置开店地点。

- 住宅区 —— 顾客群以家庭主妇及老人为主，喜好为一般正常宠物。
- 学区 —— 顾客群以学生青少年为主，喜好为可爱、奇特造型宠物。
- 商业区 —— 顾客群以上班族为主，喜好为战斗力强的宠物。

3. 进入游戏。

4. 镇上销售宠物饲育相关物品处。

- 繁殖场——销售一般正常宠物。
- 市集——销售宠物饲料。
- 研究中心——销售基因药剂、书籍。
- 生化科技中心——销售饲育专用工具。

5. 店铺配置。

- 店面——宠物展示，客户活动区域。
- 实验室——宠物饲育专区（宠物分类、名称、数量、饲料种类、存量、药水种类、存量）。
- 办公室——店铺状况记录区（系统设置、预订情况、经营状况）。

6. 每日开销。

7. 采集：地点决定所花费天数、采集物内容、遇到怪兽种类（战斗）。

8. 图鉴内容——宠物名称、属性、所需物种、药剂、饲育器材、培育日数、每日饲料。

9. 事件（公布于宠物周报）。

10. 提升等级的条件：营收、技术、名声。

11. 在固定时间内（5 年），按照玩家成绩（经营状况、技能、名声）的不同而有不同的 5 种结局。

玩法介绍

1. 一开始玩家先决定开店地点，布置好店铺之后即可开始营业。

2. 视开店地点不同，每天约有 5~20 人的顾客量。日后视店铺的名声增减顾客量。

3. 每周的宠物周报提供宠物饲育的小秘方及特殊客户需求，单击需求字段即可决定是否接受这项任务。

4. 宠物育成所需物品可到城中各处购买或前往郊外采集。

5. 宠物等级不同，育成步骤多少也会不同。若玩家尚无技能可育成某宠物，则该宠物在图鉴上以较黯淡的色泽呈现。

6. 游戏中会随机出现各种事件，影响宠物育成的难易度。

7. 每季（3 个月）会有一次宠物比赛，玩家可决定是否参赛。比赛的结果会影响店铺的名声，也会获得金额不等的赏金。

8. 除了宠物的育成，玩家还必须制作各种宠物所需的用具，出售给拥有该宠物或有需求的顾客。

9. 要育成宠物或制作宠物使用的器具，先到店铺中的实验室中选择要育成的宠物，系统即会列出该宠物育成所需材料及制作时间。选择育成数量后单击“确定”，即可在指定的天数之后得到指定数量的宠物。

10. 每种宠物均有育成所需技术值，若玩家技术不足，即使备齐材料仍有失败的可能。

美术及音乐风格

美术方面以可爱造型和明亮的色彩为主，音乐风格轻快活泼。

15.2.2 广告文案与游戏攻略

世上没有不好卖的商品，只有不会卖的营销人员。一份让人怦然心动的广告文案，如果能掌握不同文字呈现方式所带来的不同效果，绝对会给游戏加分。文案中除了加入游戏特色外，若有促销之类的活动也一定要加入，内容可以从玩法种类或是销售客群中了解玩家的心理，最好再配上一两句响亮的口号。具体来说，就是要灵活运用文字，让玩家对游戏产生共鸣，还记得“不必祷告，快上天堂”“你上天堂了吗？”这两句《天堂》游戏的广告口号吗？当年在校园让多少年轻学子为之疯狂，更成为当时青少年之间经常听见的问候语，创下同时上线人数超过 85 000 人的纪录（见图 15-4）。

图 15-4 《天堂》游戏拥有百万名以上的会员

游戏攻略是游戏最佳的副产品，可以帮助玩家了解游戏设计的全貌，更是每个营销人员必做的功课。攻略详细解说从游戏基础要素到战斗模式架构等各方面数据，营销人员最好能亲身经历游戏，甚至要一玩再玩、过关无数次，这样才能动笔表达出游戏的特色与精髓，进而让玩家看完就能过关。下面笔者将所在公司研发的《巴冷公主》游戏的攻略提供给读者作为参考模板。

第一关

1. 先在屋内取得本木杖，和阿玛交谈后离开房间。

2. 在达德勒部落到长老家上课。

3. 接着和小孩玩游戏取得 5 样宝物。

4. 出村落后到达德勒森林，先往桥边走，卡多会留守在那个地方，用和小孩玩游戏取得的 5 样宝物骗过卡多后过桥。

5. 留意广告牌并了解指示，先到石雕询问如何才可以让石雕恢复法力，以便将进入小山洞的封印打开。依照指示取得 3 块碎片后，回到石雕使其恢复法力。将进入小山洞的封印打开，接着走到已打开封印的门口，先打败鬼族的魔王，之后跟着小狗的叫声进入小山洞，打败将小狗囚禁的两个人，取得小钥匙并将小狗救出，接着跟着小狗走，巴冷掉入桥下，出现过关动画进入第二关，然后出现说明巴冷受伤的 NPC。

第二关

1. 第二关从鬼湖的地图开始寻找小狗，先找到进入伊娜森林（进入的指示牌上却写着吠叫森林）的入口。

2. 循着狗叫声找寻狗的位置进入伊娜森林，会被小狗引导出找到它母亲尸体的 NPC，同时会在森林中发现有作怪的狗幽灵，请先找到作怪的狗幽灵，与之战斗后，会出现 NPC 说明此母狗幽灵的身份为小狗母亲。

3. 播放完毕后，请找到回到达德勒部落的入口。由于达德勒部落的入口被封印，玩家通过指示牌的暗示依序找到蓝色、咖啡色、橘红色、绿色的光墙就可以破解进入达德勒部落的入口。请走入达德勒部落，在部落中和巴冷的阿玛交谈后，进入过关动画，到达第三关的剧情。

第三关

1. 由于巴冷的妈妈因担心巴冷的安危而病倒，请先回到巴冷的家中，向长老及婆婆询问妈妈的情况以及救妈妈的方法。得知必须到大武山取得 3 种药草，请从部落后面的出口到伊娜森林。

2. 在伊娜森林中先依序找到绿色、橘红色、咖啡色、蓝色的光墙破解进入鬼湖的入口。进入鬼湖后，请走到鬼湖地图的中间位置找到阿达里欧。

3. 找到阿达里欧后，在地图右边居中的位置寻找进入大武山峡谷的入口。

4. 在大武山峡谷先往下走，找到祖穆拉寻求找 3 种药草的协助（此段会以 NPC 模式表示）。接着在此峡谷中可以找到第一种药草无花草，由于巴冷担心寻找药草的不易，因此找到第一种药草后，巴冷停留在大武山峡谷等候阿达里欧及祖穆拉找寻其他两种药草。接着玩家扮演阿达里欧，请走到大武山峡谷地图的左下角，找到进入大武山后山的入口。在大武山后山找到其他两种药草，找齐后回大武山峡谷找巴冷，在路途中依指示牌的暗示点燃或熄灭地图中的烛火（地图中共有 4 个烛火设置点，请小心寻找），想办法开启进入鬼湖的入口，再和巴冷一起回达德勒部落。

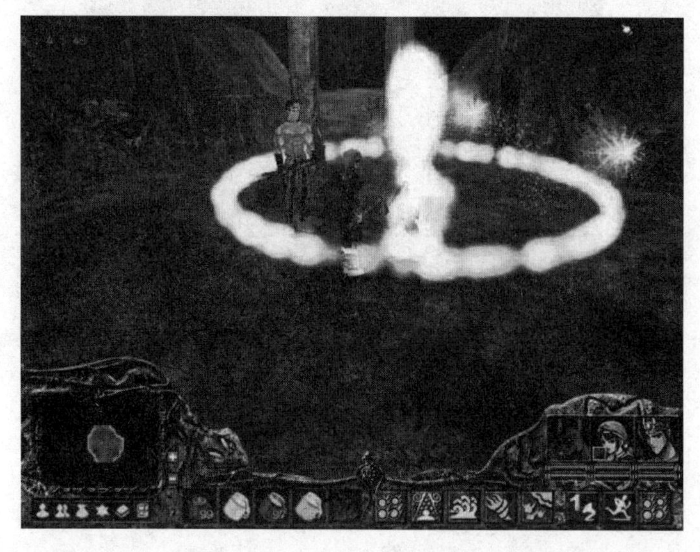

第四关

1. 把找到的解药带回到夜晚的朗拉路小屋，和长老及婆婆进行一段交谈，交谈中太麻里使者来访，巴冷父亲去招呼该使者，然后巴冷想带领阿达里欧参观达德勒部落。

2. 出门后，巴冷和阿达里欧想先去集会所（朗拉路家的左边，此处设计不太像屋子）了解太麻里使者的来意，得知太麻里发生水源枯竭，卡多自愿前往干旱的巴那河谷探究原因并得到大家的一致同意。次日巴冷醒来，其母亲提醒她赶快去为卡多送行，并在达德勒森林的出口和卡多等人进行一段交谈，无奈卡多因担心危险不同意公主与他同行至太麻里，可是巴冷公主执意偷偷跟去，在达德勒森林被卡多碰到，一番僵持下，卡多只好让步让巴冷随行。

3. 从达德勒森林经过小山洞及鬼湖森林，找到进入干旱太麻里的入口，并和当地人交谈了解干旱的原因，得知必须前往干旱的巴那河谷（先通过山道入口，不过此处会发生屏蔽值的设定位置，超出数组范围）。在此河谷，卡多及巴冷沿路清除了两处河道阻塞，直至阿达里欧遇害，出现 NPC 播放一段内容。为了协助解救阿达里欧，卡多跑去找人帮忙，此时故事情节的安排会切入阿达里欧和巴冷情定山洞外的动画。之后阿达里欧醒来，并伙同巴冷及卡多从巴那河谷依反方向回到达德勒部落（即巴那河谷→太麻里村→鬼湖森林→鬼湖→伊娜森林→达德勒部落）朗拉路的家中，随后进入第五关的剧情。

15.2.3　产品制作与营销活动

营销游戏本身就是一项服务，要把对玩家的服务做好，最大的考虑还是媒体效应，并通过正确的渠道传达给潜在的玩家。营销和产品应该更紧密的结合，游戏营销人员开始接触与制作产品通常至少在上市前半年就要开始行动，包括进行产品预算编制、执行与控制各项成本，例如产品管理、成本控制及相关作业流程、产品上市前后营销宣传规划、上片的时间、数量、封面与包装或海报设计等（见图 15-5）。

网络游戏的产品在营销上是一门学问，为网络游戏付费大多是传统的机制，目前游戏公司向消费者收费的主要方式是消费者购买游戏点卡或月卡，玩家需要用点卡充值或支付月费才能进入游戏，不过这种付费方式近几年有逐渐萎缩的趋势。还可以将游戏以类似发送试用包的方式，先使玩家养成习惯，接着再来专卖虚拟宝物（就是随游戏进行发售的宝物或点卡等）。

Tips

网络游戏吸引人之处在于玩家只要持续"上网练功"就能获得虚拟宝物或虚拟货币，这些虚拟宝物往往可以转卖给其他玩家以赚取现实世界的金钱（虚拟货币以一定的比率兑换为现实世界的货币）。

图 15-5　《巴冷公主》游戏产品的封面设计

15.3　营销活动与大数据

市场的变动对游戏营销工作影响很大，目前营销正在不断转移方法与目标市场策略。早期游戏公司较少，每年推出游戏的数量也不多，向来抱着愿者上钩的被动心态，重心都放在开发与设计上，总认为玩家真正在意的还是游戏本身的内容，把营销当成是旁枝末节，就算有广告，也都出现在报纸或杂志上。

不过现在许多玩家根本不看报纸、杂志，传统广告对现在的玩家几乎没有效果。游戏橘子的《天堂》以后起之势追上当时华义国际《石器时代》的霸主地位，原因就是在于“营销”做得非常出色。游戏橘子的成功以找明星代言、开辟电玩节目、上电视广告的做法，树立起擅长营销与活泼的公司形象，开始引起游戏产业对营销方面的广泛重视与讨论，如图 15-6 所示。

图 15-6　游戏橘子非常善于运用与整合营销

接下来我们将介绍几种常见的游戏营销方法。

15.3.1　广告营销

销售商品重要的是要能大量吸引顾客的目光，广告营销就是其中的一个选择。广告是营销人员能够掌控其信息和内容的营销手法，传统的广告主要是利用传单、广播、大型广告牌及电视的方式来传播，以达到刺激消费者的购买欲望。销售游戏重要的也是能大量吸引玩家的目光，然后产生实际的购买或下载游戏等行为。如果一款游戏的玩家族群很广，那么很适合用电视这种大众媒体进行广告营销。例如，《魔兽争霸》早期就以电视广告风格成功掳获了许多玩家的心。当然在专业的游戏电视频道上广告，也是个极佳的渠道。

除了电视广告，网络一直是网络游戏与手机游戏的主力战场，特别是网络上的互动性是网络营销吸引人的因素，不但可提高玩家的参与度，而且大幅增加了网络广告的效果（见图 15-7）。因为拥有互动的特性，所以能配合消费者的需求，进而让玩家重复参访和购买，其优点是让消费者选择自己想看的内容，没有时间和地域的限制，比起其他广告方法更能让广告主迅速了解广告的效果。例如网络上的横幅广告是最常见的收费广告，主要利用网页上的固定位置来提供广告，利用文字、图形或动画进行宣传，通常都会加入链接来引导消费者转移到广告主的宣传网页。

图 15-7　横幅广告给消费者带来不同商品的信息

> **Tips**
> 由于跨屏行为已经是当前消费者的主流，因此以自动化广告购买为基础的实时竞价广告正快速兴起。所谓实时竞价广告（Real-Time Bidding，RTB），就是允许广告主以竞价方式来购买广告信息传递的目标对象，这种方式相当适合有强烈移动广告需求的游戏业者，这是因为实时竞价广告的精准投放的有效性。

15.3.2 网红营销

随着移动网络的高速发展和移动设备的普及，越来越多的普通人（或称为素人）走上移动社交平台，虚拟社交圈营销更快速地渗透到甚至取代传统的销售模式，为各种产品创造了庞大的销售网络，网红营销可算是各大品牌近年经常使用的手法。网红营销（Internet Celebrity Marketing）并非是一种全新的营销模式，例如过去的游戏产业很喜欢采用代言人的营销策略，每一款新游戏总希望找个明星来代言，花大钱找当红的明星代言，最大的好处是会保证游戏有一定程度的曝光率，不过这样的成本花费，还必须考虑到预算与投资回报率。相对于过去游戏商花重金请明星代言游戏，近年来请网红的推荐游戏甚至可以让游戏业绩翻倍，素人网红似乎在当前的移动平台对玩家更具说服力，因而正在逐渐地取代过去以明星代言的营销模式。

15.3.3 社群营销

社群营销当然也是推广游戏的主要方式之一，社群营销本身就是一种内容营销（Content Marketing），过程是创造互动分享游戏产品价值的活动。只会做传统促销的时代已经过去了，要迫使玩家观看广告的策略已经不再奏效。如果想通过社群的方法进行营销，主要的目标当然是增加游戏的知名度，其中口口相传的影响力不容忽视。

Tips

内容营销是一门与顾客沟通但不做任何销售的艺术，形式可以包括文章、图片、影片、样册、网站、电子邮件等，必须避免直接明示产品或服务，通过消费者感兴趣的内容来潜移默化地传递品牌价值，以达到产品营销的目的。

例如，世界知名的游戏通过与地区社群合作，从而打入不同地区的市场，目前运用比较多的营销渠道是靠选择适合的游戏社群网站或大型门户网站，这些游戏社群网站的讨论区中的一字一句都左右着游戏在玩家心中的地位，通过社群网络提升游戏的曝光率已经是最常见的策略，自然而然地使社群媒体更容易传播和扩散游戏相关的信息，这将给市场营销人员更好的投资回报。

15.3.4 口碑营销

口碑营销与一般营销的差别在于完全从玩家角度出发，社群的特性是分享交流，并不是一个可以直接销售的工具。玩家到社群来是分享心情，而不是看广告，每个社群都有各自的语言与文化特色，同样是玩《英雄联盟》的一群玩家，在各个平台的互动方式也不一定相同。口碑营销的目标是在社群中发起议题和创造内容，借此引发玩家们的自然讨论，一旦游戏的口碑迅速传播，除了能迅速传达到玩家族群，还能通过玩家们分享到更多的目标族群里，进而提供更好的商业推广机会。

2014 年由美国渐冻人协会发起的冰桶挑战赛就是一个善用社群媒体来进行口碑式营销的活动。这次公益活动的发起是为了唤醒大众对于肌萎缩性脊髓侧索硬化症（ALS），俗称渐冻人的重视，挑战方式很简单，志愿者可以选择往自己头上倒一桶冰水，或是捐出 100 美元给渐冻人协会。被冰水淋湿的画面足以满足人们的感官乐趣，加上活动本身简单、有趣，获得不少名人的参与，让社群讨论、分享、甚至参与这个活动变成一股潮流，不仅表现个人对公益活动的关心，也和朋友多了许多聊天话题。

15.3.5　整合营销

营销之前需要对市场进行分析与判断，继而拟定营销策略并执行。创意往往是营销活动中的最佳动力，尤其是在面对传统与网络整合营销时代。未来游戏产业趋势将以团体战取代过去单打独斗的模式，跨行业结盟合作带来了前所未有的成果，这种整合了多家公司资源的模式（目标客户相同但在产品上彼此又不会互相竞争的公司），会产生广告加乘的效果。例如《神魔之塔》的开发商 Mad Head 公司创立以来，一直在跨界结盟，无论是办展览、比赛、演唱会，都与其他产品公司、动画公司合作，或是授权销售实体卡片等，充分发挥了跨业结盟的多元性效果。

游戏商发现开发新玩家的成本往往比留住旧粉丝所花的成本要高出 5~6 倍，因此把重心放在开发新玩家不如把重心放在维持游戏原有的粉丝上。例如，《神魔之塔》就是运用社群网络与品牌链接的营销手法，创立游戏社团与玩家互动，粉丝团不定期发布分享活动，在微博上分享在相关信息就能获得奖励，涂鸦墙上也天天可见哪位朋友又完成了《神魔之塔》的任务，借此提升玩家们对于游戏的忠诚度与黏着度。

15.3.6　大数据智能营销

游戏产业的发展越来越受到瞩目，在这个快速竞争的产业，无论是网络游戏还是手游，游戏上架后数周内，如果游戏没有挤上排行榜前 10 名，那大概就没救了。游戏开发者不可能再像以前一样凭感觉与个人喜好去设计游戏，他们需要更多、更精准的数字来了解玩家需要什么。数字背后靠的正是以收集玩家喜好为核心的大数据。大数据的好处是让开发者可以知道玩家的使用习惯，因为玩家进行的每一笔搜索、动作、交易，或者敲打键盘、单击鼠标的每一个步骤都是大数据中的一部分，大数据由时时刻刻搜集每个玩家所产生的细节数据所堆积而成，再从构建的大数据库中对这些信息进行整理、分析和排行。

例如当前相当火的《英雄联盟》（LOL）这款游戏，其开发商 Riot Games 公司就非常重视大数据分析，每天对通过网络获得的全球所有比赛的大数据进行分析与研究，及时分析所有玩家的操作并得出网络大数据的分析结果，了解玩家喜欢的英雄，例如只要发现某一个英雄出现太强或太弱的情况，就会及时调整这个英雄角色的相关设置，维持游戏的平衡性，同时集中精力去设计受欢迎的各个英雄角色。Riot Games 公司利用大数据来及时调整游戏场景与平衡性，这是《英雄联盟》能成为目前受欢迎的游戏的重要因素之一（见图 15-8）。

图 15-8　备受欢迎的《英雄联盟》游戏的战斗画面

【课后习题】

1. 第三方支付与游戏业者有什么关系？
2. 游戏开发商的渠道策略有哪些？
3. 请简述游戏免费营销的目的与方法。
4. 请简述《神魔之塔》的促销方式。
5. 游戏营销人员有哪三项基本工作？
6. 如何利用社群营销来推广游戏？

第 16 章
高级玩家的电子竞技硬件采购攻略

随着计算机硬件的不断发展，游戏的制作技术也在持续进步，游戏不只是打发时间的消遣娱乐，还代表着竞赛以及与玩家间的社交互动，现在玩家们添购电子竞技用的 PC 或是靠不断升级更高档的计算机外设来满足打电玩时的娱乐需求。硬件是我们游戏的引擎，一款好玩上手的游戏是对整个计算机系统综合性能的考验，游戏对硬盘的传输速度、内存容量、CPU 处理速度、系统响应能力、画面刷新率等也有不同的要求。随着电子竞技行业的火爆，相关硬件设备也逐渐受到重视，近年来因为直播游戏实况、电子竞技比赛以及网络对战型游戏快速兴起等的缘故，对于充满声光刺激与极限挑战的游戏，成为了许多资深玩家心中的最爱。于是，许多喜欢追求顶级游戏硬件配置的玩家想方设法也要组装出宇宙级的电子竞技主机，如图 16-1 所示。

图 16-1　电子竞技专用计算机

玩家无须花费大笔资金，应该怎么挑选硬件配置是一门大学问。如果想好好打场游戏，计算机却不给力，这时该如何是好呢？玩家们经常说玩游戏用的计算机中重要的 3 个基本硬件是 CPU、显卡和内存。虽然说是“一分价钱一分货”，但是如何挑选这些硬件并非绝对，作为一个精明的玩家，应该学会使用有限的预算进行硬件的投资，以实现运行游戏时性能的最优化。

16.1 CPU

对于有经验的玩家来说，组装一台游戏专用的计算机就好像玩乐高玩具一样，不同的组合会有意想不到的效果，其中 CPU（Central Processing Unit，中央处理单元）就扮演着至关重要的角色，因为游戏运行得是否流畅、快不快，多半取决于 CPU，不同的游戏在不同的 CPU 上会有不同的表现。通常单机游戏要能顺畅执行，大部分就是看 CPU 的性能。虽然 CPU 对于玩游戏的影响没显卡那么明显，但是 CPU 频率的高低对指令执行速度的快慢还是相当直接的。如果 CPU 性能不够强、内核的计算不足以应付多任务，那么游戏卡顿的情况就会很明显。

计算机中的 CPU 也被称为微处理器，它是构成计算机运算的中心，是计算机的大脑，负责系统中所有信息的加工处理、数值运算、逻辑判断以及解读指令等核心工作。图 16-2 为 Intel 公司部分 CPU 产品的外观。

图 16-2　Intel 公司的 CPU：Core 2 Duo 与 Core i7

目前无论选择 Intel 还是 AMD 的 CPU，这场论战在 PC 游戏界已经持续好多年了，其实都是主频为 3.3~3.69GHz 的 CPU 占比最多，高达 55%以上的游戏计算机采用 4 核 CPU。对于同款的游戏，画面分辨率要开 720p 与开 1080p 也有不一样的需求，例如 Intel 全新第 10 代 Intel Core 处理器，就能让游戏以 1080p 画质精彩呈现，带来近 2 倍的绘图性能和刷新率（FPS）。至于应该是选 Intel 的 CPU 或是选 AMD 的 CPU？过去大家异口同声的答案一定是 Intel，不过随着近年来 AMD 后急起直追，目前这两家的处理器在游戏计算机的应用中都无可挑剔，大家可以依照个人喜好来进行选择。

Tips

刷新率 FPS（Frame Per Second，每秒帧数）是视频播放速度的单位，也就是每秒可播放的画面数，一个画面就称为一帧（Frame），即包含一个静态画面。例如电影的播放速度为 24 FPS。

对于游戏硬件配置的考虑，最好选择适合自己的选项，我们经常听到有些不缺钱的玩家只要推出新的 CPU，就毫不考虑立马换台游戏主机，其实真的没有必要这样过于频繁地购买新主机。通常前一代的 CPU 不但价格便宜许多，而且性能足以支撑大家尽情把玩未来几年推出的任何一款新游戏。表 16-1 所示是衡量 CPU 速度的相关术语。

表16-1　衡量CPU速度的相关术语

速度计量单位	说明
周期	频率的倒数，例如 CPU 的工作频率（内频）为 500 MHz，则周期为 $1 / (500 \times 10^6) = 2 \times 10^{-9} = 5ns$（纳秒）
内频	中央处理器（CPU）内部的工作频率，也就是 CPU 本身的执行速度。 例如 Pentium 4-3.8GB，其内频为 3.8GHz
外频	CPU 读取数据时在速度上需要外部接口芯片相匹配的数据传输速度，这个速度比 CPU 本身的速度慢很多，可以称为总线（BUS）频率、前端总线频率、外部频率等。频率越高，性能越好
倍频	就是内频与外频之间的固定比例倍数。其中： CPU 执行频率（内频） = 外频 * 倍频系数 例如以 Pentium 4-1.4GHz 计算，此 CPU 的外频为 400MHz，倍频为 3.5，则 CPU 的工作频率（内频）为 400MHz ×3.5 = 1.4GHz

Tips

所谓超频，就是通过提高倍频率来提高原来 CPU 内频，也就提高了 CPU 的执行速度，不过并不是每一颗 CPU 都能承受超频。

16.2　主板与机箱

计算机内的各个硬件大多数是安装在主板上，在选好 CPU 之后，接下来就是挑选主板，主板（Mainboard）就是一块大型的印刷电路板，用以连接处理器、内存与扩展槽等基本组件，主板又称为“母板”（Motherboard）。图 16-3 为稍早期主板的示意图，最新一代的主板会有所不同。

图 16-3　主板

目前市面上常见的主板平台有两个，就是 Intel 和 AMD 这两个平台，CPU 确定后，就确定了主板的类型。不过，就算是确定了主板的类型，主板的选择还是非常多，因而选择主板的品牌不能马虎。过去选购主板主要考虑的因素是匹配所搭配的 CPU 种类，另一个需要注意的是主板大小能否放入目标计算机的机箱内。有些主板广告特别喜欢突出是主打的电子竞技主板，其实多半是有点言过其实，往往是外观多了些华丽的包装与设计，这些对于真心想打电子竞技的玩家帮助并不大。通常好的主板才能把 CPU 的性能发挥出来，同时也提供了比较大的扩展和升级空间。不过，由于目前桌面计算机的内部架构划分越趋精密，例如 CPU、芯片组或内存在搭配上都有一定的规则及限制。其中芯片组（Chipset）是主板的核心架构，它（们）负责辅助 CPU 来控制主板上的所有其他组件。总之，我们在选购主板时，除了“本身需求与价格”的基本因素外，还要考虑内存规格、CPU 架构、传输接口与芯片组型号等因素。

由于主板的作用是支撑所有计算机部件的平台，因此我们建议在选主板时，要选择品质高且稳定的主板（保修期长），不要选择价格过于便宜、散热不佳的主板，以减少日后维修次数与维修费用，但是也不要误以为主板价格越昂贵、性能就越好，因为可能有很多额外功能几乎用不到。在品牌上选择知名的主流主板品牌即可，不但价格实惠，其性能也值得信赖。

机箱

无论是哪种类型的计算机，都具有形状与大小不一的主机，一般来说，大多数电子竞技与游戏玩家会选择台式机，因为功能与扩展性都是比较容易掌握。主机可以说是一台计算机运行的中枢，机箱是一台计算机主机的外壳。台式机的机箱早期可分为立式与卧式两种，目前多以立式为主，主机的正面提供各种指示灯与辅助存储设备出入口。主机内部包含许多重要部件，例如主板、CPU、内存与显卡等，外部以机箱（Case）作为保护，以避免内部部件及电路受到外力直接撞击或沙尘的污染（见图 16-4）。

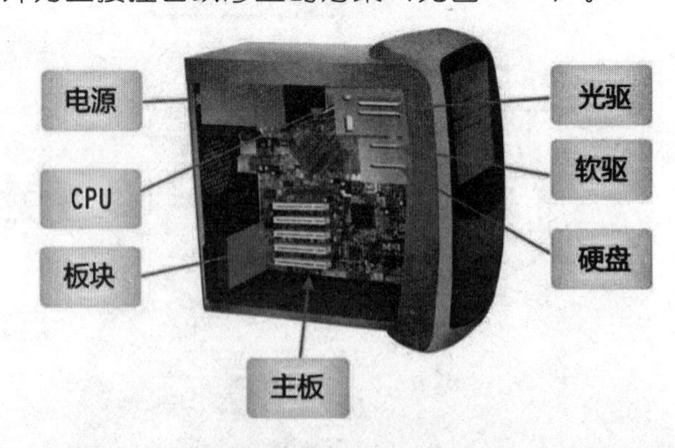

图 16-4　机箱内部主要部件位置的示意图

机箱必须考虑散热效果能确实降低计算机内部硬件运行时的温度，我们经常看到许多玩家会将大把钞票投资在机箱内的硬件上，却忽略了机箱本身对于游戏运行性能的重要性，例如玩游戏时计算机往往会开机好几个小时，高能耗会导致计算机内部的温度升高，这时对主机的散热就会有所要求，建议购买兼具水冷和风冷构造的机箱，最好是配备了高效率的风道设计（或加装了风扇），这有助于延长主机内部硬件的使用寿命。当然，想要能充分享受游戏时的美感，机箱外观的设计风格也必须要考虑到。

16.3　显卡

对于最新的 3D 游戏大作，坦白地说，玩这些游戏简直就是在玩显卡，游戏运行起来刷新率（FPS）的高低主要取决于显卡，玩 3D 游戏特别讲究选用好的显卡，因为游戏动画都是由每一帧图像构成的。显卡负责接收从内存送来的视频数据再转换显示信号传送到屏幕上，显卡的好坏当然影响游戏的质量，一定要综合评估显卡的各项参数可以为显卡的性能下定论。例如屏幕所能显示的分辨率与颜色数是由显卡上显示内存（简称显存）的多寡来决定的，显存的主要功能暂存显示芯片处理的数据，然后将显示数据传送到显示屏幕上，显卡的分辨率越高，屏幕上显示的像素就越多，当然需要的显存也就越多。在很多情况下，显卡出问题的概率最大，如果预算足够的话，建议选购强大的高端显卡，这样可以一劳永逸地撑上好几年，对于那些特别喜欢玩高画质游戏的玩家而言，我们建议购买显存容量大的显卡。当然，先购买中档的显卡，然后等新一代的显卡推出之后再购买来给主机升级也行。显卡的外观如图 16-5 所示。

图 16-5　显卡

显卡性能的优劣与否主要取决于所使用的 GPU（Graphics Processing Unit，图形处理器）以及显卡的显存容量，显存的作用是加快图形与图像处理的速度，通常高端的显卡往往会搭配容量较大的显存。处理后的显示信息通过总线传输到显卡的显示芯片上，GPU 再将这些数据运算和处理后，经过显卡将数据传送到显示屏幕上。

目前市场上的两大 GPU 厂商是 NVIDIA 和 AMD。NVIDIA（英伟达）公司所出产的 GPU 十分受欢迎，在 AMD 在收购 ATI 后，取得了 ATI 的 GPU 技术，并将 ATI 产品归到 AMD 产品旗下。依据市场最新统计，采用 NVIDIA GPU 的显卡依然稳居游戏显卡冠军的宝座。一般来说，ATI 的 GPU 擅长于 DirectX 游戏，NVIDIA 的 GPU 擅长于 OpenGL 游戏。

Tips
游戏画质的设置主要取决 RAMDAC（Random Access Memory Digital-to-Analog Converter），就是"随机存取内存数模转换器"，它的分辨率、颜色数与输出频率也是影响显卡性能重要的因素。因为计算机是以数字方式来进行运算的，所以显卡的显存也是以数字方式来存储显示数据的。对于显卡来说，二进制 0 与 1 数据可以用来控制每一个像素的颜色值及亮度。

GPU

对于一位真正讲究的高级玩家来说，要获得玩家的最佳体验，当然是随时追求游戏画面的最佳呈现。玩家显卡上与整体图形数据运算息息相关的 GPU 就显得格外重要，一个好的 GPU 可以确保我们在未来几年都能够舒心快活地运行 3A 级的大型游戏。

GPU可以说是近年来计算机硬件领域的最大变革,GPU 作为主机中与 CPU 同级的芯片，其计算性能不容小觑，以 GPU 搭配 CPU 时，GPU 相当于含有数千个小型且更高效率的"CPU"，它以并行计算的方式可以实现高性能计算（High Performance Computing，HPC），因而可以应用于科学计算、大数据分析、游戏和人工智能等众多领域。与 GPU 相比，CPU 内核数量较少是为通用计算而设计，GPU 具有数百或数千个内核，经过优化，可并行执行大量计算。

就运行游戏而言，大多数的游戏能不能跑得流畅，取决于 GPU 的性能。市场上大多数的游戏，多半与 GPU 支持与否有关，GPU 价格高低差距极大，因而也会对我们的预算产生重大影响。

16.4 内存

一般玩家口中所称的"内存"，是相当笼统的叫法，通常是指 DRAM（动态随机存储器），就是用来暂时存放数据或程序的。它与 CPU 相辅相成，配备了好的 CPU，千万不要忽略了内存的配置。如果说显卡决定了我们在玩游戏时能够获得的视觉享受，那么内存的容量就决定了我们的硬件是否够格玩这款游戏。总之，配备足够容量的内存，绝对是打造完美电子竞技设备的必要环节。

对于大型 3D 游戏情有独钟的玩家来说，增加内存是提高任何电子竞技设备性能最快且经济实惠的方式。因为这小小一片东西决定了我们计算机运行的速度，在我们挑好了满意的主板和 CPU 之后，千万也别忘了配备足够容量的内存。无论用于打游戏或是用于参加电子竞技比赛，建议为计算机配备至少 8GB 以上的内存。

内存中的每个存储空间都有地址（Address），CPU 可以直接存取该地址内存中的数据，因此访问速度很快。内存的数据可以随时读取或往其中存人数据，不过在其中所存储的数据会随着主机电源的关闭而消失。

进入 21 世纪，市场推出了新一代的 DDR SDRAM 内存（见图 16-6）。DDR 技术通过在时钟频率的上升沿和下降沿都进行数据的传送，存取速度比 SDRAM 提高了一倍。例如 DDR3 的最低数据传输率为 800Mbps，最大为 1600Mbps。当采用 64 位总线带宽时，DDR3 能达到 6400Mbps 到 12800Mbps 的数据传输率。DDR SDRAM 的特点是速度快、散热佳、数据带宽高以及工作电压低，并可以支持需要更高数据带宽的四核处理器。

图 16-6　DDR 系列内存条的外观

随着 CPU 速度的不断提升，DDR3 内存已无法满足更高性能和带宽的需求。Intel 公司宣布其新系列的芯片支持第 4 代 DDR SDRAM-DDR4，新的内存规格 DDR4 所提供的电压从 DDR3 的 1.5V 调降至 1.2V，传输速率上看到 3200Mbps，采用 284pin，通过提升内存存取的速度，让性能及带宽能力增加了 50%，另外在更省电的同时还增强了信号的完整性。大家在购买内存条时要特别注意主板上的槽位，不同的 DDR 系列，其插孔的位置也不同，笔记本电脑与台式机的内存条大小是不同的，但同样也是分为 DDR1、DDR2、DDR3 和 DDR4 四种规格。耗电量则为 DDR1 最大，DDR4 最小，未来将会出现的 DDR5 内存的带宽与内存颗粒存储单元的密度为 DDR4 的两倍，并提供更好的内存通道性能。如果大家要经常玩游戏，建议至少安装两条 8GB 的 DDR4 内存条，越大容量的内存，几乎等同于更强马力的图像引擎。

16.5　硬盘与固态硬盘

由于计算机的内存容量十分有限，因此必须利用外部存储设备来存储大量的数据及程序，外部存储设备不但影响系统可存储文件的多少，还影响到游戏运行的性能，外部存储设备越快，计算机运行的速度就越快，游戏玩起来就越心情舒畅。硬盘就是传统的外部存储设备，有些新手经常可能会搞混硬盘容量和内存容量的差别，硬盘就是当前计算机系统中主要的长期存储数据的地方，硬盘内部其实包括一个或更多固定在中央轴心上的圆盘，每一个圆盘上面都布满了磁性涂料，就是一堆坚固的磁盘片，整个设备被装进密室内。为了达到理想的性能，硬盘的读写磁头必须极度地靠近磁盘片的表面。由于硬盘算是消耗品，建议用户定期将数据备份到云，以免遇到硬盘上扇区损坏而导致数据丢失的情况。

我们在购买硬盘时，会发现硬盘规格上经常标示着“5400RPM”“7200RPM”等数字，它们表示的是主轴马达的转动速度，硬盘内磁盘旋转的速度决定了整个磁盘的性能。转动速度越高，其存取性能越好。

固态硬盘

随着固态硬盘（Solid State Disk，SSD）容量因为 NAND 闪存技术不断进步而持续增大，而且固态硬盘的价格也下降了很多，我们建议大家最好能为电子竞技主机配备一块固态硬盘，因为它的读写速度远高于硬盘。各买一块机械硬盘和固态硬盘，可以大幅提升计算机运行的性能。

与以前的机械硬盘相比，固态硬盘是一种新的永久性存储设备，但属于全电子式的产品，可视为是闪存式存储器的延伸产品，因为没有机械硬盘的马达和磁盘片，自然不会有机械式的往复动作所产生的热量与噪音，故而其重量可以压到传统机械硬盘的几十分之一，同时还能提供高达 90%以上的能源效率，与传统硬盘相较，具有低能耗、耐震、稳定性高、耐低温等优点，在市场上的普及性和接受度日益增高。

16.6 游戏外围设备的参考指南

随着游戏的操作方式越来越复杂，游戏的外围设备也是现在玩游戏或打电子竞技比赛时非常在意的一个环节。如果玩家爱玩射击类游戏，那么选择键盘或鼠标的优劣，就会严重影响玩家操作时的手感，好的键盘打起怪来有节奏感，反馈力道强。当然，玩家肯定还会对耳麦有要求，因为清晰的音色表现与在游戏中通过声音辨位的能力十分重要，毕竟能否听到敌人的脚步声也是影响游戏胜负的关键（见图 16-7），例如对于一些音乐成分较强的角色扮演类游戏或冒险游戏，好的耳机绝对会有更出色的表现，至于挑选电子竞技耳机的诀窍其实还是在聆听者个人的习惯与喜好，不必拘泥于价格较高的耳罩式耳麦。

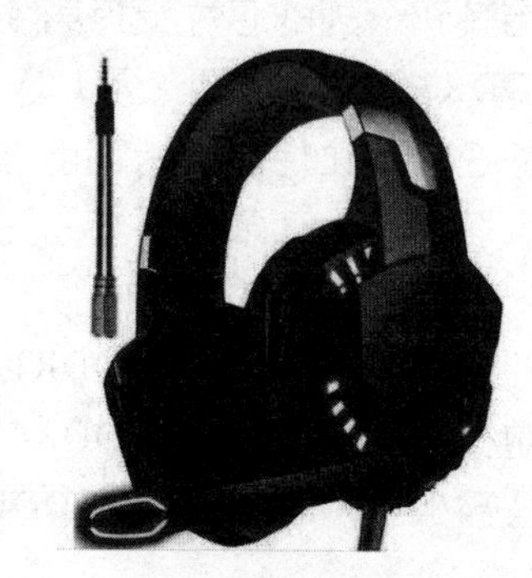

图 16-7　耳麦质量的好坏也会影响电子竞技场上的胜负

对于锱铢必较的游戏玩家来说，正所谓“一子错满盘皆落索”，在瞬息万变、杀声震天的游戏战场中，只出现一个操作上的失误，就很容易输掉整场对战。因此，即便对自己在游戏中的技术信心满满，还是需要配合这些顺手的外围设备，有了神兵利器，绝对可以让我们在游戏场上攻无不克。

16.6.1 显示器

显示器的主要功能是将计算机处理后的信息显示出来。目前的显示器主要是以“液晶显示器”（Liquid Crystal Display，LCD）为主，其中显像管，它的原理是在两片平行的玻璃平面中放置液晶，而在这两片玻璃中间有许多垂直和水平的细小电线，通过通电与不通电的操作来显示画面，因此屏幕显得格外轻与薄，而且它具有无辐射、低能耗、全平面等特性。

显示器的选择决定了游戏视觉享受是否最终实现，因此在选购显示器时，除了预算的考虑之外，需要评估的指标包括可视角度（Viewing Angle）、亮度（Brightness）、分辨率（Resolution）、对比度（Contrast Ratio）、刷新率等。显示器的分辨率最少要有 1920×1080P，而刷新率越快，画面的显像越稳定也越不会有闪烁，人物移动也会更为顺畅，最好选择 144Hz 以上刷新率的显示器（见图 16-8）。如果是从电子竞技或游戏的角度出发，基本上会分成护眼派与电子竞技派，不过最好别买太小尺寸的显示器，以免影响视力。另外，显示器“坏点”的程度也必须留意，液晶显示器的“坏点”会让屏幕显示的质量大受影响。

图 16-8　显示器屏幕越大，视觉效果通常越好，屏幕刷新率是越高越好

16.6.2　键盘

键盘是第一个与计算机一起使用的外围设备，它也是文字和数字的主要输入设备，好的键盘使得玩游戏时手感很好，因此怎样挑选一款自己满意又顺手的键盘，绝对是一门学问，因为按下键盘的感觉直接影响游戏的体验。

按照按键数量，键盘可分为 101 键、104 键和 87 键等多种类型。常见的键盘有 104 个按键，包含英文字母键、数字符号键、功能键、箭头键与特殊功能键。后来从标准键盘中陆续衍生出许多变形键盘，这样的设计是为舒适或降低重复性压迫伤害，因为需要使用键盘大量输入的用户，他们的手臂及手容易疲劳而损伤。目前键盘已发展出人体工学键盘，可以降低人类长期打字所带来的伤害，还有无线键盘、光学键盘等。由于每个人对按键的手感都有不同的喜好，如果依照构造来区分，键盘大概有两种，两者最大的差异在于触发模式而导致的不同操作手感，如表 16-2 所示。

表16-2　键盘种类及说明

键盘种类	相关说明
机械键盘	早期的键盘随着电子竞技的流行，加上这类商品不但耐用，回馈感也较重，因此现在的电子竞技键盘几乎都是机械式的。按键之间各自独立，互不影响。由于键盘的手感取决于键轴，依照手感有不同颜色的轴可以选择，每个按键下方都有一触动开关及弹簧，称为机械轴，当其被触动时，便对计算机传送单个专属信号，并发出敲击声，通常青轴算是电子竞技键盘最受大部分玩家喜爱的机械轴
薄膜键盘	又称为“无声键盘”，算是当前常用的键盘。构造上以两片胶膜取代传统的微动开关，胶膜之间夹着许多线路，靠着按键压触线上的接点来发送信号，不管哪种型号或款式，这类键盘的手感都差不多。这样的构造除了“无声”的特色外，还有“防水”功能，如果需要在不同的工作场合频繁使用计算机，薄膜键盘就最适合不过了

电子竞技键盘有许多不同款式，除了个人喜爱的外观之外，手感、功能、造型、尺寸都可以算是挑选的依据。目前大众的是机械键盘，不但有键盘按压时的回馈感，还包括支

持宏等各种附加功能等，这些都会涉及玩游戏时的精准度及便利性，因为按下键盘的毫秒之差，都可能影响着整个游戏战局的走向（见图 16-9）。在游戏对战时，由于战斗十分紧张刺激，玩家操作按键速度必须相当敏捷，可能在同时按压多个键时，会出现某个按键送不出去信号的情况，也就是明明按下了按键，但画面内的人物并没有任何反应，俗称为“鬼键”，像这样很容易就因为操作失误而败北。通常电子竞技键盘会有“N-Key”或是防“鬼键”的设计，让角色都能同步跟上玩家的操作。N-Key 键的设计能够让玩家就算同时按下多个按键也能清楚辨识，例如玩家在使出连续必杀技时能够顺畅而不卡键。对于一些较挑剔的玩家来说，键盘的连接方式也非常重要，不同接头类型会影响到按键时的反应和速度，例如传统的 PS／2 端口，反应速度绝对优于现在普遍使用的 USB 接口，非常适合玩第一人称射击等实时战斗游戏。

图 16-9　键盘触发重量：最好落在 65~75 克。这是打第一人称射击类游戏时舒适的击键力道范围

16.6.3　鼠标

鼠标是另一个主要的输入工具，功能在于产生一个屏幕上的指针，并能让我们可以快速地在屏幕上任何地方定位光标，而不用使用键盘上的光标移动键。只要我们将鼠标指针移动到屏幕上想要的位置，再按下鼠标按键，光标就会在那个位置，这被称为指向（Pointing）。鼠标在游戏中的移动与定位准度，同样会影响到战局的走向，因此其灵敏度特别重要。与普通鼠标相比，电子竞技用的鼠标偏重外型与性能的性价比，还拥有更高的可玩性（见图 16-10）。

图 16-10　造型新颖的光学鼠标

鼠标的种类如果依照工作原理来分，可分为“机械”与“光电”两种。

■ **机械鼠标**

机械鼠标底部会有一颗圆球与控制垂直、水平移动的滚轴。随着鼠标的移动带动圆球滚动，由于圆球抵住两个滚轴的关系，也同时带动了滚轴，计算机根据滚轴滚动的情况，精密计算出鼠标该移动多少距离（见图 16-11）。

■ 光电鼠标

光电鼠标完全舍弃了圆球的设计，而以两个 LED（发光二极管）来取代。当使用鼠标时，这种鼠标从下面发出一束光线，内部的光线传感器会根据反射的光来精密计算鼠标的方位距离，灵敏度相当高（见图 16-12）。

图 16-11　机械鼠标工作原理剖面图

图 16-12　高 DPI 值基本上已成为电子竞技鼠标的必要条件

无线鼠标是使用红外线、无线电或蓝牙（Bluetooth）取代鼠标的接头与鼠标本身之间的连接线，不过由于必须加装一块小电池，所以重量略重。随着越来越多无线电子竞技鼠标款式的发布，鼠标的无线标准也逐渐满足了电子竞技的需求，使用无线鼠标直接的好处当然就是没有连接线的干扰，让整个桌面空间干净舒服，有些无线鼠标还加入了无线充电与自定义按键功能。有些人喜欢使用大尺寸的显示器来玩游戏，无线鼠标（或键盘）就能够将距离拉远，让玩家享受大屏幕显示器带来的临场快感。不过，目前电子竞技比赛场上大多数选手还是使用有线鼠标参赛。

由于手与鼠标直接接触，因此鼠标的 DPI、回报频率与手感是一些玩家选择电子竞技鼠标的参考标准。不管是任何类型的游戏，对玩家来说，每秒都是关键，例如第一人称射击游戏要求有快速且精准的鼠标，回报频率越大定位越精准，最好要有 3000DPI 以上。DPI 数值越高，鼠标移动速度就会越快，高 DPI 数值可以让玩家更加迅速地完成许多游戏人物的细部操作。至于鼠标重量，也是影响玩家手感的关键因素之一，特别是影响操作时的流畅度，找一款与自己手掌配重分布合理的鼠标，这样不但可以对鼠标的掌控更为精准，更能符合个人的特殊手感需求。

【课后习题】

1. 单机游戏要能顺畅运行，主要是看哪个硬件？
2. 显卡性能的优劣与否，取决于什么？
3. 鼠标如果按工作原理来分可分为哪几种？
4. 请简要说明固态硬盘的特点。
5. 请简述外部存储设备的性能与容量对游戏的影响。
6. 请简述内存对游戏的影响。
7. 如何选购机箱？请简要说明。
8. 请简要说明无线鼠标的优点与应用。

课后习题及答案

【第 1 章课后习题及答案】

1. 游戏平台的意义与功能是什么？试简述。

答：所谓游戏平台（Game Platform），简单来说，不仅可以执行游戏流程，而且也是一种与游戏玩家沟通的渠道与媒介。游戏平台又可分为许多不同类型，例如一张纸，就是大富翁游戏与玩家的一种沟通媒介。电视游戏主机、街机与计算机也称得上是一种游戏平台，又称为“电子游戏平台”。

2. 简述游戏的定义与四大组成元素。

答：游戏，最简单的定义就是一种可以娱乐我们休闲生活的元素。从更专业的角度形容，游戏是具有特定行为模式、规则条件，能够娱乐身心或判定输赢胜负的一种行为表现（Behavior Expression）。随着科学技术的发展，游戏在参与的对象、方式、接口与平台等方面，更是不断改变、日新月异。

3. 什么是红白机？

答：所谓红白机，就是任天堂（Nintendo）公司所出品发行的 8 位电视游戏主机，正式名称为家庭计算机（Family Computer，FC）。至于为什么称为“红白机”呢？那是因为当初 FC 在刚出产发行的时候，采用的是红白相间的主机外壳，所以被人们称为“红白机”。

4. 请简述增强现实。

答：增强现实是一种实时地计算摄影机影像的位置及角度并加上相应图像的技术，将真实世界的信息和虚拟世界的信息无缝集成的一种技术，这种技术的目标是在屏幕上把虚拟世界套在现实世界并进行互动。增强现实技术在现实与虚拟的世界之间搭起一座桥梁，它能做的不是改变这个世界，而是创造出一个全新世界。

5. 什么是 MUD？

答：MUD 是一种存在于网络、多人参与、玩家可扩张并在其中互动的虚拟网络空间。其用户界面是以文字为主，最初目的只是为玩家提供一个经由计算机网络聊天的渠道，因而让人感觉不够生动活泼。

6. 请简述《英雄联盟》游戏。

答：《英雄联盟》是由 Riot Games 公司开发的，并在全世界风行的多人在线战术竞技游戏，以游戏免费及虚拟物品收费模式进行运营的游戏，玩法是由玩家扮演天赋异禀的“召唤师”，并从数百位具有独特能力的“英雄”中选择一位角色，进而操控英雄在战场上奋战，两个团队各自有 5 名玩家，游戏是以第三人称视角进行，目标主要是最终摧毁敌人的“主堡”来赢得胜利。

7. 简述掌上型游戏机的功能与特色。

答：掌上型游戏机可以说是家用游戏机的一种变种，它强调的是高便携性，因此会牺牲部分多媒体效果。由于其轻盈短小的设计，加上种类丰富的游戏内容，向来吸引了不少游戏玩家。近年来由于消费水平日渐提升，一般单纯的掌上型游戏机已无法满足玩家的需求，因此许许多多便携式设备（例如：智能手机、平板电脑等），也纷纷投入这块开拓中的广大市场。

【第 2 章课后习题及答案】

1. 什么是益智类游戏？

答：益智类游戏是最早发展的游戏类型之一，它并不需要绚丽的声光效果，而是比较注重玩家的思考与逻辑判断。通常玩益智类游戏的玩家都必须要有恒心与耐心，思索着游戏中的问题，再依据自己的判断来突破各个不同的关卡。

2. 益智类游戏的特色有哪些？

答：益智类游戏的特色是，在游戏中不需要玩家以快节奏的表现方式进行，而是偏向喜欢慢节奏的玩家，主要的目的就是能让玩家通过自己的逻辑思考来进行不同的判断。其中游戏的“规则”与“玩法”是益智类游戏的重点，因此制作益智类游戏之前必须先了解游戏的整体规则，以及游戏可能包含的全部玩法，以免因为游戏设计人员与游戏玩家之间想法的不同，从而产生不可预期的游戏结果。

3. 策略类游戏除了战略模式外，还包括哪些游戏方式？

答：策略类游戏除了战略模式外，还包括现在相当流行的“经营”与“养成”游戏方式，例如较为经典的《美少女梦工厂》系列游戏。策略类游戏是所有游戏类型中细分类型最多的一种游戏。不过，策略类游戏基本可以分为两大类，分别是“单人剧情类”与“多人联机类”。

4. 请简述什么是模拟类游戏？

答：模拟类游戏就是模仿某一种行为模式的游戏系统，在这个系统中，让计算机模拟出在真实世界中所发生的各种状况，让玩家在特定状况中完成在真实世界中难以完成的任务。模拟类游戏通常模仿的对象有汽车、火车、轮船、飞机、宇宙飞船等，如微软公司的《模拟飞行》系列。

5. 请简述第三人称射击类游戏的特色。

答：第三人称射击类游戏的玩家是以第三者的视角观察游戏场景与操控主角的动作，好像一个旁观者或者操控者，这样能够更加清楚地观察到整个游戏中的地形与所操控人物的周边情况，因而游戏中的主角在游戏屏幕上是可见的，这类游戏是第一人称射击类游戏的变种。例如《古墓丽影》系列、《马克思·佩恩》系列。

6. 请说明角色扮演类游戏的特色。

答：角色扮演类游戏（RPG）的特色是，由许多游戏机制综合而成，游戏内故事剧情的主轴基本固定，玩家必须遵循主轴线进行游戏直到游戏终局。单纯以一个游戏场景来说，当玩家操作的人物在路上行走时，可能会不预期地遇上敌人攻击、捡拾到装备或宝物、触发一些特定事件等，这些都是游戏策划人员事先深思熟虑的设计。一般说来，我国出品的角色扮演游戏多采用重视剧情发展的风格。

7. 请简述第一人称射击类游戏。

答：第一人称射击类游戏就是玩家通过主角的眼睛（所谓的第一人称的视角）看到游戏场景并进行游戏中的射击、运动、对话等活动，以及处理游戏中所有相关的画面，在游戏中要以手中的远程武器或近战武器来攻击敌人进行战斗，并可以实现多人共同游戏的需求，这是男生喜爱的游戏类型之一。

【第 3 章课后习题及答案】

1. 游戏主题的建立与强化可以从哪五种因素来努力？

答：时代、背景、剧情（或故事）、人物、目的。

2. 请简述 UI/UX（用户界面/用户体验）。

答：用户界面是虚拟世界与现实世界互换信息的桥梁，也就是用户和计算机之间交互的界面。我们可以通过设置合适的视觉风格让游戏界面看起来更加清爽美观，因为流畅的动效设计可以提升玩家操作过程中的舒适体验，减少因等待造成的烦躁感。

在游戏设计流程中，用户体验越来越重要，它不仅与游戏界面设计关联，还包括会影响游戏体验的所有细节：游戏画风（美术风格或视觉风格）、程序性能、流畅运行、动画操作、互动设计、色彩、图形、心理等。真正的游戏体验是构建在玩家的需求之上，是玩家操作过程中的感觉，就是“游戏玩起来的感觉”。

3. 什么是美术风格？试简述。

答：美术风格就是一种游戏视觉的市场定位（俗称游戏的画风），借此吸引玩家的眼光。在一款游戏中，应该要从头到尾都保持一致的风格。游戏美术风格的一致性包括人物、背景特性和游戏定位等。

4. 产生游戏主题通常会经历的几个阶段？

答：产生游戏主题通常会经历三个阶段：从最初的概念（Concept）形成，再转化为游戏结构雏形，最后才进入真正形游戏设计阶段，涵盖了软件与创意策划的开发流程。

5. 请简述游戏剧情的重要性。

答：一个游戏的精彩与否取决于它的故事情节是否足够吸引人，具有丰富的故事内容能让玩家提高对游戏的满意度，例如《大富翁 7》这款游戏，它并没有一般游戏的刀光剑影、金戈铁马，而是以繁华都市的房地产投资、炒股赚钱为主线，还通过增加了相互陷害的故事情节来提高游戏的耐玩度。

【第 4 章课后习题及答案】

1. 请简述游戏定时器的功能。

答：在游戏中，定时器的作用是给玩家提供一个相对的时间概念，使得游戏的后续发展有一个可参考的时间系统。这种定时器又可以分成两种，说明如下：

- 真实时间定时器：该定时器是类似《命令与征服》(C&C)游戏和《毁灭战士》(DOOM)游戏中的时间表示方式，采用的是真实的时间。
- 事件定时器：该定时器指的是回合制游戏与一般 RPG 和 AVG 游戏中定时器的表现方式。事实上，有些游戏会轮流使用上述两种定时器，或者同时采用这两种定时器。例如《红色警戒》中一些任务关卡的设计。在实时计时类游戏中，游戏的节奏是直接由时间来控制的，但是对于其他非实时计时的游戏来说，真实时间的作用就不是很明显，需要用其他的办法来弥补。

2. 什么是“第一人称视角”和“第三人称视角”？试说明。

答：所谓的第一人称视角，就是以游戏主人公的亲身经历来介绍剧情，通常在游戏屏幕中不出现主人公的身影，这让玩家感觉他们自己就是游戏的“主人公”，更容易让玩家投入到游戏的意境中。而第三人称视角是以一个旁观者的角度来观看游戏的发展，虽然玩家所扮演的角色是一个“旁观者”，但是在玩家的投入感上，第三人称视角的游戏不会比第一人称视角游戏来得差。

3. 如果从游戏的不可预测性来看，可以将游戏分成哪两种类型？

答：从游戏的不可预测性来看，可以将游戏分成以下两种类型：

- 技能游戏：该游戏的内部运行机制是确定的，而不可预测性产生的原因是游戏设计者故意隐藏了运行机制，玩家可通过了解游戏的运行机制（通过某种技能）来解除这种不可预测性事件。
- 机会游戏：游戏本身的运行机制是模糊的，它具有随机性，玩家不能完全通过对游戏机制的了解来消除不可预测性事件，而游戏行为所产生的结果也是随机的。

4. 什么是死路？试说明。

答：“死路”指的是玩家在游戏进行到一定程度后，突然发现自己进入了绝境，而且竟然没有可以继续进行下去的线索与场景，这种情况也可以称为“游戏逻辑死机”。通常，出现这种情况是因为游戏设计者对游戏的整体考虑不够全面，也就是没有将游戏中所有可能出现的流程全部计算出来，当玩家没有按照游戏设计者规定的路线前进时，就很容易造成“死路”现象。

5. 什么是游戏中的触觉感受？

答：游戏中的触觉并不是我们一般所认定的身体上的感受，而是一种综合视觉与听觉之后的感受。那么什么是视觉与听觉的综合感受呢？答案很简单，就是一种认知感，当我们通过眼睛、耳朵接收到游戏的信息后，大脑就会开始运转，根据自己所了解到的知识与理论来评论游戏所带来的感觉，而这种感觉就是对于游戏的认知感。

【第 5 章课后习题及答案】

1. 什么是游戏引擎？

答：游戏中的剧情表现、画面呈现（角色、美工、成像、场景控制）、物体碰撞的计算、物理系统、相对位置、操作表现、玩家输入行为、音乐及音效播放等都必须由游戏引擎直接控制。目前的游戏引擎包含了图形、音效、控制设备、网络、人工智能与物理仿真等功能，游戏公司可以通过稳定的游戏引擎来开发游戏，省下大量的研发时间。游戏引擎在一款游戏中的作用和汽车引擎类似，大家不妨把游戏引擎看成是事先精心设计的游戏程序模块和函数链接库，并搭配了一些对应的工具，它不只是能发动游戏的引擎，还是游戏的组装和指挥中心，它是一个游戏系统或者框架。当游戏框架设定好之后，关卡设计师、建模师、动画师就可以往其中填充游戏内容。

2. 请说明光影处理系统的作用。

答：光影处理是指光源对游戏中的人、地、物所展现的方式，也就是利用明暗法来处理画面，这对于游戏中所要呈现的美术风格有相当的影响力。在游戏中为了让这些物体或场景展现的更逼真，通常会加入光源。这和现实生活中的视觉一致，当人物或物体移动时，依光源位置的不同，会呈现出不同的影子大小及位置，而这些游戏中的光影效果必须依靠游戏引擎来控制。

3. 通常可以将行为动画系统分成哪两种？

答：骨骼行为动画系统、模型行为动画系统。

4. 简述画面成像的基本原理。

答：当游戏中的模型制作完毕后，美工人员会依照角色中不同的面，将特定的材质贴到角色中的每一个面上，再通过游戏引擎中的成像技术将这些模型、行为动画、光影及特效实时展现在屏幕上，这就是画面成像的基本原理。

5. 试描述 2.5D 游戏的特性。

答：2.5D 游戏则是利用了某种视角来欺骗人类的视觉，它实际上是一个 2D 画面，因为采用的是 45°视角（不是正视角），用户就产生了立体感的错觉。2.5D 游戏画面实质上是利用特殊的视觉为平面影像制造出三维效果。通常，2.5D 游戏的角色在移动上比 2D 游戏具备更多的方向，可以进行前进、后退、跳跃等动作。

6. 物理系统的作用是什么?

答：游戏引擎中的物理系统可以让游戏中的物体在运动时遵循自然界中特定的物理规律。对于一款游戏来说，物理系统可以增添游戏的真实感。

【第 6 章课后习题及答案】

1. 什么是 COM 接口?

答：COM 接口是计算机硬件内部与程序沟通的桥梁，简单地说，程序必须先经过 COM 接口的解译后才能直接对 CPU、显卡或其他的硬件设备提出请求或做出响应。

2. MFC 的作用是什么? 试说明。

答：MFC 是一个庞大的类库，其中提供了完整开发窗口程序所需的对象类别与函数，常用于设计一般的应用程序。Windows API 是 Windows 操作系统所提供的动态链接函数库（通常以.DLL 的文件格式存在于 Windows 系统中），Windows API 中包含了 Windows 内核及所有应用程序所需要的功能。

3. Java 应用于游戏上，有两种展现的方式，试说明。

答：如果 Java 应用于游戏上，则可以有两种展现的方式，一是使用窗口应用程序，一是使用 Applet 内嵌于网页中。但其实它们两者都是相同的，因为 Applet 基本上也算是一种窗口程序的展现方式。

4. 什么是计算机三维图形?

答："计算机三维图形"指的是利用数据描述的三维空间，经过计算机的计算，再转换成二维图像并显示或打印出来的一种技术，而 OpenGL 就是支持这种转换计算的链接库。

5. 试说明 OpenGL 的特性与功能。

答：在计算机绘图的世界里，OpenGL 就是一个以硬件为架构的应用程序编程接口，程序开发人员可通过这个编程接口调用图形处理函数库，绘制出高性能的 2D 及 3D 图形，且不受显示系统硬件具体规格和型号的限制。不仅不会受到程序设计人员采用的具体程序设计语言的限制，而且可以跨平台，因为各种平台及设备都有支持 OpenGL 的标准并提供相应的编程接口，这有点类似 C 语言的"运行时函数库"（Runtime Library），因此程序设计者在开发过程中可以调用 Windows API 来存取文件，再以 OpenGL API 来完成实时的 3D 绘图。

6. 试简述 Python 语言的特色。

答：Python 语言是目前最为流行的程序设计语言之一，也是一种解释型的语言。Python 语言的语法简单易学，编写的程序可以在大多数的主流平台执行，不管是 Windows、Mac OS、Linux 以及手机平台，都有对应的 Python 工具支持其跨平台的特性。Python 语言具有面向对象的特性，支持类、封装、继承、多态等面向对象的程序设计方法，不过它却不像 Java 这类面向对象程序设计语言那样强迫用户必须以面向对象程序设计的思维方式来编写程序，

Python 是一门具有多重编程范式（Multi-Paradigm）的程序设计语言，允许程序设计人员采用多种风格来编写程序，这使得程序编写更具弹性。Python 编程生态中提供了丰富的 API（Application Programming Interface，应用程序编程接口）和工具，让程序设计人员能够轻松地编写扩展模块，也可以把其他程序设计语言编写好的模块整合到 Python 程序内使用，所以也有人把 Python 语言称为“胶水语言”（Glue Language）。

【第 7 章课后习题及答案】

1. 请结合游戏人工智能的应用来说明有限状态机的概念。

答：在游戏人工智能的应用上，有限状态机是一种设计的概念，也就是可以通过定义有限的游戏运行状态，并借助一些条件在这些状态之间互相切换。有限状态机包含两个基本要素：一个是代表人工智能的有限状态简单机器，另一个是输入（Input）条件，会使当前状态转换成另一个状态。

2. 请阐述人工神经网络。

答：人工神经网络是模仿生物神经网络的数学模式，使用大量简单且相连的人工神经元来模拟生物神经细胞受特定程度刺激时对刺激进行反应的架构，这些反应是并行的且会动态地互相影响。由于人工神经网络具有高速运算、记忆、学习与容错等的能力，因此我们只要使用一组范例，通过神经网络模型建立出系统模型，即可用于推断、预测、决策、诊断等相关应用。

3. 游戏人工智能通常具有哪几种模式？

答：游戏人工智能通常具有 4 种模式：以规则为基础、以目标为基础、以代理人为基础与以人工生命为基础。

4. 什么是人工生命？

答：所谓人工生命是指用计算机和精密机械等生成或构造表现自然生命系统行为特点的仿真系统或模型系统，它组合了生物学、进化论、生命游戏的相关概念，可用来平衡与满足真实自然界的生态系统，让 NPC 具有情绪化的反应，具有生物功能的特点和行为，目的在于创造逼真的角色行为与互动的游戏环境。

5. 请简单说明模糊逻辑的概念与应用。

答：模糊逻辑也是一种相当知名的人工智能算法，是由加州伯克利大学教授拉特飞·扎德（Lotfi A.Zadeh）在 1965 年提出，是把人类解决问题的方法或将研究对象以 0 与 1 之间的数值来表示模糊逻辑的程度交由计算机来处理。也就是模仿人类思考模式，将研究对象以 0 与 1 之间的数值来表示模糊逻辑的程度。事实上，从空调到电饭锅，大量家用电器的控制系统都受益于模糊逻辑的应用。

6. 什么是遗传算法，试举例说明它在游戏中的应用。

答：遗传算法可以称得上是模拟生物进化与遗传过程的查找与优化算法，它的理论基础由约翰·霍兰德（John Holland）在 1975 年提出。在真实世界中，物种的进化是为了更好地适应大自然的环境，在进化过程中，基因的改变也能让下一代来继承。而在游戏中，玩家可以挑选自己喜欢的角色来扮演，不同的角色有不同的特质与挑战性，游戏设计人员无法事先了解玩家打算扮演什么角色，所以为了适应不同的情况，可以将可能的场景指定给某个染色体，利用染色体来存储每种情况的响应。例如设计团队要做出游戏动画中角色行走的画面，通常都需要事先仔细描述每个画面的细节，再运用遗传算法，建立好游戏角色的重量和肌肉结构之间的关联，就可让角色走得非常顺畅。

7. 请简述机器学习的发展与应用。

答：机器学习是大数据与人工智能发展相当重要的一环，也是大数据分析的一种方法，通过算法给予计算机大量的“训练数据（Training Data）”，在大量数据中找到规则，可以挖掘出多个数据元变动因素之间的关联性，进而自动学习并且做出预测，也就是让机器模仿人的学习方式，将大量数据输入后，让计算机自行尝试算法找出其中的规律性。数据量越大越有帮助，机器就可以学习得越快，进而让预测效果不断提升。

8. 请说明深度学习的发展与应用。

答：深度学习是一种从大脑科学汲取灵感以打造智能机器的方法，最近几年已经成为人工智能研究的核心课题之一。深度学习并不是研究者们凭空创造出来的运算技术，而是源自于人工神经网络算法。通过深度学习的训练过程，机器正在变得越来越聪明，不但会学习还会进行独立思考，使得计算机几乎和人类一样能识别图像中的猫、石头或人脸。深度学习包括创建并训练一个大型的人工神经网络，人类所要做的事情就是给予规则和用于机器学习的数据，让机器从未标记的训练数据中进行特征检测，以识别出大数据中的图像、声音和文字等各种信息。

【第 8 章课后习题及答案】

1. 动量与游戏的关系是什么？

答：在电子游戏中，经常需要模仿汽车、导弹、飞行器或其他现实生活中的物体。这些物体在现实生活中是由各种材料制造而成的，它们具有一定的质量（物理中的概念，质量并不能代表重量），物体的质量与受力后的加速度有关。为了在游戏中体现物体运动的真实感，这些物体就应该具有某种虚拟的质量，换句话说，当这些物体运动的时候，它们就具有一定的动量。

2. 试列举三角函数在游戏中的应用。

答：三角函数是一种用于计算角度与长度的函数，除了日常生活中的应用外，在游戏中也可以运用三角函数制作旗帜飘动的效果和互动的 3D 效果。另外，三角函数结合向量也经常被应用在游戏中，例如物体间的碰撞与反弹运动。在这些应用中，除了可以借助三角函数表示碰撞后物理的反弹力道，也可以精确计算出其碰撞或反弹后的移动角度。

3. 请说明向量内积的意义与应用。

答：向量内积（也称为点乘）是力学与 3D 图形学中的知识。在 3D 图形学里，内积用于计算两个向量之间角度的余弦，如图 8-57 所示。

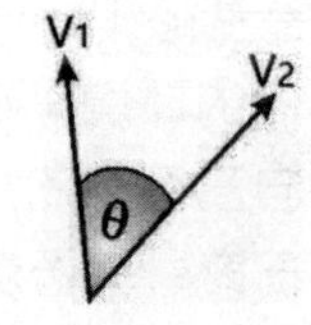

图 8-57　两个向量之间角度的余弦

4. 什么是加速运动？什么是动量？

答：加速度通常被应用在设计 2D 游戏中的物体移动，物体移动速度或者方向的改变是受加速度的影响。加速度与速度的关系如下：

V = Vo + At

动量是物体运动时的量能，其值等于物体的质量乘以物体的运动速度，公式如下：

动量 = 质量 × 速度

5. 试述重力与游戏的关系。

答：在游戏的虚拟世界里，为了拥有现实的真实感，就要给这个虚拟世界里的所有物体添加重力的影响。重力是一个向下的力量，地球上的物体无论往什么方向运动，物体所受到的重力都指向地心，在垂直方向（Y 轴方向），加速度的值大约为 9.8m/s2（米每平方秒）。

6. 什么是摩擦力？

答：两个物体之间的接触面经常有一种阻止物体运动的作用力，这种力被称为摩擦力。摩擦力是一种作用于运动物体上的负向力，摩擦力作用于运动物体上，会产生一个与物体运动方向相反的加速度，使得物体的运动越来越慢直到静止不动。

7. 试简单说明二叉空间分割树在平面绘图中的应用。

答：二叉空间分割树也是一种二叉树，其特点是每个节点都有两个子节点。这是一种游戏空间常用的分割方法，通常被使用在平面绘图应用中。如果在游戏中绘制画面时，要通过运算来决定输入的数据是否要显示在屏幕上，那么即使输入的模型数据不会出现在屏幕上，但是这些数据经过运算仍会耗费部分系统资源，采用二叉空间分割树可以避免这种情况。因为物体与物体之间有位置上的关联性，所以每一次重绘平面时都必须先考虑平面上的各个物体的位置关系，然后加以绘制。

二叉空间分割树采取的方法是在开始将数据文件读进来的时候就将整个数据文件中的数据建成一个二叉树的数据结构，因为二叉空间分割树通常对图素排序是预先计算好的而不是在运行时才进行计算。

实际上，二叉空间分割树通常用来处理游戏中室内场景模型的分割，不仅可用来加速位于视锥（Viewing Frustum）中物体的查找，也可以加速场景中各种碰撞检测的处理，例如《雷神之锤》游戏引擎和《毁灭战士》系列游戏就是用这种方式开发的，也使得二叉空间分割树技术称为游戏室内渲染技术的工业标准。

8. 请阐述四叉树与八叉树的基本原理。

答：四叉树就是树的每个节点拥有 4 个子节点。多游戏场景的地面（Terrain）就是以四叉树进行划分的，以递归的方式并以轴心一致为原则将地形按 4 个象限分成 4 个子区域，每个区块都有节点容量，越分越细，数据放在树叶节点。当节点达到最大容量时，节点就进行分裂，这也就是四叉树源于将正方形区域分成较小正方形的原理。

八叉树的定义就是如果不为空树，而树中任何一个节点的子节点恰好只有 8 个或 0 个，也就是子节点不会有 0 与 8 以外的数目，8 个子节点将这个空间细分为八个象限或区域。可以把八叉树看作是双层的四叉树，也就是四叉树在 3D 空间中的对应。八叉树通常用于 3D 空间中的场景管理，多适用于密闭或有限的空间，可以很快计算出物体在 3D 场景中的位置，或检测到是否有物体碰撞的情况发生，并将空间作阶梯式的分割，形成一棵八叉树。

【第 9 章课后习题及答案】

1. 半透明在游戏中应用的场合是什么？

答：半透明在游戏中常用来呈现若隐若现的特殊效果。事实上，这种效果的运用相当频繁，例如薄雾、鬼魂、隐形人物等都会以半透明的手法来呈现。半透明效果就是前景图案与背景图案像素颜色进行混合的结果。

2. 试说明角色遮掩的情况。

答：角色遮掩可以分成两种情况，一种是角色与角色之间的遮掩，另一种是角色与地图中的建筑、树木等障碍物之间的遮掩。

3. 2D 坐标系统有哪几种？

答：可以从两个角度来探讨 2D 坐标系统，一种是数学中的坐标系统，另一种是计算机屏幕的坐标系统。在数学的坐标系统中，x 坐标代表的是象限中的横向坐标轴（x 轴），坐标值向右递增；y 坐标代表的是象限中的纵向坐标轴（y 轴），坐标值向上递增。在计算机屏幕的坐标系统中，x 坐标代表的是象限中的横向坐标轴（x 轴），坐标值向右递增；y 坐标代表的是象限中的纵向坐标轴（y 轴），而坐标值是向下递增的。

4. 什么是 GDI 与设备描述表？

答：GDI（Graphics Device Interface），中文可译为“图形设备接口”，是 Windows API 中相当重要的一个成员，包括所有视频和图像的显示输出功能。设备描述表（Device Context，DC），它指的就是屏幕上程序可以绘图的地方。如果要在整个屏幕区绘图，那么设备就是屏幕，这时设备描述表就是屏幕区的绘图层。如果要在窗口区中绘图，那么设备就是窗口区，这时设备描述表就是窗口区可以绘图的地方，也就是内部窗口区。

5. 在 2D 游戏中所采用的场景图块形状可分成哪两种？

答：在 2D 游戏中所采用的场景图块形状可分成两种：一种是“平面地图”，另一种是“斜角地图”。因此在编写场景游戏引擎的时候就应该依照图块形状的不同而编写不同的拼接算法。

6. 什么是斜角地图？

答：斜角地图是平面地图的一种变化，它将拼接地图的图块内容，由原先的四方形改变成仿佛由 45°角俯视四方形时的菱形图案，这些菱形图案所拼接完成后的地图就是一张从 45°俯视的斜角地图。

【第 10 章课后习题及答案】

1. 游戏中展现动画的方式有哪两种？

答：游戏中展现动画的方式有两种：一种是直接播放影片文件（如 AVI、MPEG），常用在游戏的片头与片尾；另一种是游戏进行时利用连续贴图的方式制造动画的效果。

2. 什么是“FPS”？

答：衡量视频播放速度的单位为 FPS，也就是每秒可播放的帧（Frame）数，一帧就是指一张静态图片。以电影而言，播放速度为每秒 24 张静态图片，这样的速度已经足够让大家产生视觉暂留，而且会令观看者觉得画面非常流畅（没有延迟现象）。

3. 镂空动画的作用是什么？

答：镂空动画是制作游戏动画时一定会运用到的基本技巧，它结合了图片的连续显示及镂空来产生背景图中的动画效果。

4. 什么是单一背景滚动动画？

答：单一背景滚动动画是利用一张相当大的背景图，当游戏运行的时候，随着画面中人物的移动，背景的显示区域也跟着移动。要制作这样的背景滚动效果其实很简单，只要在每次背景画面更新时，改变显示到窗口中的背景区域即可。

5. 请说明“屏蔽点”的作用。

答：必须要跳跃的障碍物，被称为“屏蔽点”，存在屏蔽点就是要告诉玩家这个地方不能直接通过，在设计横向滚动的二维游戏时，就要考虑如何才能让这些屏蔽点可以和背景图同时移动。

【第 11 章课后习题及答案】

1. 投影变换的作用是什么？

答：在现实世界里，我们生活在一个 3D 空间中，而计算机屏幕却只能表现 2D 空间。如果要将现实生活中的 3D 空间表现在计算机的 2D 空间中，就必须将 3D 坐标系统转换成 2D 坐标系统，并且将 3D 世界里的坐标单位映射到 2D 屏幕的坐标单位上，这样用户才能在计算机屏幕上看到成像的 3D 世界，这个转换过程就称为“投影”。

2. 3DS Max 可以应用在哪些范围？请试着列举 5 个项目。

答：3DS Max 是应用在各个专业领域中，如计算机动画、游戏开发、影视广告、工业设计、产品开发、建筑及室内设计等，是全领域的开发工具。

3. 建立模型有哪几种方式？

答：3DS Max 提供了许多选项用来建立模型对象，包括建立基础几何对象、2D 曲线、混合对象、Patch 对象、NURBS 及 AEC 对象等，我们可以根据需要进行选用。

4. 3DS Max 着色系统有哪两种？

答：3DS Max 着色系统有默认的材质着色系统和 Mental Ray Renderer 着色系统两种。

5. 3DS Max 默认的材质与贴图各有几项？

答：在 3DS Max 中，预设的材质有 Standard（标准材质）、Blend（混合材质）、Multi/Sub-Object（多重材质）、Ink'n Paint（卡通材质）、Shell Material（熏烤材质）等 16 种。

6. 什么是 Model 坐标系统？

答：Model 坐标系统是物体本身的坐标系统，物体本身也有一个原点坐标，而物体其他参考顶点的坐标则是相对于这个原点坐标的，如下图所示。

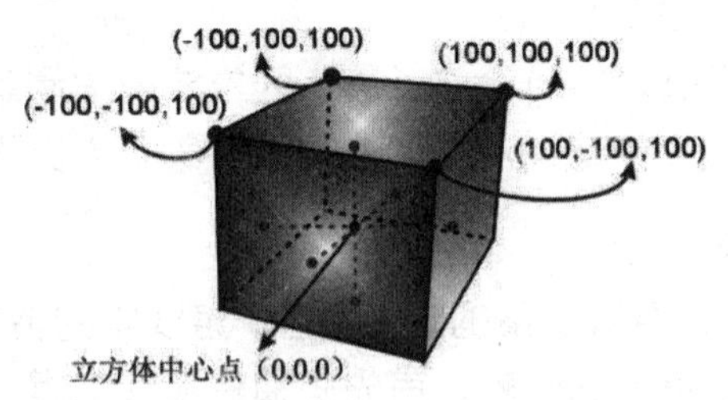

7. 试叙述坐标变换的原理。

答：如果空间中存在两个以上的坐标系统，则必须使用其中的一个坐标系统来描述其他的坐标系统，而其他坐标系统必须要经过特殊的转换才能被这个坐标系统所接受，我们把这种转换的过程称为“坐标变换”或“坐标转换”。

8. 请说明矩阵的坐标变换功能。

答：通常我们会使用矩阵来进行坐标变换的工作，在计算机图形学中，矩阵是以 4×4 的方式来呈现的，3D 坐标变换包括 3 种变换运算，分别为平移（Translation）、旋转（Rotation）及缩放（Scaling）三种变换功能。

9. 什么是齐次坐标？

答：“齐次坐标”具有 4 个不同的元素，其表示法为（x, y, z, w），如果要将齐次坐标表示成 3D 坐标，则为（x/w, y/w, z/w）。通常，w 元素都会被设置成“1”，用来表示一个比例因子，如果是针对某一个坐标轴，则可以用来表示该坐标轴的远近，不过在这种情况下 w 元素会被定义成距离的倒数（1/距离），如果要表示无限远的距离，还可以将 w 元素设置成“0”，而 Z-Buffer 的深度值也是参考此值而来的。

10. 什么是正交投影？什么是倾斜投影？

答：按投影线与投影面夹角大小进行细分，如果夹角是直角，我们称之为“正交投影”（Orthographic）；如果不是直角，则称为“倾斜投影”（Oblique）。

11. 试简述透视投影与平行投影之间的差异。

答：以平行投影的方式在投影平面上看到的物体不具备远近感，如果是以透视投影技术就可以显示出具有远近感的物体。透视投影建立的对象及图像大小与物体和观察者的距离有关。在透视投影中要表现这种效果其实并不困难。

12. 光栅处理的作用是什么？

答：光栅处理功能多半由显卡芯片提供，也可以由软件进行处理，其主要作用是将 3D 模型转换成能显示在屏幕上的图像，并对图像进行修正和做进一步美化的处理，让展现在眼前的画面能更逼真、生动。

【第 12 章课后习题及答案】

1. 游戏中最难处理的部分是什么？

答：游戏中最难处理的部分就是游戏场景，因为要考虑到游戏性能的提升（场景是消耗系统资源的主要因素之一）、未来场景的维护（方便美工人员改图与换图）等多方面因素。

2. 试讨论游戏中的特效。

答：特效是一个可以烘托游戏质量的重要角色，游戏中的特效可以通过 2D、3D 的方式来表现。当策划人员在编写特效的时候，首先必须将所有的属性都列出来，以方便程序人员编写特效编辑器。

3. 编辑工具软件的作用是什么？

答：多元化的游戏编辑工具软件可以协助开发人员进行数据的编辑与相关属性的设置，也有利于日后错误数据的排除。在游戏开发过程中，经常需要一些实用的工具程序来简化或加速游戏团队成员的开发流程，而这些工具是为了游戏中的某一些功能而开发的，如地图编辑器、数据编辑器、剧情编辑器等。

4. 什么是地图编辑器？

答：地图编辑器是策划人员将游戏中所需要的场景元素告诉程序设计人员与美工人员，然后程序设计人员利用美工人员所绘制出的图像来编写一个游戏场景的应用程序，最后把这个程序提供给策划人员用于编制游戏场景。

5. 游戏中的剧情可以将它分为哪两大类？

答：贯穿一款游戏的主要因素是游戏的剧情，而剧情通常用来控制整个游戏的进程。我们可以将游戏中的剧情分为两大类，一类是主要的 NPC 剧情，另一类是旁支剧情。

6. 什么是非玩家角色？

答：在游戏中一个时间背景里，不能只有一个主角存在于游戏世界中，还需要有另外一些角色来陪衬，这些陪衬的角色就称为“非玩家角色”（Non Player Character，NPC）。这些 NPC 可以给玩家带来剧情上的进程提示，或者给玩家所操作的主角带来武器与装备的提升。玩家不能主动操作这些角色的行为，因为它们是由策划人员所提供的 AI(人工智能)、个性、行为模式等相关的属性决定的，程序设计人员已经按照策划意图把这些角色的行为模式设计好了。NPC 可能是玩家的朋友，也可能是玩家的敌人。

7. 什么是动画编辑器？

答：当我们在游戏中制作 3D 动画时，经常需要模拟一些动画场景，这时就要使用动画编辑器。动画的编辑有点像动画的剪辑，当动画被编辑完成后，我们可以把它当作一部动画短片来看，因为视频与声音效果都具备了。

【第 13 章课后习题及答案】

1. 游戏策划人员的核心工作是什么？

答：游戏策划人员可以说是整个游戏制作的灵魂，主要工作是策划方案的提出和游戏制作过程的规划与协调。对游戏的脚本设计、美工、音效、程序设计都必须了如指掌，游戏策划人员的作用就好像是在带动其他 3 个角色的核心领导，控制着整个游戏的规划、流程与系统，因此游戏策划人员必须编制出一个策划案供其他参与人员阅读。

2. 请问游戏的原画设计有哪三种？

答：（1）角色设计：角色设计包括角色、怪物、NPC 等；（2）场景设计：一个是场景的规划，另一个是建筑物或是自然景观的设计；（3）物品设计：包含游戏中所用到的道具、武器、用品等。

3. 游戏开发团队的任务分成哪五大类？

答：

任务分类	主要角色
管理与设计	系统分析 软件规划 策划管理 游戏设定
程序设计	程序统筹 程序设计
美术设计	美术统筹 美术设计
音乐设计	音乐作曲家 音效处理员
测试与支持	游戏测试 支持技术

4. 游戏开发期间，必须依照哪些步骤进行？

答：

游戏制作过程	概述
编写游戏策划案	题材选择与故事介绍、游戏叙述方式、主要玩家族群的分析、开发预算、开发时间表
团队沟通	游戏概念的交流、美术风格的设定、游戏工具开发、游戏程序的架构
游戏开发	美工制作、程序编写、音乐和音效的制作、编辑器的制作
成果整合	美术整合、程序整合、音乐和音效的整合
游戏测试	程序的正确性、游戏逻辑的正确性、安装程序的正确性

5. 游戏开发要考虑的成本包括哪些？

答：软件成本、硬件成本、人力成本、营销成本、总务成本。

6. 游戏的测试可以分为哪两个阶段？

答：测试可分成两个阶段：第一个阶段是游戏开发阶段，重点在于特定的功能测试；第二阶段的是在游戏制作成内部测试或是外部测试的时候。内部测试一般是游戏有了初步的规模时就可以执行，而外部测试与游戏性测试在游戏接近完成时才执行，也就是针对整个游戏的所有功能进行测试，包含整个剧情是否流畅、有无卡关的情况、数据是否正确，可以说是全方位性的测试。

7. 游戏开发过程中测试的项目可以归纳为哪些？

答：操作平台测试、游戏界面测试、游戏程序调试、安装程序测试、发行后测试。

8. 请问音乐（效）在游戏中的作用是什么？

答：在一款游戏中，少了音乐和音效的辅助，它的娱乐性就失色不少。在游戏开发团队中，工作性质最单纯的人员非音乐（效）设计人员莫属了，他们只要制作出游戏中所需的音效与相关背景音乐即可。不过，音乐（效）设计人员必须非常了解游戏故事的剧情发展，如果有一段剧情应该是悲伤的格调，这时就不能来段轻快的音乐，因为这会让玩家们认为文不对题，令玩家反感。

【第 14 章课后习题及答案】

1. 请简述电子竞技运动。

答：所谓电子竞技运动，就是利用电子设备（计算机、手机、游戏主机、街机）作为运动器械进行的比赛模式，就是电子游戏比赛打到“竞技”层面的体育项目。和棋类等非电子游戏比赛类似，选手和队伍的操作都是通过电子系统人机互动接口来实现，操作上强调人与人之间的智力与反应能力的对抗运动，也就是只要玩家能联网对战并分出胜负结果。随着电子竞技运动的发展，比赛的范围也越来越广，电子竞技游戏的种类也越来越多。

2. 韩国电子竞技协会的作用是什么?

答：韩国职业电子竞技协会以"推动电子竞技成为正式体育赛事"为主要目标，该协会不但要管理电子竞技战队和俱乐部，还要负责发掘和培育新人，这样的努力让韩国陆续推出相关电子竞技联赛，这也使得日后不管在《星际争霸》系列游戏的比赛中，或是在许多当红的电子竞技项目中，韩国选手都有着极强的竞争力。

3. 请简要说明 DOTA2 游戏。

答：DOTA2 是一款由 Valve 公司开发的多人在线战术竞技游戏，全球各地有数百万玩家化身为上百位英雄进行攻防保卫战，玩家们融入角色扮演游戏中英雄，利用升级系统与物品系统，可以分成 2 支队伍，中间以河流为界，在游戏地图上进行对抗。DOTA2 确实为一款不同凡响的游戏，玩家也不必担心没有角色可选的问题，在 DOTA2 中所有英雄都是免费选择的，玩家可以根据自己的喜好选择使用。游戏特效画面极其华丽，只要选好英雄之后展开 5 对 5 的对战，游戏的目标就是摧毁对方要塞中的关键建筑物——遗迹。

4. 什么是冒泡赛制，它有什么优点?

答：冒泡赛制（Bubble Race Format，简称冒泡赛）也是一种常见的电子竞技赛制，是参考观察水中气泡变化构思而成，是季后赛中常见的比赛方式，通常会分三个阶段：淘汰赛、定位赛和半决赛。因为能最终在半决赛出场的队伍，实力自然是顶尖的，后几名的胜者将有进入半决赛的资格，方式是由排名或积分较低的队伍逐一挑战排名或积分较高的队伍，就像一个一个冒出来的气泡，得胜者再与排名较高者比赛，进而选出最后的冠军，这种方式可以解决单败淘汰赛制中爆冷门的情况。

5. 请简要说明《英雄联盟》世界大赛。

答:《英雄联盟》全球总决赛的 S 系列赛(League of Legends World Championship Series)会在每年举办全球总决赛，到 2020 年年底为止，S 赛已经举办了 10 年。

《英雄联盟》世界大赛是由《英雄联盟》开发商 Rito Games 举办，目的在于让全世界的《英雄联盟》职业顶尖好手参与，而《英雄联盟》世界大赛的参赛队伍基本上都是长期参与比赛的职业电子竞技战队，全球每个赛区都拥有 1 个入围赛参赛资格，也就是这支参赛队伍首先必须在自己的地区赛事中脱颖而出，拿到进军世界大赛的资格后，才得以和其他地区赛事中的冠军进行对决。

6. 电子竞技赛事有哪两种?

答：电子竞技赛事通常依照主办单位不同分成两种：一种是由游戏开发商自行举办的赛事；另外一种是由各个国家或地区电子竞技组织举办的赛事。赛制根据游戏的不同、主办方的不同其实会有所差异，一般比赛有联赛（League）和锦标赛（Tournament）的区别。

7. 请简要说明《王者荣耀》手游与赛制。

答：《王者荣耀》是一款由天美工作室群研发的多人在线战术竞技手机游戏，全球首款 5 对 5 英雄手机对战游戏，一个回合 10～20 分钟，操作上非常容易上手，精妙配合默契作战，共有 6 种类型的英雄可供玩家选择，《王者荣耀》职业联赛（King Pro League，KPL）于 2016 年 9 月举办了第一届联赛，并分为春季和秋季联赛两个赛季，是《王者荣耀》官方最高规格的职业联赛，2018 年《王者荣耀》正式推动国际化，同年“2018 王者冠军杯”正式成为国际邀请赛，每个赛季分为两个部分：常规赛和总决赛。

【第 15 章课后习题及答案】

1. 第三方支付与游戏业者有什么关系？

答：通过了第三方支付方法，由具有实力及公信力的“第三方”设立公开平台作为银行、商家及消费者间的服务管道模式应运而生。这样的做法让玩家可以直接在游戏官网轻松使用第三方进行支付收款服务。随着在线交易规模不断扩大，将传统便利超商的销售渠道导引到在线支付，有效改善了游戏付费的体验，使游戏点卡的销售渠道发生了结构性的改变，过去游戏从业者通过传统实体销售渠道会被抽 30%~40%的费用，而改采用第三方支付可降至 10%以下，这让游戏公司的获利能力有机会大幅提升，游戏产业的生态也就发生了巨变。

2. 游戏开发商的渠道策略有哪些？

答：目前游戏开发商采用实体、虚拟渠道并进的方式，除了传统套装游戏的渠道，例如便利商店、一般商店、电信销售网点、大型卖场、3C 卖场、各类书店，网吧等，同时也建立网络与移动平台渠道。

3. 请简述游戏免费营销的目的与方法。

答：免费提供产品或者服务来达成破坏性创新后的市场目标，目的是希望把玩家转移到自家游戏的成本极小化，以期增加未来付费消费的可能性。有些免费的游戏采用的是完全免费的营销策略，再通过滚动窗口展示虚拟物品或是观战权限、VIP 身份、界面外观等商城机制来获利，不同等级的玩家对于虚拟宝物也有不同的需求，只要能在短期赢得够多玩家的青睐，对这款游戏而言就占有竞争优势。

4. 请简述《神魔之塔》的促销方式。

答：官方经常组织促销活动送魔法石，并活用社群工具与游戏网站合作，让没有花钱的人也可以享受抽奖，获得魔法石、全新角色等免费宝物可以吸引大量玩家的加入。经由与超商渠道、饮料厂商的合作，使玩家购买饮品之后，只要前往兑换网页，输入序号便可兑换奖赏，利用了非常好的促销策略吸引住不消费与小额消费的玩家持续游戏，创造双赢的局面。

5. 游戏营销人员有哪三项基本工作？

答：撰写游戏介绍、广告文案与游戏攻略、产品制作与营销活动。

6. 如何利用社群营销来推广游戏？

答：世界知名的游戏通过与地区社群合作，从而打入不同地区的市场，目前运用比较多的营销渠道是靠选择适合的游戏社群网站或大型门户网站，这些游戏社群网站的讨论区中的一字一句都左右着游戏在玩家心中的地位，通过社群网络提升游戏的曝光率已经是常见的策略，自然而然地使社群媒体更容易以病毒式的传播方式扩散游戏相关的信息，这将给市场营销人员更好的投资回馈。

【第 16 章课后习题及答案】

1. 单机游戏要能顺畅运行，主要是看哪个硬件？

答：通常单机游戏要能顺畅执行，大部分就是看 CPU 的性能。虽然 CPU 对于玩游戏的影响没显卡那么明显，但是 CPU 频率的高低对指令执行速度的快慢还是相当直接的。如果 CPU 性能不够强、内核的计算不足以应付多任务，那么游戏卡顿的情况就会很明显。

2. 显卡性能的优劣与否，取决于什么？

答：显卡性能的优劣与否主要取决于所使用的 GPU（Graphics Processing Unit，图形处理器）以及显卡的显存容量，显存的作用是加快图形与图像处理的速度。

3. 鼠标如果按工作原理来分可分为哪几种？

答：鼠标如果按照工作原理来分，可分为机械鼠标和光电鼠标两种。

4. 请简要说明固态硬盘的特点。

答：与以前的机械硬盘相比，固态硬盘是一种新的永久性存储设备，但属于全电子式的产品，可视为是闪存式存储器的延伸产品，因为没有机械硬盘的马达和磁盘片，自然不会有机械式的往复动作所产生的热量与噪音，故而其重量可以压到传统机械硬盘的几十分之一，同时还能提供高达 90%以上的能源效率，与传统硬盘相较，具有低能耗、耐震、稳定性高、耐低温等优点，在市场上的普及性和接受度日益增高。

5. 请简述外部存储设备的性能与容量对游戏的影响。

答：由于计算机的内存容量十分有限，因此必须利用外部存储设备来存储大量的数据及程序，外部存储设备不但影响系统可存储文件的多少，还影响到游戏运行的性能，外部存储设备越快，计算机运行的速度就越快，游戏玩起来就越心情舒畅。

6. 请简述内存对游戏的影响。

答：一般玩家口中所称的“内存”，是相当笼统的称呼，通常就是指 DRAM（动态随机存储器），是用来暂时存放数据或程序的。它与 CPU 相辅相成，配备了有好的 CPU，千万不要忽略了内存的配备。如果说显卡决定了我们在玩游戏时能够获得的视觉享受，那么内存的容量就决定了我们的硬件是否够格玩这款游戏。总之，配备足够容量的内存，绝对是打造完美电子竞技设备的必要环节。

对于大型 3D 游戏情有独钟的玩家来说，增加内存是提高任何电子竞技设备性能最快且经济实惠的方式。因为这小小一片东西决定了我们计算机运行的速度，在我们挑好了满意的主板和 CPU 之后，千万也别忘了配备足够容量的内存。无论用于打游戏或是用于参加电子竞技比赛，建议为计算机配备至少 8GB 以上的内存。

7. 如何选购机箱？请简要说明。

答：机箱必须考虑散热效果能确实降低计算机内部硬件运行时的温度，我们经常看到许多玩家会将大把钞票投资在机箱内的硬件上，却忽略了机箱本身对于游戏运行性能的重要性，例如玩游戏时计算机往往会开机好几个小时，高能耗会导致计算机内部的温度升高，这时对主机的散热就会有所要求，建议购买兼具水冷和风冷构造的机箱，最好是配备了高效率的风道设计（或加装了风扇），这有助于延长主机内部硬件的使用寿命。当然，想要能充分享受游戏时的美感，机箱外观的设计风格也必须要考虑到。

8. 请简要说明无线鼠标的优点与应用。

答：无线鼠标是使用红外线、无线电或蓝牙取代鼠标的接头与鼠标本身之间的连接线，不过由于必须加装一块小电池，所以重量略重。随着越来越多无线电子竞技鼠标款式的发布，鼠标的无线标准也逐渐满足了电子竞技的需求，使用无线鼠标最直接的好处就是没有连接线的干扰，让整个桌面空间干净舒服，有些无线鼠标还加入了无线充电与自定义按键功能。有些人喜欢使用大尺寸的显示器来玩游戏，无线鼠标（或键盘）就能够将距离拉远，让玩家享受大屏幕显示器带来的临场快感。不过，目前电子竞技比赛场上大多数选手还是使用有线鼠标参赛。